管道定向穿越钻柱动力学与失效预防

祝效华　著

石 油 工 业 出 版 社

内容提要

本书系统地介绍了管道定向穿越施工过程中钻柱的力学特性特别是动力学特性，从疲劳预警、参数减振、结构改进优化、工艺改进等视角探索研究了钻柱系统中钻柱、钻头、接头螺纹的失效预防方法，以及针对动力前置工艺为预防钻具失效而研制的配套动力钻具，该类钻具有助于缓解钻杆失效、提高扩孔钻进效率及延长扩孔钻进距离。

本书适合石油钻井、管道等领域的科研、生产人员及高等院校相关专业师生阅读参考。

图书在版编目(CIP)数据

管道定向穿越钻柱动力学与失效预防/祝效华著．
北京：石油工业出版社，2016．3
ISBN 978－7－5183－1188－0

Ⅰ．管…
Ⅱ．祝…
Ⅲ．①管道穿越－定向钻进－钻柱力学－动力学－研究
②管道穿越－定向钻进－失效分析－研究
Ⅳ．①TE973．4 ②TE921

中国版本图书馆 CIP 数据核字(2016)第 123655 号

出版发行：石油工业出版社
(北京安定门外安华里 2 区 1 号 100011)
网　址：www.petropub.com
编辑部：(010)64523735　图书营销中心：(010)64523633
经　销：全国新华书店
印　刷：北京中石油彩色印刷有限责任公司

2016 年 3 月第 1 版　2017 年 1 月第 2 次印刷
787×1092 毫米　开本：1/16　印张：9．75
字数：240 千字

定价：45．00 元
(如出现印装质量问题，我社图书营销中心负责调换)

前　　言

水平定向穿越(HDD)技术在油气管道穿越河流、湖泊、交通干线、铁路枢纽等障碍和重要区域具有明显的优越性,采用该技术铺设、更换和修复各种地下管线的施工时,解决了传统开挖施工对居民生活的干扰,对交通、环境、周边建筑物基础没有破坏和不良影响,因此具有较高的社会效益和经济效益。

水平定向穿越工程中的施工技术及工艺是一项运用多学科交叉知识,集成使用不同钻进设备的系统工程。在施工过程中,任何环节出现问题,都有可能造成整个工程的穿越失败,从而造成巨大的经济损失。

水平定向钻管道穿越施工的基本工序一般分为三个阶段:钻导向孔、预扩孔和回拖管线,而其中扩孔作业是水平定向钻管道穿越施工中最为关键的技术环节。目前,扩孔作业多采用反向扩孔,钻机驱动钻杆正向旋转,提供拉力和扭矩,泥浆由钻杆注入,扩孔器的前端承受拉、扭作用。由于扩孔器拖曳的钻杆较长,柔性大、效率低、能耗较高,破岩动力不足,因此易造成扩孔器蹩、跳、偏磨,甩钻、断钻杆等问题。

针对管道定向穿越施工过程中的钻柱动力学与失效预防方面的问题,主要进行了以下研究工作:(1)为分析定向穿越钻柱瞬态动力学特性,基于能量法建立了定向穿越导向钻进、扩孔钻进及管道回拖钻柱纵横扭耦合动力学模型。(2)分别建立了定向穿越导向孔、扩孔钻进和回拖钻进时钻柱—孔洞或钻柱—扩孔器—孔洞的模型,针对实际工程问题,综合考虑钻柱服役环境、岩土对钻柱的摩擦碰撞及泥浆的浮力等作用,研究了整个钻柱的纵横扭三向振动状态,从而得到整个钻柱在定向穿越导向孔、扩孔钻进及管道回拖时的力学特性。(3)应用动力学分析结果,结合 Forman 模型对有裂纹的钻杆在定向穿越井眼轨迹中工作时的疲劳寿命进行计算预测。(4)基于实际工程案例,对扩孔器在软硬夹层钻进过程中的失效原因进行深入研究,提出了“参数优化抑制振动”和“优化扩孔钻具减振”两种措施。(5)定向钻穿越河流施工过程中,从动端钻杆接头螺纹粘扣失效致使钻杆大量损耗。以实际施工工况为例,研究了定向穿越钻杆接头螺纹粘扣失效机理并提出了应对建议。(6)为满足大口径扩进对大扭矩螺杆的需求,设计了更大动力的新型螺杆钻具,以达到提供孔底动力、缓解钻杆失效、提高扩孔钻进效率及延长扩孔钻进距离的目的。

本书较系统地介绍了管道定向穿越施工过程中钻柱的力学特性,特别是动力学特性。从疲劳预警、参数减振、结构改进优化、工艺改进等视角探索研究了钻柱系统中钻柱、钻头、接头螺纹的失效预防方法,针对动力前置工艺为预防钻具失效还研制了配套的动力钻具。西南石油大学贾彦杰博士、石昌帅博士、董亮亮博士和博士研究生刘云海分别参加了钻柱动力学特性与疲劳预警、动力前置预防钻柱失效工艺之配套动力钻具研制、钻柱螺纹接头力学特性与失效分析和扩孔器振动失效及减振措施等方面的研究工作。魏秦文博士是预防管道定向穿越钻柱失效动力前置工艺一节内容的主要参与者。本书的研究工作得到了中国石油天然气管道局多位领导和专家如徐昌学院长、冯斌副院长、焦如义副院长、张文伟副院长、李桂华副总经理、李国辉主任、马晓成主任、范玉然主任、江勇主任、魏秦文博士、杨春玲高级工程师、张宝强高级工程师等大力支持和指导，在此一并致以衷心的感谢，易勤健花了大量时间核对文字和排版，在此表示特别感谢。望本书内容能对管道非开挖定向穿越工程技术人员和研究人员有一定参考价值。

限于笔者水平，书中难免有错误和不妥之处，敬请读者批评指正，在此表示感谢！

目　　录

第1章　绪　　论

1.1　管道定向穿越概述

水平定向钻穿越技术作为油气管道非开挖施工技术的一个分支，是在油田定向钻井工艺的基础上发展起来的，是传统的管道铺设技术与油田定向钻井工艺结合形成的[1]。

其工艺原理是：施工时，按照设计的钻孔轨迹依靠钻机驱动钻具，先施工一条导向孔；待导向孔钻具在穿越障碍物的另一侧出土后，卸下导向用钻头和仪表单元，根据穿越管道直径大小和穿越地质情况选择适当的钻具进行反向扩孔；当孔道满足管线回拖要求后，驱动钻机利用钻杆将预制好的管道从钻头出土点通过扩孔形成的孔道拉至入土点，从而完成管道的铺设[2,3]。

使用水平定向钻机进行管线穿越施工，一般分为三个阶段：第一阶段是按照设计曲线尽可能准确地钻一个导向孔；第二阶段是将导向孔进行扩孔（可分多次扩孔），达到管道回拖需要的孔径要求；第三个阶段即将管道（一般为 PE 管道、光缆套管或钢管）沿着扩大了的导向孔回拖到导向孔中，完成管线穿越工作[4-6]。

各种规格的水平定向钻机都是由钻机系统、动力系统、控向系统、泥浆系统、钻具系统、锚固系统组成，它们的结构及功能介绍如下：

（1）钻机系统：是穿越设备钻进作业及回拖作业的主体，由钻机主机、转盘等组成。钻机主机放置在钻机架上，用以完成钻进作业和回拖作业。转盘装在钻机主机前端，连接钻杆，并通过改变转盘转向和输出转速及扭矩大小，达到不同作业状态的要求。

（2）动力系统：由液压动力源和发电机组成动力源是为钻机系统提供高压液压油作为钻机的动力，发电机为配套的电气设备及施工现场照明提供电力。主要包括柴油发动机和液压泵。

（3）控向系统：是通过计算机监测和控制钻头在地下的具体位置和其他参数，引导钻头正确钻进的方向性工具。由于有控向系统的控制，钻头才能按设计曲线钻进，现经常采用的有手提无线式和有线式两种形式的控向系统。主要包括弱电电源、地下仪表单元（测量钻头）、微电脑、远程显示器和控向软件。

（4）泥浆系统：由泥浆混合搅拌罐和泥浆泵及泥浆管路组成，为钻机系统提供适合钻进工况的泥浆。主要包括泥浆泵、泥浆搅拌器、泥浆罐和泥浆管路。用于搅拌和输送泥浆。

（5）钻具系统：是指孔内钻头至钻杆之间的所有钻进（扩孔和回拖）装置的集合。包括钻杆、钻铤、钻头、泥浆马达、造斜短节、过渡短节、扩孔器、U 形环、回拖万向节、回拖管头，用于钻导向孔、预扩孔和管道的回拖作业。钻杆用于连接其他钻具、传递动力、供给泥浆，要求有足够的轴向抗拉（压）强度以承受钻机的给进力和回拖力，足够的抗扭强度以承受钻机施加的扭矩，足够的柔性以适应钻进时候的方向改变，足够的抗疲劳强度以承受长时间交变应力作用的工作状态。还要求耐磨损、易装卸、方便运输的特点。钻铤用于安装地下仪表单元，钻头用于破碎岩石，泥浆马达用于硬质地层下传递动力，造斜短节用于弯曲段改变钻进方向，过渡短节用于连接可能的变扣，预防破坏和方便更换，扩孔器用于导向孔完成后将孔道扩大至满足油气管道回拖的孔径；U形环用于回拖时管道与万向节之间的连接，改变万向节的受力状态。万向节用于传递拉力，释放扭矩，防止管道与回拖钻机一起回转。回拖管头用于减小回拖阻力，防止泥浆或钻屑进入管道。钻具系统的配置应根据工序和地质条件的要求而定。

（6）锚固系统：根据设备的类型、大小以及工程的实际情况而定，用于固定钻机。一般包括一个锚固箱和部分连接件。

1.1.1 施工工艺流程与场地布置

定向钻施工时一边为入土点，一边为出土点。入土点和出土点的场地布置分别如图1－1和图1－2所示[7]。

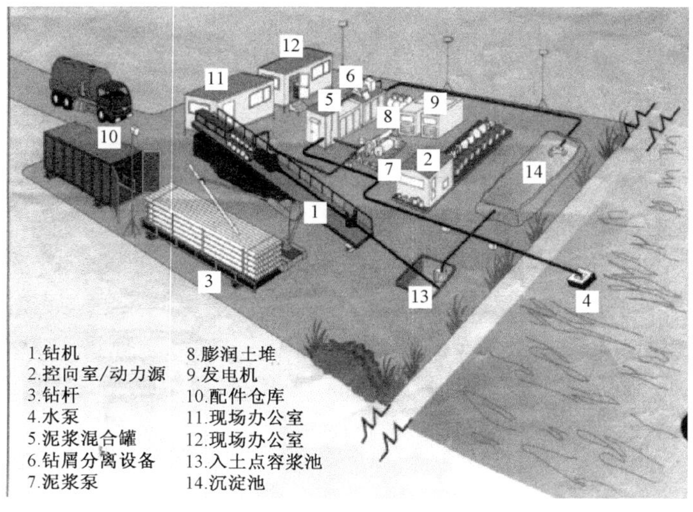

图1－1 入土点现场布置图

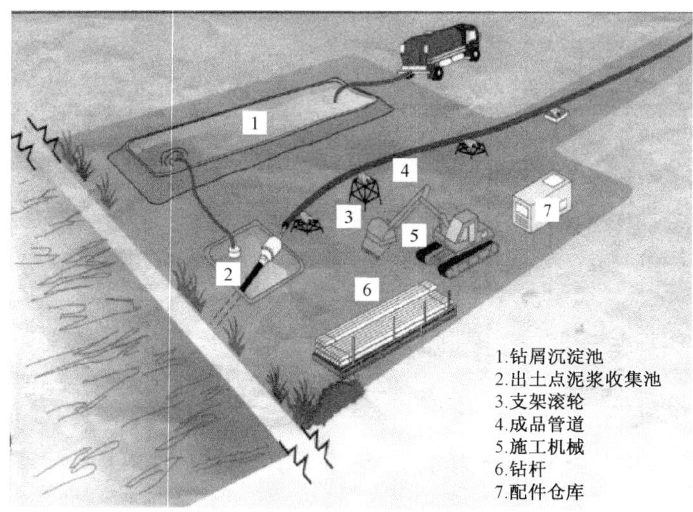

图1－2 出土点现场布置图

钻进的整个施工工艺流程如图 1 - 3 所示。

由于受力分析与数值模拟与导向孔阶段、扩孔阶段、回拖阶段和泥浆系统关系较大,下面主要针对这几方面进行简述如下。

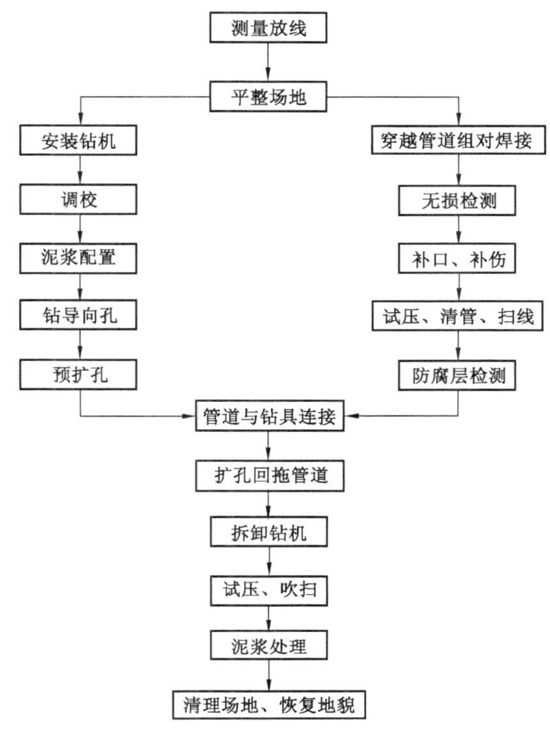

图 1 - 3 定向穿越钻进施工工艺流程图

1.1.2 导向孔施工

钻机被安装在入土点一侧,从入土点开始,沿着设计好的线路,钻一条从入土点到出土点的曲线;作为预扩孔和回拖管线的引导曲线。

穿越过程中要根据穿越的地质情况,选择合适的钻头和导向板或地下泥浆马达,开动泥浆泵对准入土点进行钻进,钻头在钻机的推力作用下由钻机驱动旋转(或使用泥浆马达带动钻头旋转)切削地层,不断前进,每钻完一根钻杆要测量一次钻头的实际位置,以便及时调整钻头的钻进方向,保证所完成的导向孔曲线符合设计要求,如此反复,直到钻头在预定位置出土,完成整个导向孔的钻孔作业,如图 1 - 4 所示。

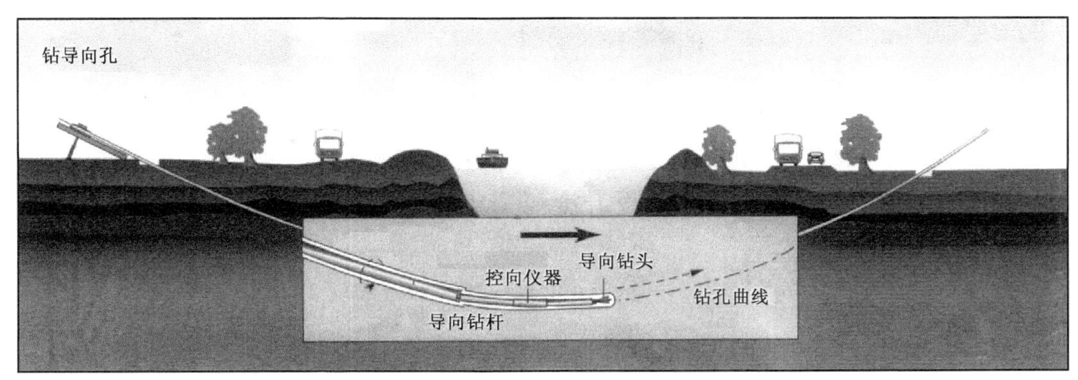

图 1 - 4 钻导向孔示意图

常用的导向孔钻进方式有两种:(1)普通直推式钻进;(2)孔底有动力钻进。

(1)普通直推式钻进用于比较松软的地层,如黏土层,粉土、粉沙层,沙层。普通直推式钻进的孔底钻具组合方式为:钻头 + 造斜短节 + 无磁钻铤 + 钻杆(图 1 - 5)。

(2)孔底有动力钻进适用于岩石地层穿越和其他坚硬地层的穿越。

孔底有动力钻进的孔底钻具组合是:

钻头 + 弯外壳泥浆马达 + 无磁探头固定节 + 无磁钻铤 + 钻杆(图 1 - 6)。

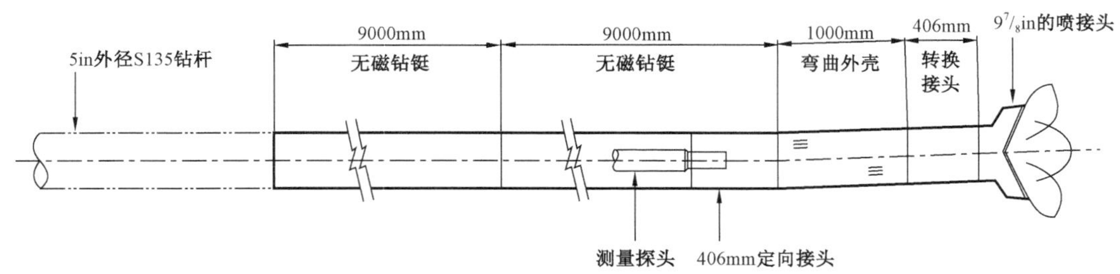

图 1－5　直推式钻进钻具组合

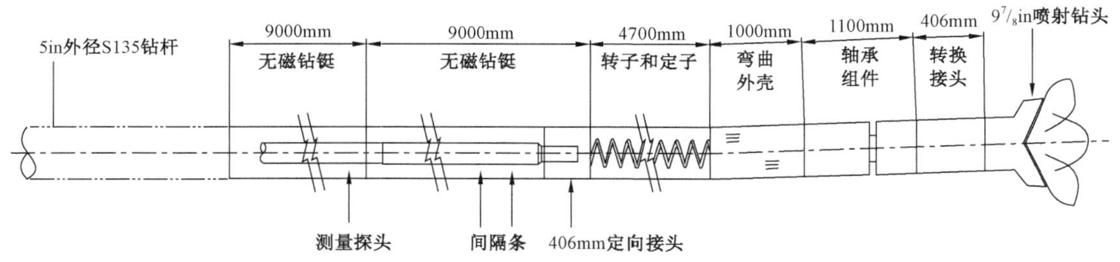

图 1－6　孔底钻具组合

1.1.3　扩孔施工

一般情况下，使用小型钻机时，直径大于 200mm 时，就要进行预扩孔，使用大型钻机时，当产品管线直径大于 350mm 时，就需进行预扩孔，预扩孔的直径和次数视具体的钻机型号和地质情况而定。扩孔时一般采用扩孔器从出土点进入，从入土点出来的反拉回转扩孔，从而使导向孔扩大至要求的直径，如图 1－7 所示。

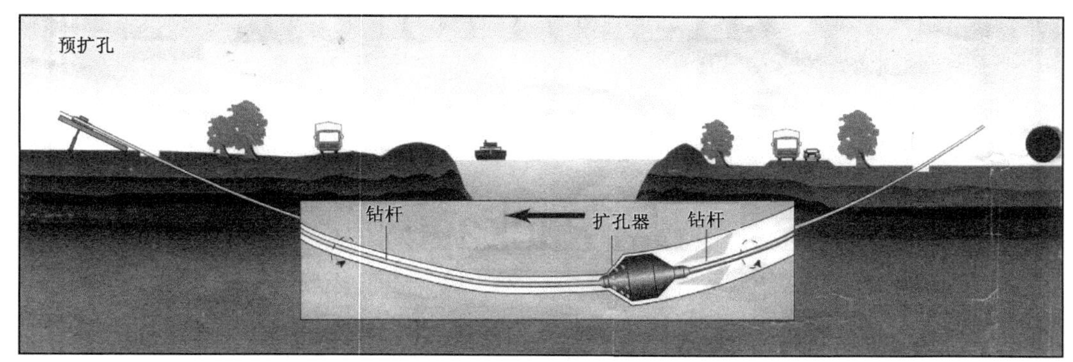

图 1－7　预扩孔示意图

扩孔时钻具组合为：扶正器＋扩孔器＋弯外壳泥浆马达＋钻杆。

定向钻每个工程可能遇到的管径都不一样，如何做到预扩孔的直径与回拖管线相匹配，美国定向钻协会制定了相关标准（表 1－1）。

表1－1 预扩孔直径标准

预扩孔尺寸	
回拖管线的直径(in)	预扩孔直径
<8	管径＋4in
8～24	管径×1.5
>24	管径＋12in

注:1in＝2.54cm。

扩孔器根据其用途的不同可以分为岩石扩孔器和一般扩孔器。一般扩孔器又根据其形状的不同分为板式扩孔器(图1－8)和桶式扩孔器(图1－9)。

岩石穿越必须使用岩石扩孔器,岩石扩孔器由牙轮和本体两部分组成,如图1－10所示。

图1－8 板式扩孔器

图1－9 桶式扩孔器

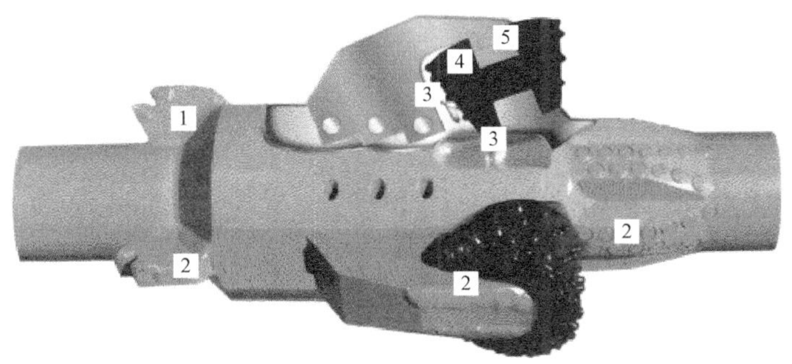

图1－10 岩石扩孔器示意图

1—导向板;2—本体;3,4,5—牙轮及轴承

1.1.4 管线回拖

导向孔经过预扩孔,达到了回拖要求之后,将钻杆、扩孔器、回拖活节、被安装管线依次连接好,从出土点开始,一边扩孔一边将管线回拖至入土点为止(图1－11)。

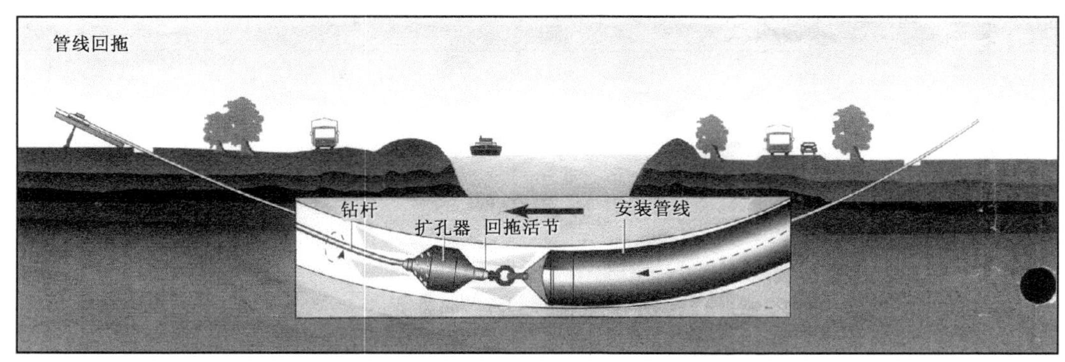

图 1－11　管线回拖示意图

回拖产品管线时，先将扩孔工具和管线连接好，然后开始回拖作业，并由钻机转盘带动钻杆旋转后退，进行扩孔回拖。产品管线在回拖过程中是不旋转的，由于已经扩好的孔中充满泥浆，所以产品管线在孔中是处于悬浮状态，管壁四周与孔洞之间由泥浆润滑，这样既减少了回拖阻力，又保护了管线防腐层，经过钻机多次预扩孔，最终成孔直径一般比管子直径大 200mm。

图 1－12 和图 1－13 分别为回拖作业现场示意图及回拖作业现场。

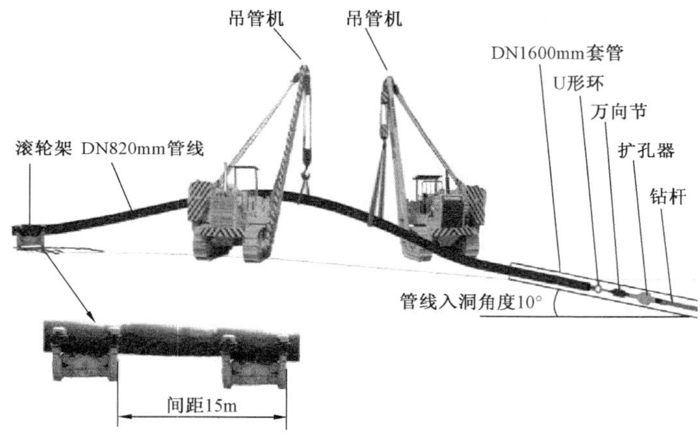

图 1－12　回拖作业现场示意图

图 1－13　回拖作业现场

1.2　管道定向穿越中的钻柱动力学与失效预防简介

水平定向钻管道穿越施工的基本工序一般分为三个阶段:钻导向孔、预扩孔和回拖管线。水平定向钻扩孔系统主要由适合各种地质的钻杆、钻头、钻机(动力系统)、扩孔器以及控制导向的辅助机具等组成。

在定向钻穿越过程中,特别是在扩孔和回拖作业中,钻杆将承受非常大的扭矩、拉力和弯矩作用。长距离穿越过程中随着钻杆长度的增大,钻杆需要承受更大的阻力和阻力矩,因此对钻杆性能提出了很高要求。在定向穿越施工过程中,钻具组合方式对扩孔事故影响很大,也是钻杆发生早期疲劳断裂的主要原因之一。由于导向轨迹两端弯曲,旋转钻杆在承受拉、扭组合的同时,还要承受弯曲载荷的影响,极易产生应力的阶跃和交变;在钻杆与扩孔器连接处,由于扩孔器与钻杆几何结构不同,横截面积相差越大,应力的阶跃则越明显。在高轴向力、高弯矩及扭矩等因素的耦合作用下,极易使扩孔器与钻杆连接截面变化处发生疲劳断裂或由于卡钻而被扭断,钻杆的断裂失效将导致整个穿越过程的失败,从而造成巨大的经济损失。

本书以管道定向穿越施工过程中的钻柱动力学[8]研究为基础,提出了钻柱疲劳寿命预测方法;建立管道定向穿越扩孔钻头破岩的力学模型,研究了扩孔钻头(近钻头钻柱)振动特性及参数抑振方法;基于管道定向穿越钻柱螺纹力学特性分析,研究了定向穿越施工中钻杆接头螺纹粘扣失效机理及预防措施;基于理论研究及工程实践经验,根据成孔机理、失效分析等研究,综合考虑设备性能、钻杆钻具、施工工艺、地质条件等因素,为解决大口径、长距离扩孔动力不足,减少现有工艺中堵、卡、埋、包钻和钻杆断裂、疲劳失效等事故,提高一次穿越成功率,提出了预防钻柱失效的动力钻具前置工艺,并设计了满足大口径扩进需求的大扭矩螺杆钻具,以提供孔底动力、缓解钻杆失效、提高扩孔钻进效率及延长扩孔钻进距离的目的。具体研究内容如下[9,10]。

(1)管道定向穿越钻柱动力学特性与疲劳寿命预测。

定向穿越钻柱系统动力学模型是进行钻柱瞬态动力学特性分析的基础,钻柱在孔洞中的运动问题可以看成连续体转子动力学问题,采用弹簧—质量—阻尼系统(S-M-C 模式)方法建立系统模型将无限自由度的问题转化为有限自由度的问题求解。本文根据能量法的哈密顿原理(Hamilton Principle)建立整个钻柱系统的动力学方程,并将钻柱单元与孔洞的摩擦与碰撞、导向钻头(切割刀、扩孔器)与岩土的互作用、钻井液的阻尼影响等分别处理成不确定边界、准随机边界、动态边界,通过该模式与边界条件的多重考虑,从而很好地把各个主要因素合理地融为一体。通过建立西二线—渭河、兰郑长—长江和惠银线—黄河三个工程问题的定向穿越导向孔、扩孔钻进和回拖钻进时钻柱—孔洞或钻柱—扩孔器—孔洞的模型,综合考虑钻柱服役环境、岩土对钻柱的摩擦碰撞及泥浆的浮力等作用,研究了整个钻柱的纵横扭三向振动状态,从而得到整个钻柱在定向穿越导向孔、扩孔钻进及管道回拖时的实际受力情况,总结出整个钻柱的各个力学参数的动态分布规律,对分析钻柱的应力最大点位置并找到不同工程施工中钻具失效原因具有重要的意义。基于动力学分析结果,结合 Forman 模型对有裂纹的钻杆在定向穿越井眼轨迹中工作时的疲劳寿命进行了计算预测。

(2)管道定向穿越扩孔钻头(近钻头钻柱)振动特性及失效预防。

针对目前定向穿越扩孔钻进破岩的振动特性认识模糊不清的实际情况，特别是在软硬夹层方面，本书基于弹塑性力学和岩石力学，采用德鲁克－普拉格（Drucker－Prager）准则作为岩石的本构关系，系统地研究了前软后硬地层、前硬后软地层与均质地层中扩孔器的纵向、横向和扭转振动强度，研究了扶正器对扩孔器在软硬夹层钻进时振动特性的影响，给出了扶正器的最优结构参数，并根据贝克休斯公司对井下钻具振动的分级标准推荐了夹层中最适宜的施工参数。扶正器对于抑制钻具的横向摆动具有非常明显的效果，因此，基于建立的数值仿真模型，研究了扶正器对扩孔器在软硬夹层钻进时振动特性的影响，给出了扶正器的最优结构参数。

（3）管道定向穿越钻柱螺纹力学特性与失效预防。

定向钻穿越螺纹连接位置为整个定向穿越钻柱的薄弱环节，在定向钻穿越河流施工过程中，从动端钻杆接头螺纹粘扣失效致使钻杆大量损耗，同时也严重影响了施工工期。因此研究定向钻穿越钻杆接头螺纹失效原因对于减少钻杆接头螺纹失效事故和保证施工周期具有很重要的价值。以兰郑长—长江三穿施工工况为例，研究了钻杆接头螺纹粘扣失效机理。通过建立三维的钻杆接头螺纹有限元力学模型，研究上扣间距、上扣不对中度、人工上扣扭矩计算、弯矩载荷等施工因素对钻杆接头螺纹粘扣的影响，揭示了施工过程中造成粘扣失效的原因，针对失效原因提出相应的工艺改进措施。将各种非常规操作情况下对螺纹接头的应力应变的影响与正常上扣（预紧力）时的螺纹应力应变进行比较，指出了非常规操作对钻杆接头螺纹使用性能的影响，归纳了定向钻穿越过程中钻杆接头螺纹粘扣失效的原因。基于失效原因分析，结合现场施工工艺提出相应改进措施。

（4）预防钻柱失效的动力钻具前置工艺与钻具设计。

定向穿越扩孔时长与穿越工程的成败直接相关，特别是大口径扩孔钻进时，容易塌孔；在扩孔作业中，扭矩很大钻杆使用寿命很低，疲劳断裂失效严重。通过总结长期水平定向穿越工程实践经验，基于成孔机理、失效分析等研究，综合考虑设备性能、钻杆、钻具、施工工艺、地质条件等因素，为减少现有大口径扩孔工艺中堵、卡、埋、包钻和钻杆断裂、疲劳失效等事故，本文提出了动力钻具前置工艺，并设计了更大动力的新型螺杆钻具以满足大口径扩进对大扭矩的需要。

完成了大扭矩螺杆钻具的加工制造并进行了室内试验和现场应用。通过测试，动力钻具常温启动压力 1MPa，泥浆流量 2.2m^3/min、泵压 5MPa 时，动力钻具额定输出扭矩 24.1kN · m，极限输出扭矩超过 30kN · m，输出转速 40r/min。

第2章 管道定向穿越钻柱动力学模型

定向穿越钻柱系统动力学模型是进行钻柱瞬态动力学特性分析的基础。利用能量法建立了定向穿越导向钻进、扩孔钻进及管道回拖钻柱纵横扭耦合动力学模型。

2.1 用能量法建立钻柱系统纵横扭耦合动力学模型

目前,存在多种研究钻柱动力学模型的方法,但归纳起来主要有两种模式:一种是在钻头(切割刀、扩孔器)为刚体、钻柱为均质弹性杆的假设条件下,建立钻柱的波动时程方程,根据实际工况确定初始载荷状态及边界条件求解该方程;另一种是弹簧—质量—阻尼系统,即通过利用有限元的思想,将不同井段钻柱简化为多自由度系统来分析。采用第二种模式能够较方便地考虑钻井液边界,孔壁边界和钻柱出、入土端边界条件[11-15]。

钻柱在孔洞中的运动问题可以看成连续体转子动力学问题,采用后一种方法建立系统模型可以将无限自由度的问题转化为有限自由度的问题求解。本文根据能量法的哈密顿原理(Hamillton Principle)建立整个钻柱系统的动力学方程,并将钻柱单元与孔洞的摩擦与碰撞、导向钻头(切割刀、扩孔器)与岩土的互作用、钻井液的阻尼影响等分别处理成不确定边界、准随机边界、动态边界,通过该模式与边界条件的多重考虑,从而很好地把各个主要因素合理地融为一体,并利用非线性有限元软件的显式模块进行方程求解与结果输出,研究了定向穿越导向钻井、扩孔钻进以及管道回拖过程中钻柱系统动力学特性,能够更直观展示出一些工程问题的相关规律[16-19]。

2.1.1 基本假设

综合考虑建立钻柱纵横扭耦合动力学模型的理论基础,通过认真分析全井钻柱系统结构特性、边界条件及载荷情况,基于定向穿越导向钻进、扩孔钻进及管道回拖的建模特点,采用了以下假设条件:

(1)整个钻柱系统为均质空间弹性梁,省略钻具单元间螺纹、局部孔槽等结构;

(2)钻柱的几何尺寸、材料性质分段为常数,不考虑温度影响;

(3)不同井段井径按平均扩大率计算;

(4)导向钻进孔洞保持圆形截面,扩孔钻进孔洞截面受切割刀下沉量影响而变化。

2.1.2 钻柱系统纵横扭耦合动力学模型的建立

哈密顿原理规定在质点(质点系、连续系统)的运动中,其动能、势能和作用在其上面的非有势力对其所做的功应满足以下公式:

$$\delta\int_{\Delta t}(\boldsymbol{T}-\boldsymbol{V})+\int_{\Delta t}\delta\boldsymbol{W}=0 \tag{2-1}$$

式(2-1)中,$\boldsymbol{W}$ 表示非有势力所做的功,δ 是变分算子,$\boldsymbol{T}$ 和 $\boldsymbol{V}$ 分别表示系统的总动能和

总势能。($\boldsymbol{T}-\boldsymbol{V}$)为拉格朗日函数($\boldsymbol{L}$)。对于一个连续系统,$\boldsymbol{T}$,$\boldsymbol{V}$ 和 $\boldsymbol{W}$ 可由定义在直角坐标系中的描述钻柱运动的位移变量 $\boldsymbol{u}(z,x,y,t)$ 和转角变量 $\boldsymbol{\theta}(z,x,y,t)$ 来表示。运用有限元方法,钻柱的几何模型可以看作较多钻具单元的集合体,模型中连续变量由所有单个柱单元的以内插值替换的节点变量 U_i 代替。将其代入式(2-1)展开,得出由各部分组成的综合结果:

$$\iint_{\Delta t}\left[-\frac{\mathrm{d}}{\mathrm{d}t}\left(\frac{\partial \boldsymbol{L}}{\partial \dot{\boldsymbol{U}}_i}\right)+\frac{\partial \boldsymbol{L}}{\partial \boldsymbol{U}_i}+\boldsymbol{F}_i\right]\delta \boldsymbol{U}_i=0 \tag{2-2}$$

这里 $\boldsymbol{F}_i$ 是广义非有势力(Generalized Forces)。因为变量 $\delta\boldsymbol{U}_i$ 是任意的,式(2-2)也可以写成:

$$-\frac{\mathrm{d}}{\mathrm{d}t}\left(\frac{\partial \boldsymbol{L}}{\partial \dot{\boldsymbol{U}}_i}\right)+\frac{\partial \boldsymbol{L}}{\partial \boldsymbol{U}_i}+\boldsymbol{F}_i=0 \tag{2-3}$$

式(2-3)称为拉格朗日方程式,进一步展开则成为:

$$\frac{\mathrm{d}}{\mathrm{d}t}\left(\frac{\partial \boldsymbol{T}}{\partial \dot{\boldsymbol{U}}_i}\right)-\frac{\mathrm{d}}{\mathrm{d}t}\left(\frac{\partial \boldsymbol{V}}{\partial \dot{\boldsymbol{U}}_i}\right)-\frac{\partial \boldsymbol{T}}{\partial \boldsymbol{U}_i}+\frac{\partial \boldsymbol{V}}{\partial \boldsymbol{U}_i}=\boldsymbol{F}_i \tag{2-4}$$

式中 $\boldsymbol{T}$——系统总动能;

$\boldsymbol{V}$——系统总势能;

$\boldsymbol{F}_i$——系统上广义非有势力;

$\boldsymbol{U}_i$——描述系统状态的广义位移。

采用有限单元法离散钻柱系统,建立多自由度(图2-1)的钻柱系统动力学基本方程是研究钻柱动力学的有效途径。钻柱系统动力学的基本方程可以写成如下形式[20]:

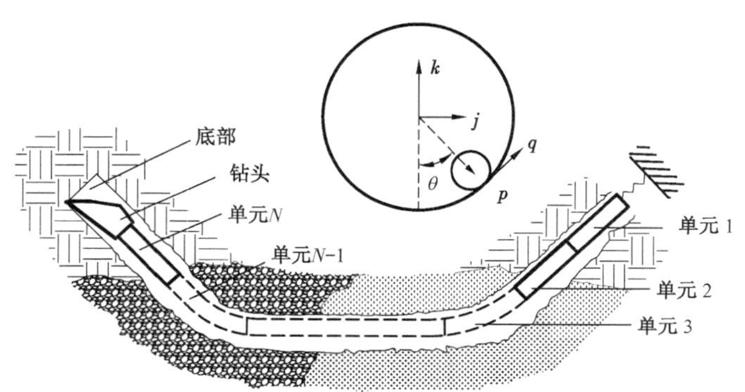

图2-1 钻柱离散单元图

$$[\boldsymbol{M}]\{\ddot{\boldsymbol{U}}\}+[\boldsymbol{C}]\{\dot{\boldsymbol{U}}\}+[\boldsymbol{K}]\{\boldsymbol{U}\}=\{\boldsymbol{F}\} \tag{2-5}$$

拉格朗日方程的基本形式用广义坐标 $\boldsymbol{U}_i$ 写成(2-4)的形式。下面逐个求出式(2-4)中的各个部分,以导出式(2-5)中的各项系数矩阵。

对钻柱单元,建立如图2-2所示的广义坐标图,则钻柱上的微分质量单元的平移速度为:

$$\boldsymbol{v} = \dot{\boldsymbol{u}}_x + \dot{\boldsymbol{u}}_y + \dot{\boldsymbol{u}}_z \tag{2-6}$$

其中，$\dot{\boldsymbol{u}}_x$，$\dot{\boldsymbol{u}}_y$，$\dot{\boldsymbol{u}}_z$ 分别表示微分质量单元在 X,Y,Z 三个坐标轴方向上的速度矢量。

钻柱单元的移动动能可表示为：

$$T_t = \int_V \frac{1}{2}[(\dot{\boldsymbol{u}}_x)^2 + (\dot{\boldsymbol{u}}_y)^2 + (\dot{\boldsymbol{u}}_z)^2]\rho dv = \int_0^L \frac{\rho A}{2}[(\dot{\boldsymbol{u}}_x)^2 + (\dot{\boldsymbol{u}}_y)^2 + (\dot{\boldsymbol{u}}_z)^2]dz \tag{2-7}$$

式中　ρ——钻柱质量密度，kg/m^3；

A——钻柱截面面积，m^2；

L——钻柱单元长度，m。

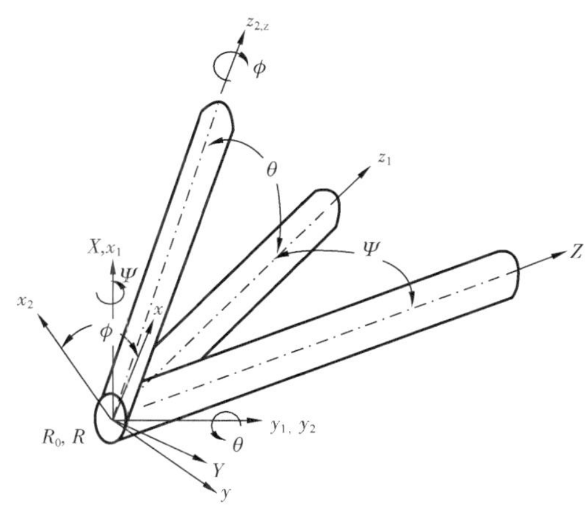

图2-2　钻柱单元各自由度示意图

如图2-2，$R_0(X-Y-Z)$是惯性坐标系，$R(x,y,z)$是固定在微元上的坐标系。在 $R(x,y,z)$ 中，微元的瞬时角速度可表示为 $\dot{\boldsymbol{\theta}}_R = \dot{\boldsymbol{\psi}}j + \dot{\boldsymbol{\theta}}Z_1 + \dot{\boldsymbol{\phi}}x_3$，假设微元形心即是微元质心。在 R 体系中角速度矢量变为：

$$\dot{\boldsymbol{\theta}}_R = (\dot{\boldsymbol{\psi}}\sin\theta + \dot{\boldsymbol{\phi}})\boldsymbol{e}_z + (\dot{\boldsymbol{\psi}}\cos\theta\cos\boldsymbol{\phi} + \dot{\boldsymbol{\theta}}\sin\boldsymbol{\phi})\boldsymbol{e}_x + (-\dot{\boldsymbol{\psi}}\cos\theta\sin\boldsymbol{\phi} + \dot{\boldsymbol{\theta}}\cos\boldsymbol{\phi})\boldsymbol{e}_y \tag{2-8}$$

$x-y-z$ 轴是惯量的主方向，因此，惯性张量可定义为 $\boldsymbol{J} = \begin{bmatrix} J_t & 0 & 0 \\ 0 & J_{bn} & 0 \\ 0 & 0 & J_{bn} \end{bmatrix}$。由此，转动动能 T_r 可写成：$T_r = \frac{1}{2}[\dot{\boldsymbol{\theta}}_R \cdot \boldsymbol{J} \cdot \dot{\boldsymbol{\theta}}_R] = \frac{J_t}{2}[(\dot{\boldsymbol{\phi}})^2 + 2\dot{\boldsymbol{\psi}}\dot{\boldsymbol{\phi}}\boldsymbol{\theta}] + \frac{J_{bn}}{2}[(\dot{\boldsymbol{\psi}})^2 + (\dot{\boldsymbol{\theta}})^2]$。

由于孔洞限制，此处采用小角近似，取 $\boldsymbol{\psi} \approx \boldsymbol{\theta}_x, \boldsymbol{\theta} \approx \boldsymbol{\theta}_y, \boldsymbol{\phi} \approx \boldsymbol{\theta}_z$[21]，对单元长度进行积分，钻柱单元的转动动能可表示为：

$$T_r = \int_0^L \left[\frac{J_t}{2}((\dot{\boldsymbol{\theta}}_z)^2 + \dot{\boldsymbol{\theta}}_x\dot{\boldsymbol{\theta}}_y\boldsymbol{\theta}_z) + \frac{J_{bn}}{2}((\dot{\boldsymbol{\theta}}_x)^2 + (\dot{\boldsymbol{\theta}}_y)^2)\right]dz$$

钻柱单元的动能为：

$$T = \int_0^L \frac{\rho A}{2}[(\dot{\boldsymbol{u}}_z)^2 + (\dot{\boldsymbol{u}}_x)^2 + (\dot{\boldsymbol{u}}_y)^2]dz + \int_0^L \left(\frac{J_t}{2}[(\dot{\boldsymbol{\theta}}_z)^2 + \dot{\boldsymbol{\theta}}_x\dot{\boldsymbol{\theta}}_y\boldsymbol{\theta}_z] + \frac{\boldsymbol{J}_{bn}}{2}[(\dot{\boldsymbol{\theta}}_x)^2 + (\dot{\boldsymbol{\theta}}_y)^2]\right)dz \tag{2-9}$$

弹性势能由应力分量 $\boldsymbol{\sigma}_{ij}$ 和应变分量 $\boldsymbol{\varepsilon}_{ij}$ 给出（i＝1,2,3）。应力与应变是二次对称张量，这就意味着每9个分量中仅有6个分量是独立的。在此，把张量看作仅含有6个分量的向量来处理，于是对应力分量可表示为：

$$\boldsymbol{\sigma}_{ij}=\begin{bmatrix}\boldsymbol{\sigma}_{11} & \boldsymbol{\sigma}_{12} & \boldsymbol{\sigma}_{13}\\ \boldsymbol{\sigma}_{21} & \boldsymbol{\sigma}_{22} & \boldsymbol{\sigma}_{23}\\ \boldsymbol{\sigma}_{31} & \boldsymbol{\sigma}_{32} & \boldsymbol{\sigma}_{33}\end{bmatrix}\equiv[\boldsymbol{\sigma}_{11}\boldsymbol{\sigma}_{22}\boldsymbol{\sigma}_{33}\boldsymbol{\sigma}_{12}\boldsymbol{\sigma}_{23}\boldsymbol{\sigma}_{31}]=[\boldsymbol{\sigma}_1\boldsymbol{\sigma}_2\boldsymbol{\sigma}_3\boldsymbol{\sigma}_4\boldsymbol{\sigma}_5\boldsymbol{\sigma}_6]=\boldsymbol{\sigma}$$

应变分量表示为：

$$\boldsymbol{\varepsilon}_{ij}=\begin{bmatrix}\boldsymbol{\varepsilon}_{11} & \boldsymbol{\varepsilon}_{12} & \boldsymbol{\varepsilon}_{13}\\ \boldsymbol{\varepsilon}_{21} & \boldsymbol{\varepsilon}_{22} & \boldsymbol{\varepsilon}_{23}\\ \boldsymbol{\varepsilon}_{31} & \boldsymbol{\varepsilon}_{32} & \boldsymbol{\varepsilon}_{33}\end{bmatrix}\equiv[\boldsymbol{\varepsilon}_{11}\boldsymbol{\varepsilon}_{22}\boldsymbol{\varepsilon}_{33}\boldsymbol{\varepsilon}_{12}\boldsymbol{\varepsilon}_{23}\boldsymbol{\varepsilon}_{31}]=[\boldsymbol{\varepsilon}_1\boldsymbol{\varepsilon}_2\boldsymbol{\varepsilon}_3\boldsymbol{\varepsilon}_4\boldsymbol{\varepsilon}_5\boldsymbol{\varepsilon}_6]=\boldsymbol{\varepsilon}$$

应力和应变服从广义胡克定律 $\boldsymbol{\sigma}=\boldsymbol{C}\boldsymbol{\varepsilon}$，$\boldsymbol{C}$ 为弹性矩阵[22]。

由上述结果可得单元体积的弹性势能 $\boldsymbol{V}_i=\int\boldsymbol{\sigma}\mathrm{d}\boldsymbol{\varepsilon}=\frac{1}{2}\boldsymbol{\varepsilon}\boldsymbol{C}\boldsymbol{\varepsilon}$。对于钻柱单元来说，长度远大于直径，可假设主要在钻柱轴截面的法线方向作用有应力应变，因此有 $\boldsymbol{\sigma}_2=\boldsymbol{\sigma}_3=\boldsymbol{\sigma}_5=0$，$\boldsymbol{\varepsilon}_5=0$，$\boldsymbol{\varepsilon}_z=\boldsymbol{\varepsilon}_3=-\boldsymbol{\nu}\boldsymbol{\varepsilon}_1$。单元体积的弹性势能可进一步表示为：$\boldsymbol{V}_i=\frac{E}{2}\boldsymbol{\varepsilon}_1^2+\frac{G}{2}(\boldsymbol{\varepsilon}_4^2+\boldsymbol{\varepsilon}_6^2)$。

通过格林应变公式，在位移场中应变可表示 $\boldsymbol{\varepsilon}_{ij}=\frac{1}{2}\left(\frac{\partial\boldsymbol{u}_i}{\partial x_j}+\frac{\partial\boldsymbol{u}_j}{\partial x_i}+\frac{\partial\boldsymbol{u}_k\partial\boldsymbol{u}_k}{\partial x_i\,\partial x_j}\right)$，$k=1,2,3$，应用爱因斯坦求和规则（Einstein's summation conventions），可得出应变 $\varepsilon_1,\varepsilon_4,\varepsilon_6$ 的表达式：

$$\boldsymbol{\varepsilon}_1=\boldsymbol{\varepsilon}_{11}=\frac{\partial\boldsymbol{u}_z}{\partial z}+\frac{1}{2}\left(\frac{\partial\boldsymbol{u}_z}{\partial z}\right)^2+\frac{1}{2}\left(\frac{\partial\boldsymbol{u}_x}{\partial z}\right)^2+\frac{1}{2}\left(\frac{\partial\boldsymbol{u}_y}{\partial z}\right)^2$$

$$\boldsymbol{\varepsilon}_4=\boldsymbol{\varepsilon}_{12}=\frac{1}{2}\left(\frac{\partial\boldsymbol{u}_z}{\partial x}+\frac{\partial\boldsymbol{u}_x}{\partial z}+\frac{\partial\boldsymbol{u}_z}{\partial x}+\frac{\partial\boldsymbol{u}_x}{\partial z}\frac{\partial\boldsymbol{u}_x}{\partial x}+\frac{\partial\boldsymbol{u}_y}{\partial z}\frac{\partial\boldsymbol{u}_y}{\partial x}\right)$$

$$\boldsymbol{\varepsilon}_6=\boldsymbol{\varepsilon}_{31}=\frac{1}{2}\left(\frac{\partial\boldsymbol{u}_z}{\partial y}+\frac{\partial\boldsymbol{u}_y}{\partial z}+\frac{\partial\boldsymbol{u}_z}{\partial y}+\frac{\partial\boldsymbol{u}_x}{\partial z}\frac{\partial\boldsymbol{u}_x}{\partial y}+\frac{\partial\boldsymbol{u}_y}{\partial z}\frac{\partial\boldsymbol{u}_y}{\partial y}\right)$$

将 $\boldsymbol{\varepsilon}_1,\boldsymbol{\varepsilon}_4,\boldsymbol{\varepsilon}_6$ 的表达式带入单元体积的弹性势能 $\boldsymbol{V}_i=\frac{E}{2}\boldsymbol{\varepsilon}_1^2+\frac{G}{2}(\boldsymbol{\varepsilon}_4^2+\boldsymbol{\varepsilon}_6^2)$，然后对整个钻柱单元积分，可得钻柱单元的弹性势能表达式：

$$\begin{aligned}\boldsymbol{V}=&\frac{EA}{2}\int_0^L\left(\frac{\partial\boldsymbol{u}_z}{\partial z}\right)^2\mathrm{d}z+\frac{GI_z}{2}\int_0^L\left(\frac{\partial\boldsymbol{\theta}_z}{\partial z}\right)^2\mathrm{d}z+\frac{EI_y}{2}\int_0^L\left(\frac{\partial\boldsymbol{\theta}_y}{\partial z}\right)^2\mathrm{d}z+\frac{EI_x}{2}\int_0^L\left(\frac{\partial\boldsymbol{\theta}_x}{\partial z}\right)^2\mathrm{d}z+\frac{EA}{2}\int_0^L\left(\frac{\partial\boldsymbol{u}_z}{\partial z}\right)^3\mathrm{d}z\\&+\frac{EA}{2}\int_0^L\frac{\partial\boldsymbol{u}_z}{\partial z}(\boldsymbol{\theta}_x)^2\mathrm{d}z+\frac{EA}{2}\int_0^L\frac{\partial\boldsymbol{u}_z}{\partial z}(\boldsymbol{\theta}_y)^2\mathrm{d}z+\frac{3EI_y}{2}\int_0^L\frac{\partial\boldsymbol{u}_z}{\partial z}\left(\frac{\partial\boldsymbol{\theta}_y}{\partial z}\right)^2\mathrm{d}z+\frac{3EI_x}{2}\int_0^L\frac{\partial\boldsymbol{u}_z}{\partial z}\left(\frac{\partial\boldsymbol{\theta}_x}{\partial z}\right)^2\mathrm{d}z\\&+\frac{EI_z}{2}\int_0^L\frac{\partial\boldsymbol{u}_z}{\partial z}\left(\frac{\partial\boldsymbol{\theta}_z}{\partial z}\right)^2\mathrm{d}z+\frac{(E-G)I_z}{2}\int_0^L\frac{\partial\boldsymbol{\theta}_z}{\partial z}\boldsymbol{\theta}_x\frac{\partial\boldsymbol{\theta}_y}{\partial z}\mathrm{d}z-\frac{(E-G)I_z}{2}\int_0^L\frac{\partial\boldsymbol{\theta}_z}{\partial z}\boldsymbol{\theta}_y\frac{\partial\boldsymbol{\theta}_x}{\partial z}\mathrm{d}z\end{aligned}\tag{2-10}$$

建立如图 2－3 所示的钻柱单元位移广义坐标，钻柱单元的位移模式取：

$$\boldsymbol{u}_z = a_1 + a_2 z$$

$$\boldsymbol{\theta}_z = a_3 + a_4 z$$

$$\boldsymbol{u}_y = a_5 + a_6 z + a_7 z^2 + a_8 z^3$$

$$\boldsymbol{u}_x = a_9 + a_{10} z + a_{11} z^2 + a_{12} z^3$$

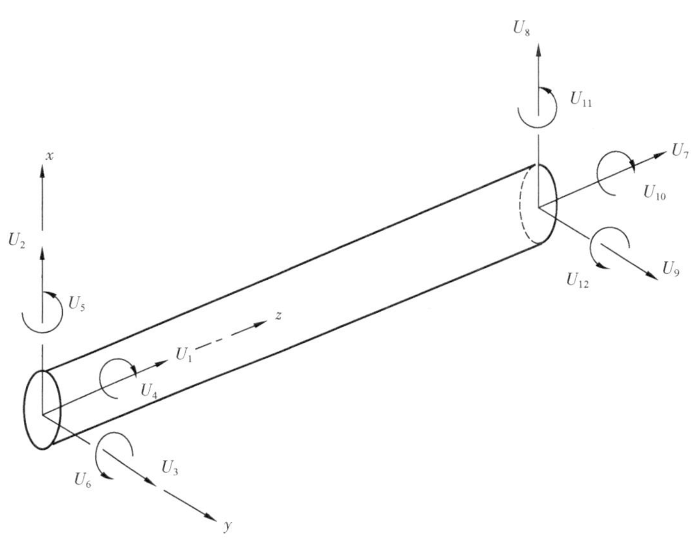

图 2－3　管柱单元自由度广义坐标

代入单元边界条件，整理得：

$$\boldsymbol{u}_z = (1-\xi)U_1 + 6(\xi-\xi^2)U_2 + 6(\xi-\xi^2)U_3 + (1-4\xi+3\xi^2)LU_5 - (1-4\xi+3\xi^2)LU_6 + \xi U_7 - 6(\xi-\xi^2)U_8 - 6(\xi-\xi^2)U_9 + (-2\xi+3\xi^2)LU_{11} + (2\xi-3\xi^2)LU_{12} \tag{2-11}$$

$$\boldsymbol{u}_x = (1-3\xi^2-\xi^3)U_2 - (1-\xi)LU_4 + (\xi-2\xi^2+3\xi^3)LU_6 + (3\xi^2-2\xi^3)U_8 + L\xi U_{10} - (\xi^2-\xi^3)LU_{12} \tag{2-12}$$

$$\boldsymbol{u}_y = (1-3\xi^2+2\xi^3)U_3 - (1-\xi)LU_4 - (\xi-2\xi^2+\xi^3)LU_5 + (3\xi^2-2\xi^3)U_9 + L\xi U_{10} - (\xi^2-\xi^3)LU_{11} \tag{2-13}$$

$$\boldsymbol{\theta}_z = 6(\xi-\xi^2)U_2 + 6(\xi-\xi^2)U_3 + (1-\xi)U_4 + (1-4\xi+3\xi^2)LU_5 - (1-4\xi+3\xi^2)LU_6 - 6(\xi-\xi^2)U_8 - 6(\xi-\xi^2)U_9 + \xi U_{10} + (-2\xi+3\xi^2)LU_{11} + (2\xi-3\xi^2)LU_{12} \tag{2-14}$$

其中，$\xi = z/L$，将式(2－7)、式(2－8)、式(2－10)至式(2－14)代入式(2－4)整理得钻柱单元的质量矩阵为：$[\boldsymbol{M}] = [\boldsymbol{M}_1] + [\boldsymbol{M}_2]$。

其中：

$$
[\boldsymbol{M}_1] = \rho AL \begin{bmatrix}
\frac{1}{3} & 0 & 0 & 0 & 0 & 0 & \frac{1}{6} & 0 & 0 & 0 & 0 & 0 \\
0 & \frac{13}{35} & 0 & 0 & 0 & \frac{11L}{210} & 0 & \frac{9}{70} & 0 & 0 & 0 & -\frac{13L}{420} \\
0 & 0 & \frac{13}{35} & 0 & -\frac{11L}{210} & 0 & 0 & 0 & \frac{9}{70} & 0 & \frac{13L}{420} & 0 \\
0 & 0 & 0 & \frac{I_z}{3A} & 0 & 0 & 0 & 0 & 0 & \frac{I_z}{6A} & 0 & 0 \\
0 & 0 & -\frac{11L}{210} & 0 & \frac{L^2}{105} & 0 & 0 & 0 & -\frac{13L}{420} & 0 & -\frac{L^2}{140} & 0 \\
0 & \frac{11L}{210} & 0 & 0 & 0 & \frac{L^2}{15} & 0 & \frac{13L}{420} & 0 & 0 & 0 & -\frac{L^2}{140} \\
\frac{1}{6} & 0 & 0 & 0 & 0 & 0 & \frac{1}{2} & 0 & 0 & 0 & 0 & 0 \\
0 & \frac{9}{70} & 0 & 0 & 0 & \frac{13L}{40} & 0 & \frac{13}{35} & 0 & 0 & 0 & -\frac{11L}{210} \\
0 & 0 & \frac{9}{70} & 0 & -\frac{13L}{420} & 0 & 0 & 0 & \frac{13}{35} & 0 & \frac{11L}{210} & 0 \\
0 & 0 & 0 & \frac{I_z}{6A} & 0 & 0 & 0 & 0 & 0 & \frac{I_z}{3A} & 0 & 0 \\
0 & 0 & \frac{13L}{420} & 0 & -\frac{L^2}{140} & 0 & 0 & 0 & \frac{11L}{210} & 0 & \frac{L^2}{105} & 0 \\
0 & -\frac{13L}{420} & 0 & 0 & 0 & \frac{-L^2}{140} & 0 & -\frac{11L}{210} & 0 & 0 & 0 & \frac{L^2}{105}
\end{bmatrix}
$$

$$
[\boldsymbol{M}_2] = \frac{\rho I_{xy}}{L^2} \begin{bmatrix}
0 & 0 & 0 & 0 & 0 & 0 & 0 & 0 & 0 & 0 & 0 & 0 \\
0 & \frac{6}{15} & 0 & 0 & 0 & \frac{L}{10} & 0 & -\frac{6}{5} & 0 & 0 & 0 & \frac{L}{10} \\
0 & 0 & \frac{6}{5} & 0 & -\frac{L}{10} & 0 & 0 & 0 & -\frac{6}{5} & 0 & -\frac{L}{10} & 0 \\
0 & 0 & 0 & 0 & 0 & 0 & 0 & 0 & 0 & 0 & 0 & 0 \\
0 & 0 & -\frac{L}{10} & 0 & \frac{2L}{15} & 0 & 0 & 0 & \frac{L}{10} & 0 & -\frac{L^2}{30} & 0 \\
0 & \frac{L}{10} & 0 & 0 & 0 & \frac{2L}{15} & 0 & -\frac{L}{20} & 0 & 0 & 0 & -\frac{L^2}{30} \\
0 & 0 & 0 & 0 & 0 & 0 & 0 & 0 & 0 & 0 & 0 & 0 \\
0 & -\frac{6}{5} & 0 & 0 & 0 & -\frac{L}{20} & 0 & \frac{6}{5} & 0 & 0 & 0 & -\frac{L}{10} \\
0 & 0 & -\frac{6}{5} & 0 & \frac{L}{10} & 0 & 0 & 0 & \frac{6}{5} & 0 & \frac{L}{10} & 0 \\
0 & 0 & 0 & 0 & 0 & 0 & 0 & 0 & 0 & 0 & 0 & 0 \\
0 & 0 & -\frac{L}{10} & 0 & -\frac{L^2}{30} & 0 & 0 & 0 & \frac{L}{10} & 0 & \frac{2L}{15} & 0 \\
0 & \frac{L}{10} & 0 & 0 & 0 & -\frac{L^2}{30} & 0 & -\frac{L}{10} & 0 & 0 & 0 & \frac{2L}{15}
\end{bmatrix}
$$

钻柱单元的刚度矩阵为：$[\boldsymbol{K}]=[\boldsymbol{K}_{\mathrm{L}}]+[\boldsymbol{K}_{\mathrm{N}}]$

$$[\boldsymbol{K}_{\mathrm{L}}]=\begin{bmatrix}
\frac{EA}{L} & 0 & 0 & 0 & 0 & 0 & \frac{-EA}{L} & 0 & 0 & 0 & 0 & 0 \\
0 & \frac{12EI_{xy}}{L^3} & 0 & 0 & 0 & \frac{6EI_{xy}}{L^2} & 0 & \frac{-12EI_{xy}}{L^3} & 0 & 0 & 0 & \frac{6EI_{xy}}{L^2} \\
0 & 0 & \frac{12EI_{xy}}{L^3} & 0 & \frac{-6EI_{xy}}{L^2} & 0 & 0 & 0 & \frac{-12EI_{xy}}{L^3} & 0 & \frac{-6EI_{xy}}{L^2} & 0 \\
0 & 0 & 0 & \frac{GI_z}{L} & 0 & 0 & 0 & 0 & 0 & \frac{-GI_z}{L} & 0 & 0 \\
0 & 0 & \frac{-6EI_{xy}}{L^2} & 0 & \frac{4EI_{xy}}{L} & 0 & 0 & 0 & \frac{6EI_{xy}}{L^2} & 0 & \frac{2EI_{xy}}{L} & 0 \\
0 & \frac{6EI_{xy}}{L^2} & 0 & 0 & 0 & \frac{4EI_{xy}}{L} & 0 & \frac{-6EI_{xy}}{L^2} & 0 & 0 & 0 & \frac{2EI_{xy}}{L} \\
\frac{-EA}{L} & 0 & 0 & 0 & 0 & 0 & \frac{EA}{L} & 0 & 0 & 0 & 0 & 0 \\
0 & \frac{-12EI_{xy}}{L^3} & 0 & 0 & 0 & \frac{-6EI_{xy}}{L^2} & 0 & \frac{12EI_{xy}}{L^3} & 0 & 0 & 0 & \frac{-6EI_{xy}}{L^2} \\
0 & 0 & \frac{-12EI_{xy}}{L^3} & 0 & \frac{6EI_{xy}}{L^2} & 0 & 0 & 0 & \frac{12EI_{xy}}{L^3} & 0 & \frac{-6EI_{xy}}{L^2} & 0 \\
0 & 0 & 0 & \frac{-GI_z}{L} & 0 & 0 & 0 & 0 & 0 & \frac{GI_z}{L} & 0 & 0 \\
0 & 0 & \frac{-6EI_{xy}}{L^2} & 0 & \frac{2EI_{xy}}{L} & 0 & 0 & 0 & \frac{6EI_{xy}}{L^2} & 0 & \frac{4EI_{xy}}{L} & 0 \\
0 & \frac{6EI_{xy}}{L^2} & 0 & 0 & 0 & \frac{2EI_{xy}}{L} & 0 & \frac{-6EI_{xy}}{L^2} & 0 & 0 & 0 & \frac{4EI_{xy}}{L}
\end{bmatrix}$$

$[\boldsymbol{K}_{\mathrm{N}}]=[\boldsymbol{K}_{\mathrm{NA1}}]+[\boldsymbol{K}_{\mathrm{NA2}}]+[\boldsymbol{K}_{\mathrm{NT}}]$

$$[\boldsymbol{K}_{\mathrm{NA1}}]=\frac{EA(U_7-U_1)}{L^3}\begin{bmatrix}
\frac{3}{2} & 0 & 0 & 0 & 0 & 0 & \frac{-3}{2} & 0 & 0 & 0 & 0 & 0 \\
0 & \frac{6}{5} & 0 & 0 & 0 & \frac{L}{10} & 0 & \frac{-6}{5} & 0 & 0 & 0 & \frac{L}{10} \\
0 & 0 & \frac{6}{5} & 0 & \frac{-L}{10} & 0 & 0 & 0 & \frac{-6}{5} & 0 & \frac{-L}{10} & 0 \\
0 & 0 & 0 & \frac{I_z}{A} & 0 & 0 & 0 & 0 & 0 & -\frac{I_z}{A} & 0 & 0 \\
0 & 0 & \frac{-L}{10} & 0 & \frac{2L^2}{15} & 0 & 0 & 0 & \frac{L}{10} & 0 & \frac{-L^2}{30} & 0 \\
0 & \frac{L}{10} & 0 & 0 & 0 & \frac{2L^2}{15} & 0 & \frac{-L}{10} & 0 & 0 & 0 & \frac{-L^2}{30} \\
\frac{-3}{2} & 0 & 0 & 0 & 0 & 0 & \frac{3}{5} & 0 & 0 & 0 & 0 & 0 \\
0 & \frac{-6}{5} & 0 & 0 & 0 & \frac{-L}{10} & 0 & \frac{6}{5} & 0 & 0 & 0 & \frac{-L}{10} \\
0 & 0 & \frac{-6}{5} & 0 & \frac{L}{10} & 0 & 0 & 0 & \frac{6}{5} & 0 & \frac{L}{10} & 0 \\
0 & 0 & 0 & -\frac{I_z}{A} & 0 & 0 & 0 & 0 & 0 & \frac{I_z}{A} & 0 & 0 \\
0 & 0 & \frac{-L}{10} & 0 & \frac{-L^2}{30} & 0 & 0 & 0 & \frac{L}{10} & 0 & \frac{2L^2}{15} & 0 \\
0 & \frac{L}{10} & 0 & 0 & 0 & \frac{-L^2}{30} & 0 & \frac{-L}{10} & 0 & 0 & 0 & \frac{2L^2}{15}
\end{bmatrix}$$

$$
[\boldsymbol{K}_{\mathrm{NA2}}] = \frac{EI_{xy}(U_7 - U_1)}{L^2}\begin{bmatrix}
0 & 0 & 0 & 0 & 0 & 0 & 0 & 0 & 0 & 0 & 0 & 0 \\
0 & 6L^2 & 0 & 0 & 0 & 3L^3 & 0 & -6L^2 & 0 & 0 & 0 & 3L^3 \\
0 & 0 & 6L^2 & 0 & -3L^3 & 0 & 0 & 0 & -6L^2 & 0 & -3L^3 & 0 \\
0 & 0 & 0 & 0 & 0 & 0 & 0 & 0 & 0 & 0 & 0 & 0 \\
0 & 0 & -3L^3 & 0 & 2L^4 & 0 & 0 & 0 & 3L^3 & 0 & L^4 & 0 \\
0 & 3L^3 & 0 & 0 & 0 & 2L^4 & 0 & -3L^3 & 0 & 0 & 0 & L^4 \\
0 & 0 & 0 & 0 & 0 & 0 & 0 & 0 & 0 & 0 & 0 & 0 \\
0 & -6L^2 & 0 & 0 & 0 & -3L^3 & 0 & 6L^2 & 0 & 0 & 0 & -3L^3 \\
0 & 0 & -6L^2 & 0 & 3L^3 & 0 & 0 & 0 & 6L^2 & 0 & 3L^3 & 0 \\
0 & 0 & 0 & 0 & 0 & 0 & 0 & 0 & 0 & 0 & 0 & 0 \\
0 & 0 & -3L^3 & 0 & L^4 & 0 & 0 & 0 & 3L^3 & 0 & 2L^4 & 0 \\
0 & 3L^3 & 0 & 0 & 0 & L^4 & 0 & -3L^3 & 0 & 0 & 0 & 2L^4
\end{bmatrix}
$$

$$
[\boldsymbol{K}_{\mathrm{NT}}] = (1+v)\frac{GI_z(U_{10} - U_4)}{L^4}\begin{bmatrix}
0 & 0 & 0 & \frac{1+v}{2(1+v)} & 0 & 0 & 0 & 0 & 0 & -\frac{1+v}{2(1+v)} & 0 & 0 \\
0 & 0 & 0 & 0 & 1 & 0 & 0 & 0 & 0 & 0 & 1 & 0 \\
0 & 0 & 0 & 0 & 0 & 1 & 0 & 0 & 0 & 0 & 0 & 1 \\
0 & 0 & 0 & 0 & 0 & 0 & 0 & 0 & 0 & 0 & 0 & 0 \\
0 & 1 & 0 & 0 & 0 & 0 & 0 & 1 & 0 & 0 & 0 & \frac{L}{2} \\
0 & 0 & 1 & 0 & 0 & 0 & 0 & 0 & 1 & 0 & \frac{L}{2} & 0 \\
0 & 0 & 0 & \frac{1+v}{2(1+v)} & 0 & 0 & 0 & 0 & 0 & \frac{1+v}{2(1+v)} & 0 & 0 \\
0 & 0 & 0 & 0 & 1 & 0 & 0 & 0 & 0 & 0 & 1 & 0 \\
0 & 0 & 0 & 0 & 0 & 0 & 0 & 0 & 0 & 0 & 0 & 1 \\
0 & 0 & 0 & 0 & 0 & 0 & 0 & 0 & 0 & 0 & 0 & 0 \\
0 & 1 & 0 & 0 & 0 & \frac{L}{2} & 0 & 1 & 0 & 0 & 0 & 0 \\
0 & 0 & 1 & 0 & \frac{L}{2} & 0 & 0 & 0 & 1 & 0 & 0 & 0
\end{bmatrix}
$$

阻尼矩阵为：$[\boldsymbol{C}] = [\boldsymbol{C}_{\mathrm{D}}] + [\boldsymbol{C}_{\mathrm{N}}]$，其中$[\boldsymbol{C}_{\mathrm{D}}] = \alpha[\boldsymbol{M}] + \beta[\boldsymbol{K}_{\mathrm{L}}]$

$$
[\boldsymbol{C}_{\mathrm{N}}] = \frac{\Omega J_z}{L}\begin{bmatrix}
0 & 0 & 0 & 0 & 0 & 0 & 0 & 0 & 0 & 0 & 0 & 0 \\
0 & 0 & \frac{6}{5} & 0 & \frac{L}{10} & 0 & 0 & 0 & \frac{6}{5} & 0 & \frac{L}{10} & 0 \\
0 & \frac{6}{5} & 0 & 0 & 0 & \frac{L}{10} & 0 & \frac{6}{5} & 0 & 0 & 0 & \frac{L}{10} \\
0 & 0 & 0 & 0 & 0 & 0 & 0 & 0 & 0 & 0 & 0 & 0 \\
0 & \frac{L}{10} & 0 & 0 & 0 & \frac{2L^2}{15} & 0 & \frac{L}{10} & 0 & 0 & 0 & \frac{L^2}{30} \\
0 & 0 & \frac{L}{10} & 0 & \frac{2L^2}{15} & 0 & 0 & 0 & \frac{L}{10} & 0 & \frac{L^2}{30} & 0 \\
0 & 0 & 0 & 0 & 0 & 0 & 0 & 0 & 0 & 0 & 0 & 0 \\
0 & 0 & \frac{6}{5} & 0 & \frac{L}{10} & 0 & 0 & 0 & \frac{6}{5} & 0 & \frac{L}{10} & 0 \\
0 & \frac{6}{5} & 0 & 0 & 0 & \frac{L}{10} & 0 & \frac{6}{5} & 0 & 0 & 0 & \frac{L}{10} \\
0 & 0 & 0 & 0 & 0 & 0 & 0 & 0 & 0 & 0 & 0 & 0 \\
0 & \frac{L}{10} & 0 & 0 & 0 & \frac{L^2}{30} & 0 & \frac{L}{10} & 0 & 0 & 0 & \frac{2L^2}{15} \\
0 & 0 & \frac{L}{10} & 0 & \frac{L^2}{30} & 0 & 0 & 0 & -\frac{L}{10} & 0 & -\frac{2L^2}{15} & 0
\end{bmatrix}
$$

上述矩阵计算式中 E,ν,G 分别是钻柱材料的弹性模量、泊松比和剪切模量；I_x,I_y 分别是钻柱截面对 x 或 y 轴的惯性矩；I_z 是钻柱截面对 z 轴的惯性矩；Ω 是钻柱的转速；J_z 是钻柱截面对 z 轴的极惯性矩。

根据该系统动力学方程按式(2－5)和上述建单元质量矩阵、刚度矩阵及阻尼矩阵，按单元分配连接顺序分别组集为整体质量矩阵、刚度矩阵及阻尼矩阵。

以单元质量矩阵为例，单元质量矩阵可表示为：$[\boldsymbol{M}]^1 = \begin{bmatrix} [\boldsymbol{M}_{11}^1]_{6\times6} & [\boldsymbol{M}_{12}^1]_{6\times6} \\ [\boldsymbol{M}_{21}^1]_{6\times6} & [\boldsymbol{M}_{22}^1]_{6\times6} \end{bmatrix}$

钻柱的整体质量矩阵则为：

$$
[\boldsymbol{M}] = \begin{bmatrix}
[\boldsymbol{M}_{11}^1]_{6\times6} & [\boldsymbol{M}_{12}^1]_{6\times6} & & & & & & & \\
[\boldsymbol{M}_{21}^1]_{6\times6} & [\boldsymbol{M}_{22}^1]_{6\times6}+[\boldsymbol{M}_{11}^2]_{6\times6} & [\boldsymbol{M}_{12}^2]_{6\times6} & & & & & & \\
 & [\boldsymbol{M}_{21}^2]_{6\times6} & [\boldsymbol{M}_{22}^2]_{6\times6}+[\boldsymbol{M}_{11}^3]_{6\times6} & [\boldsymbol{M}_{12}^3]_{6\times6} & & & & & \\
 & & [\boldsymbol{M}_{21}^3]_{6\times6} & [\boldsymbol{M}_{22}^3]_{6\times6}+\cdots & & & & & \\
 & & & & \cdots & & & & \\
 & & & & & \cdots & & & \\
 & & & & & & \cdots & [\boldsymbol{M}_{12}^{n-1}]_{6\times6} & \\
 & & & & & & [\boldsymbol{M}_{21}^{n-1}]_{6\times6} & [\boldsymbol{M}_{22}^{n-1}]_{6\times6}+[\boldsymbol{M}_{11}^{n}]_{6\times6} & [\boldsymbol{M}_{12}^{n}]_{6\times6} \\
 & & & & & & & [\boldsymbol{M}_{21}^{n}]_{6\times6} & [\boldsymbol{M}_{22}^{n}]_{6\times6}
\end{bmatrix}
$$

刚度矩阵、阻尼矩阵的组集方法与质量矩阵的组集方法相同。

在刚度矩阵中因为包含有与节点位移相关的变刚度矩阵[K_N],所以在组集整体刚度矩阵时,将[$\boldsymbol{K}_L$]及[$\boldsymbol{K}_N$]分别进行组集。

载荷列阵组集形式如下:

单元载荷列阵表示为[$\boldsymbol{F}^1$] = $\begin{bmatrix} \boldsymbol{f}^1_{1\ 1\times6} \\ \boldsymbol{f}^1_{2\ 1\times6} \end{bmatrix}$,其中[$\boldsymbol{f}^1_1$]形如:

$$[\boldsymbol{f}^1_1] = [\boldsymbol{f}^1_z \quad \boldsymbol{f}^1_x \quad \boldsymbol{f}^1_y \quad \boldsymbol{T}^1_z \quad \boldsymbol{T}^1_x \quad \boldsymbol{T}^1_y]^{\mathrm{T}}_{1\times6} \tag{2-15}$$

外力载荷主要包括重力、惯性力、与井壁摩擦碰撞作用力,详见2.2。

整体载荷列阵为:

$$[\boldsymbol{F}] = [\boldsymbol{f}^1_{1\ 1\times6} \quad \boldsymbol{f}^1_{2\ 1\times6} \quad \boldsymbol{f}^2_{1\ 1\times6} \quad \boldsymbol{f}^2_{2\ 1\times6} \quad \boldsymbol{f}^2_{1\ 1\times6} \quad \cdots \quad \boldsymbol{f}^{n-2}_{2\ 1\times6}+\boldsymbol{f}^{n-1}_{1\ 1\times6} \quad \boldsymbol{f}^{n-1}_{2\ 1\times6}+\boldsymbol{f}^{n}_{1\ 1\times6} \quad \boldsymbol{f}^{n}_{2\ 1\times6}]^{\mathrm{T}} \tag{2-16}$$

组集后的动力学方程表示为:

$$[\boldsymbol{M}][\ddot{\boldsymbol{U}}] + [\boldsymbol{C}][\dot{\boldsymbol{U}}] + [\boldsymbol{K}_L][\boldsymbol{U}] + [\boldsymbol{K}_N][\boldsymbol{U}] = [\boldsymbol{F}] \tag{2-17}$$

2.2 钻柱动力学模型中的外载

对于钻柱系统动力学方程式(2-17)右边的外载项,主要包括重力和惯性力。与井壁摩擦碰撞作为边界处理,见2.3。式(2-2)至式(2-4)中的外力分量是广义非有势力,不应包括重力(有势力),但本文推导钻柱单元的弹性势能时,没有考虑重力,所以此处将重力作外载处理。

2.2.1 重力

井斜角 α,方位角 φ,则单位长度重度 $\boldsymbol{w}$ 可以分解如下:

$$\boldsymbol{w} = \boldsymbol{w}_z + \boldsymbol{w}_y + \boldsymbol{w}_x \tag{2-18}$$

根据投影关系,可以得出:

$$\begin{cases} |\boldsymbol{w}_z| = |\boldsymbol{w}| \cdot \cos\alpha \\ |\boldsymbol{w}_y| = |\boldsymbol{w}| \cdot \sin\alpha\cos\varphi \\ |\boldsymbol{w}_x| = |\boldsymbol{w}| \cdot \sin\alpha\sin\varphi \end{cases} \tag{2-19}$$

分布质量载荷的等价广义节点力。这就相当于把作用在连续结构上的由分布载荷产生的虚功等价于广义节点力在分散节点上所做的功,即:

$$\int_0^l (-w_x \delta u_x - w_y \delta u_y - w_z \delta u_z) dz = [\delta U]\{F_g\} \tag{2-20}$$

注意到$\{u\} = [A]\{U\}$和$\{\delta u\} = [A]\{\delta U\}$，其中$[A]$为上文提到的形函数，由此，式(2－20)可写成如式(2－21)的形式：

$$\int_0^l (-w_x A_{1j} - w_y A_{2j} - w_z A_{3j}) dz = F_j (j = 1,2,\cdots,12) \tag{2-21}$$

其结果如式(2－22)所示：

$$[F_{grav}] = \left[\frac{-w_z L}{2} \frac{-w_x L}{2} \frac{-w_y L}{2} \frac{-\sqrt{w_x^2 + w_y^2} L^2}{12} 0 0 \frac{-w_z L}{2} \frac{-w_x L}{2} \frac{-w_y L}{2} \frac{-\sqrt{w_x^2 + w_y^2} L^2}{12} 0 0\right] \tag{2-22}$$

注意到，与分布载荷等价的广义力包括集中力和力矩。

2.2.2　惯性力

钻柱旋转运动时一般其重心和初始孔洞轴线（旋转中心）不重合。重心的偏移称为偏心量e，它是指在z处孔洞轴线垂直平面内钻柱重心与旋转中心的距离，e随时间和纵轴z而变化，即$e = e(z,t)$。在一段时间内，某节点处e的变化形成了该处微段的偏心轨迹。

惯性力作用在钻柱单元的重心上，促使钻柱作不稳定旋转。作用在长度为dz的微元上惯性力的大小是$me\Omega^2 dz$，此处m是钻柱的单元长度质量，Ω是钻柱旋转速度，乘积me称为不平衡数。非平衡力对系统所做的虚功由式(2－23)给出：

$$\delta W_U = \int_0^L (F_U \cdot \delta u) dz = \int_0^L [(f_x \boldsymbol{j} + f_y \boldsymbol{k}) \cdot \delta u] dz \tag{2-23}$$

这里$f_x = me(\Omega^2\cos\theta + \dot{\Omega}\sin\theta)$，$f_y = me(\Omega^2\sin\theta - \dot{\Omega}\cos\theta)$。其中，$\theta$表示重心在孔洞轴线法平面的角位置（图 2－4）。其中$\cos\theta = \frac{y}{\sqrt{x^2+y^2}}$，$\sin\theta = \frac{x}{\sqrt{x^2+y^2}}$。$\Omega$对应于$\boldsymbol{\theta}_z$，$\dot{\Omega}$对应于$\dot{\boldsymbol{\theta}}_z$。

参考分析重力的方法，可以获得惯性力的分量：

$$[F_{imb}] = \left[0 \frac{f_x L}{2} \frac{f_y L}{2} 0 \frac{-f_y L^2}{12} \frac{f_x L^2}{12} 0 \frac{f_x L}{2} \frac{f_y L}{2} 0 \frac{-f_y L^2}{12} \frac{f_x L^2}{12}\right] \tag{2-24}$$

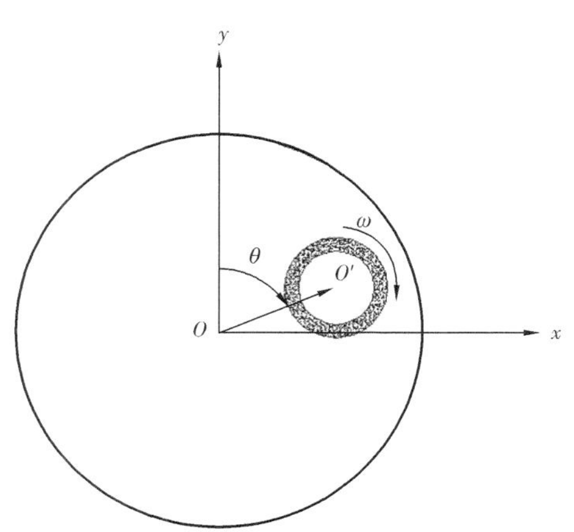

图 2－4　钻柱单元偏心运动示意图

2.3 旋转钻柱与孔壁的碰撞摩擦边界

旋转钻柱与孔壁之间的接触碰撞及摩擦是客观存在的。钻柱旋转时,既存在自转,也存在公转,公转使钻柱偏离初始轴心线,引起与井壁的碰撞和摩擦;另一方面,实钻孔洞都是空间弯曲的,这都促使钻柱在旋转钻进时与井壁之间产生碰撞和摩擦。

旋转钻柱与孔洞之间的接触碰撞及摩擦对钻柱的动力学特性影响不可忽略。钻柱与孔洞的接触是不确定的,钻柱运动可以视为一个细长轴在狭长孔洞中的转子运动,细长钻柱在狭长孔洞中刚度较小,受孔洞限制,必然发生与孔洞的接触碰撞并与孔洞产生摩擦,且接触位置和接触状态无法事先准确描述,接触边界具有不确定性;钻柱与孔洞的接触碰撞和摩擦是钻柱系统的一个激振源,碰撞激起横向振动,摩擦加剧扭转振动,二者的综合作用又也影响钻柱的纵向振动。

研究钻柱与孔洞边界问题的主要方法有经典接触理论、恢复系数法、刚性井壁法、多步接触放松法、罚刚度法和间隙元法等。

罚刚度法多用于商用软件中。罚刚度法采用一个弹簧来施加接触边界,软件将物体划分为若干小的平块,并对两个小平块构成的接触对施于赫兹接触刚度 k(Hertz Contact Stiffness),k 一般用 $k=fE$ 估算,其中 f 是介于 0.1 ~ 10 之间的系数,E 是较软的接触材料的弹性模量。目前常用的软件中,一般应选取足够大的接触刚度以保证接触渗透足够小,同时接触刚度也不能太大,以防止刚度矩阵出现病态,保证收敛[23]。

恢复系数法使用碰撞前后的速度来整体控制钻杆单元的状态,该方法适用于自主编程模拟。恢复系数依靠钻柱与孔洞的碰撞试验,试验测定碰撞速度的损失规律。

钻柱与孔洞的摩擦也影响钻柱的运动状态。不同井段孔洞的物理性质不同,这就使得不同井段钻柱单元与孔洞单元摩擦副存在区别。

2.3.1 钻柱与孔壁动摩擦系数

本部分通过查询相应标准以及参考他人研究成果[24]构造了摩擦系数数据库,摩擦系数来源于现场数据,不仅反映了摩擦副材质的性质,还反映了不同泥浆体系润滑性等因素的影响。

通过该数据库,可以得到所要仿真案例中相应的摩擦副的性质,输入后仿真软件会生成一个摩擦系数矩阵 $\boldsymbol{A}_f$。为便于计算处理,把 $\boldsymbol{A}_f$ 构造成一个行数与仿真系统单元数相等,列数为 3 列的矩阵:

$$\boldsymbol{A}_f=\begin{bmatrix} 0 & f_{\mathrm{h}0} & f_{\mathrm{g}0} \\ 1 & f_{\mathrm{h}1} & f_{\mathrm{g}1} \\ \cdots & \cdots & \cdots \\ i & f_{\mathrm{h}i} & f_{\mathrm{g}i} \\ \cdots & \cdots & \cdots \\ n & f_{\mathrm{h}n} & f_{\mathrm{g}n} \end{bmatrix} \tag{2-25}$$

式中　i——第 i 钻柱单元；

f_{hi}——第 i 钻柱单元的滑动摩擦系数；

f_{gi}——第 i 钻柱单元的滚动摩擦系数。

式(2－25)的摩擦系数矩阵修改方便，可以修改某些单元的摩擦系数来模拟特殊工况，例如通过修改某些钻柱单元的摩擦系数和所处的环空半径，可以模拟孔洞存在工况的钻柱动力学特性。

2.3.2　钻柱与孔壁碰撞恢复系数

碰撞恢复系数为 λ_i(对于岩土材料，$\lambda_i << 1$)，则有：

$$V_{2i} = \lambda \times V_{1i} \tag{2-26}$$

接触碰撞过程中，速度 V_{1i}逐渐变为 0，然后形变开始恢复，速度从 0 开始逐渐增加，形变恢复完毕后达到碰后速度 V_{2i}。

2.4　钻柱系统的黏滞阻尼与结构阻尼

在前面建立系统动力学模型时，广义速度的系数项为瑞利阻尼系数项。这个瑞利阻尼系数项主要分两部分，即 $\alpha\boldsymbol{M}$ 和 $\beta\boldsymbol{K}$，前者表征黏滞阻尼，后者表征结构自身阻尼。这个处理方法由 Rayleigh 于 1877 年提出，至今在结构动力学中仍被广泛沿用，恰当地选择 α 和 β 可以很好地分析阻尼对实际结构的影响，α 和 β 一般由式(2－27)估算。液体循环介质对钻柱的黏滞阻尼效应即体现在瑞利阻尼中的 $\alpha\boldsymbol{M}\dot{\boldsymbol{U}}$部分中。通过将计算值和实测值反复比较可以确定一条瑞利阻尼系数 α 与泥浆黏度的拟合关系曲线，这也是动力学问题研究中普遍采用的黏滞阻尼处理方法[25]。

$$\begin{cases} \alpha = \dfrac{2\omega_i\omega_j(\xi_i\omega_j - \xi_j\omega_i)}{\omega_j^2 - \omega_i^2} \\ \beta = \dfrac{2(\xi_j\omega_j - \xi_i\omega_i)}{\omega_j^2 - \omega_i^2} \end{cases} \tag{2-27}$$

其中，ω_i 和 ω_j 分别为钻柱单元的第 i 和第 j 固有频率，ξ_i 和 ζ_j 分别为相应的第 i 和第 j 振型的阻尼比，由实验确定，一般取 $i=1$ 和 $j=2$，相应的阻尼比在 0.02～0.20 之间变化。

循环介质对运动物体的黏滞阻尼，通常表现在对其速度的阻尼上，瑞利阻尼中黏滞项的实质也是对速度进行阻尼。

第 3 章　管道定向穿越钻柱动力学特性

通过建立定向穿越导向孔、扩孔钻进和回拖钻进时钻柱—孔洞或钻柱—扩孔器—孔洞的模型，根据三个工程——西二线—渭河、兰郑长—长江和惠银线—黄河，由施工参数得出相应的边界条件和载荷，综合考虑钻柱服役环境、岩土对钻柱的摩擦碰撞及泥浆的浮力等作用，研究了整个钻柱的纵横扭三向振动状态，从而得到整个钻柱在定向穿越导向孔、扩孔钻进及管道回拖时的实际受力情况，总结出整个钻柱的各个力学参数的动态分布规律，对分析钻柱的应力最大点位置并找到不同工程施工中钻具失效原因有重要意义。

本章分为 4 个部分：首先对西二线—渭河定向穿越钻具受力进行数值模拟，其次对兰郑长—长江定向穿越钻具受力进行数值模拟，然后对惠银线—黄河定向穿越钻具受力数值模拟，最后对管道定向穿越钻柱动力学特性进行总结。其中各部分对定向穿越工程的钻具受力动态计算结果进行详细分析和介绍。

3.1　西二线—渭河定向穿越钻具受力数值模拟

本部分动力学模型采用弹簧—质量—阻尼系统（K－M－C）模式[26]，将钻柱系统振动简化为高维多自由度系统来分析，并充分考虑泥浆、孔壁及两端边界条件。

根据穿越段钻柱系统的结构特性，建模时采用以下假设：（1）钻柱系统为均质空间弹性梁，省略钻具单元间螺纹、局部孔槽等结构，钻具的几何尺寸、材料性质分段为常数，不考虑温度影响；（2）考虑泥浆、钻具与孔壁接触摩擦阻力的阻尼。

穿越段位于线路第 17 标段，设计范围为：桩 DXZ01 ~ DXZ02，起、终点里程为 0 + 520. 0m（相当于线路里程 21 + 276. 3m），2 + 774. 0m（相当于线路里程 23 + 530. 3m），水平长度为 2254m。管道设计压力为 10MPa，管径为 ϕ1219mm。

采用两次定向钻穿越 + 中间开挖连头方式通过。其中滩地大开挖段长度为 242. 2m，主河槽定向钻穿越水平长度为 1240m，滩地定向钻穿越水平长度为 1087. 3m，两次定向钻重叠段水平长度为 315. 5m（两端分别回缩 180m），两穿连头处挖深 19m。两次定向钻穿越水平段管底标高均选在 305. 5m，穿越主要地层为粗砂。

钻具受力数值模拟：以渭河穿越施工参数、钻具组合和设计穿越曲线为输入参数，建立了穿越长度为 1240m 的钻柱系统模型，通过设定不同的边界载荷条件，模拟定向穿越钻柱动力学特性，探索穿越段不同位置、多种穿越参数及不同钻具组合条件下定向穿越钻柱的振动规律，达到优化钻具组合的目的。

3.1.1　导向孔钻进钻柱动力学数值模拟

定义了整个钻柱有限元模型的材料参数、接触对、边界条件并划分网格后，通过工作站长时间计算，得到整个钻柱振动在 0 ~ 10s 的仿真结果。导向孔钻进采用的钻具组合为：9⅝in 牙轮钻头 + 7in 无磁钻铤 + 6⅝in S－135 钻杆。导向孔作业参数：推力 2.175×10^5N；扭矩

29kN · m；转速 3.14rad/s；泥浆密度 1.05×10^3kg/m^3，黏度 60s，黏滞系数 $\nu=0.02$。主要钻具结构参数：钻杆外径 0.1683m，壁厚 0.009m，线密度 36.06kg/m；无磁钻铤外径 0.1778m，壁厚 0.0532m，线密度 163.9kg/m。

钻柱与孔洞之间采用连续刚—柔接触模拟方法，保证接触渗透足够小的同时防止刚度矩阵出现病态。

对比参数设置情况及数值计算方案见表 3－1。

表 3－1　渭河定向穿越导向孔钻进钻具受力数值模拟计算方案

<table>
<tr><th>导向孔钻具组合</th><th>摩擦系数 f</th><th>井径变化</th><th>仿真结果</th><th>仿真环境</th></tr>
<tr><td rowspan="9">(1)$6\frac{5}{8}$in 钻杆 +7in 钻铤；
(2)5.5in 钻杆 +7in 钻铤；
(3)5in 钻杆 +7in 钻铤</td><td rowspan="3">0.1</td><td>无扩径</td><td>?</td><td rowspan="9">不同钻具组合在不同的服役环境中</td></tr>
<tr><td>扩 30%</td><td>?</td></tr>
<tr><td>扩 50%</td><td>?</td></tr>
<tr><td rowspan="3">0.2</td><td>无扩径</td><td>?</td></tr>
<tr><td>扩 30%</td><td>?</td></tr>
<tr><td>扩 50%</td><td>?</td></tr>
<tr><td rowspan="3">0.3</td><td>无扩径</td><td>?</td></tr>
<tr><td>扩 30%</td><td>?</td></tr>
<tr><td>扩 50%</td><td>?</td></tr>
<tr><td rowspan="6">(1)$6\frac{5}{8}$in 钻杆 +7in 钻铤；
(2)5.5in 钻杆 +7in 钻铤；
(3)5in 钻杆 +7in 钻铤</td><td rowspan="6">0.2</td><td>1 弯 2</td><td>?</td><td rowspan="6">不同钻具组合在不同井深时</td></tr>
<tr><td>1 弯 3</td><td>?</td></tr>
<tr><td>水平段</td><td>?</td></tr>
<tr><td>2 弯 1</td><td>?</td></tr>
<tr><td>2 弯 2</td><td>?</td></tr>
<tr><td>2 弯 3</td><td>?</td></tr>
<tr><td>$6\frac{5}{8}$in 钻杆</td><td rowspan="3">0.2</td><td rowspan="3">无扩径</td><td>?</td><td rowspan="3">不同钻具结构</td></tr>
<tr><td>$6\frac{5}{8}$in 钻杆 +$9\frac{5}{8}$in 稳定器</td><td>?</td></tr>
<tr><td>$6\frac{5}{8}$in 钻杆 +7in 钻铤 +$9\frac{5}{8}$in 稳定器</td><td>?</td></tr>
</table>

3.1.1.1　孔洞扩大对钻具受力的影响

根据岩土性质及对钻具运动的分析，首先将渭河导向孔的孔洞扩大率分为三种情况：0，30% 和 50%，分别代表无扩径、扩径 30% 和扩径 50%。孔洞扩大主要引起出土段和入土段钻具受力的变化，影响的是弯曲段的曲率而反映为三向力矩的变化。通过对该参数的分析可以明确钻具在不同服役环境下的动态受力，并可以获得孔洞扩大对静力学公式的修正值。

为分析孔洞扩大引起的三向力矩变化，首先定义了整个钻柱上不同节点的局部坐标，如图 3－1 所示，方向 1 和方向 2 分别为钻柱的两个径向，而方向 3 为钻柱轴向。局部坐标系在软件前处理中的定义对分析钻柱的三向力矩较为重要，它可以使各点的力矩参数更为直观的展示，而不用再通过整体坐标转化为局部坐标。以下各图提到使用的局部坐标系均为图 3－1 所示坐标系，不再赘述。

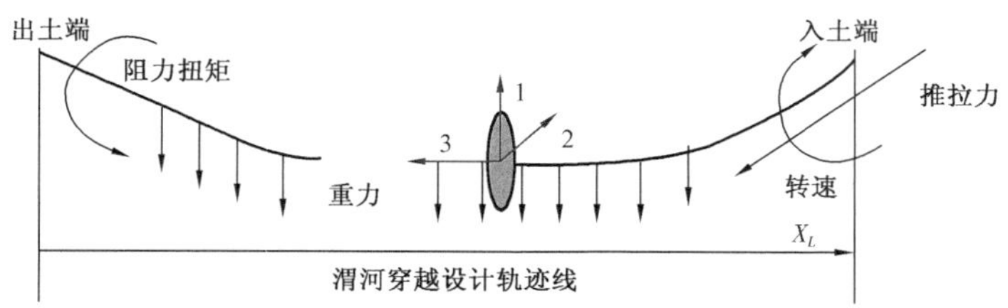

图 3－1　渭河穿越轨迹及局部坐标示意图

由于在钻机转速为 3. 14rad/s(30r/min)时,要将钻杆旋转一周分为 5 个方位,因此必须进行 0. 4s 取值一次。根据图 3－2 所示,定向穿越无孔洞扩大率时,整个钻柱的弯扭力矩表现为:1 方向上弯矩始终为正值,保持单向弯曲,整个钻柱的弯矩峰值出现在两个弯曲段,可达到 4kN · m;2 方向上弯矩呈现正负波动,即在孔洞内的横向出现了钻柱的轻微扭动,峰值达 2kN · m 且处于交变状态;3 方向上力矩,即扭矩,图 3－2 中斜率表示单位长度钻柱在孔洞内的扭矩损失(摩擦扭矩),入、出土端的扭矩之差为孔洞内整个钻柱的摩擦扭矩,最大差值为 1532N · m;另外根据 1 和 2 方向弯矩图可以发现,在出土端的钻铤与钻杆连接处出现了两个方向弯矩的阶跃,必须进行钻具组合的优化,从而减轻钻具截面突变引起的危险性,使钻具使用更为可靠和安全。整个钻柱的三向力矩波动从另一个方面反映的是导向钻头在整个孔洞内钻进过程的时程状态,即当导向钻头钻进到两个弯曲位置时要受到较大的弯矩,易出现钻具的疲劳断裂失效。

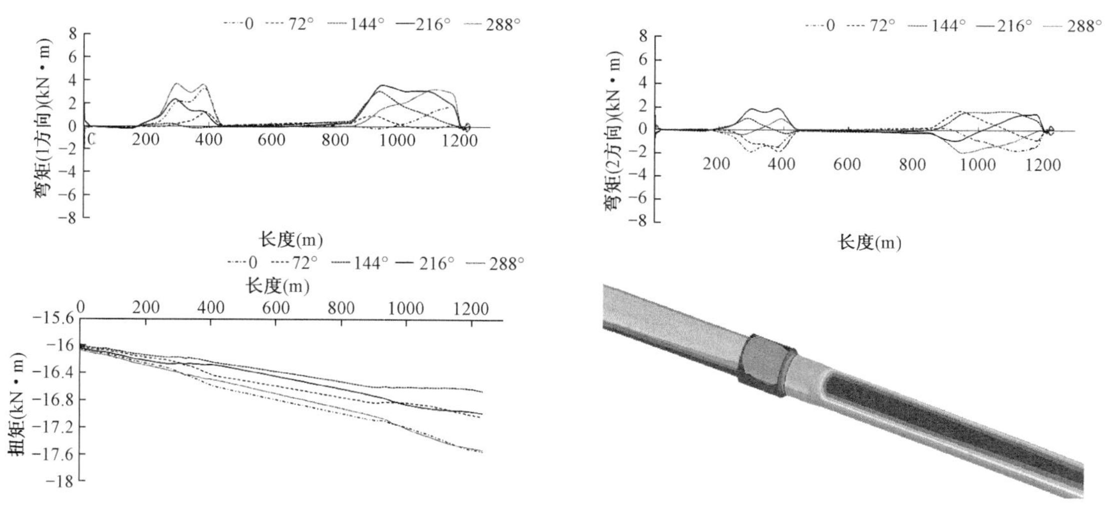

图 3－2　钻柱三向力矩波动曲线(无扩径)及钻杆末端应力云图

图 3－3 和图 3－4 分别为定向穿越孔洞扩大率为 30% 和 50% 时,整个钻柱的三向力矩波动状态。由图 3－3 和图 3－4 可得,随孔洞扩大率的增大,整个钻柱的三向力矩的分布规律基本一致,仍然是在两个弯曲段较为突出,但是在钻柱两个端部出现了弯扭力矩幅值的增加和范围的扩大,且随扩大率的增大而增大,图 3－3 和图 3－4 中方向 1 与方向 2 的弯矩幅值分别为 3834 ~ 5128N · m,3777 ~ 5992N · m 和 7114 ~ 9481N · m,7800 ~ 9037N · m,范围分别扩大至 50m 和

100m,较图3-2中的相应曲线均有所增加。对于存在孔洞扩大率下的扭矩分布来说,同样在穿越钻柱的两端有明显波动,扭矩差值分别为1620N·m和1775N·m。钻柱两端出现此规律原因为,导向钻头在地层穿越钻进过程中,由于钻柱振动、钻具与孔洞的摩擦等因素影响,会出现孔洞的扩大,首先表现为在重力的作用下,钻具两端弯矩幅值增大,这样会恶化了定向穿越钻柱两端的钻具受力,在一定程度上必然会引起钻具寿命的下降,主要表现在导向钻头端;再加上此处的钻杆为已用钻杆,经过整个钻进过程的使用,必然会引起该段钻具的早期失效。

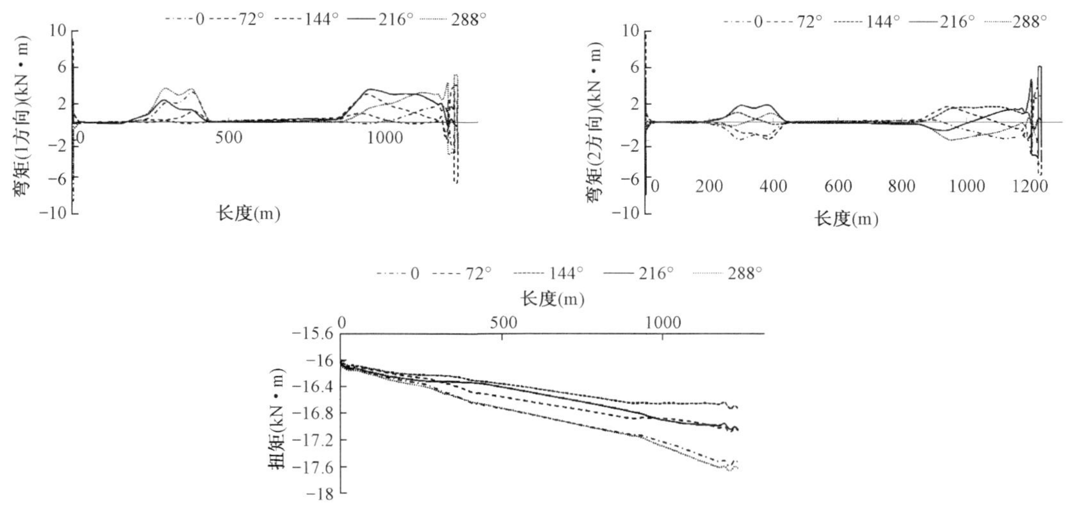

图3-3　钻柱三向力矩波动曲线(扩径30%)

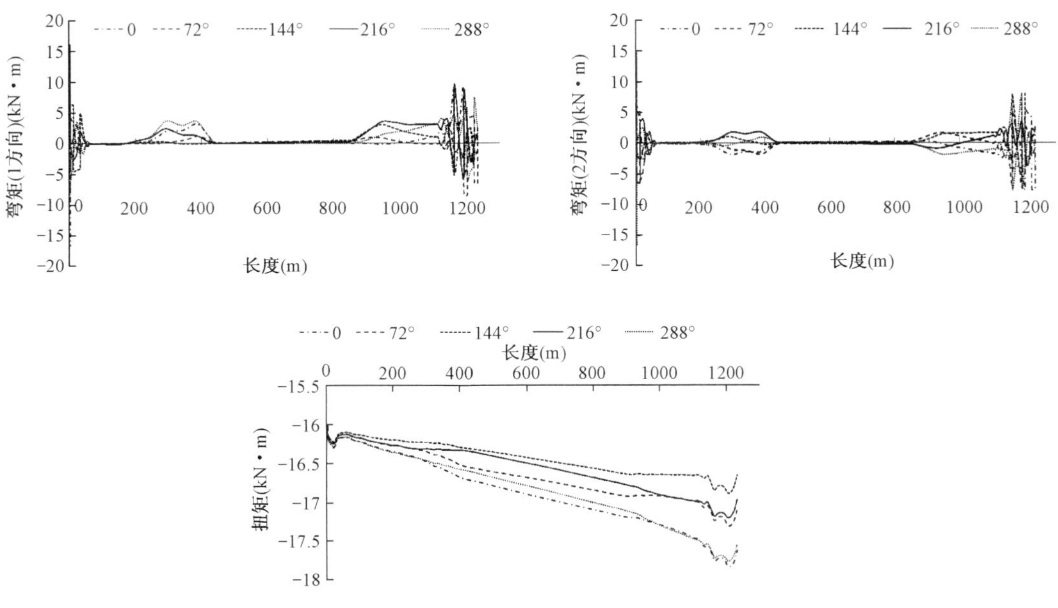

图3-4　钻柱三向力矩波动曲线(扩径50%)

随孔洞扩大率的不同，整个钻柱的轴向力变化曲线如图 3－5 所示。钻柱轴向力的数值与摩擦力、重力及钻柱单元运动密切相关，即在钻柱中间部分会出现偏离静力学计算值的单元。由于受上述因素的影响，钻机推力不能全部传递到导向钻头上进行岩层切削和压入。定义钻柱两端轴向力的差值代表整个钻柱—孔洞系统的轴向力传递效率。从图 3－5 可以得出，无孔洞扩大率、扩大率为 30% 和扩大率为 50% 时轴向力差值分别为 1.7t，2.3t 和 3.9t，轴向力传递效率随孔洞扩大而降低，呈非线性降低趋势，在孔洞扩大率 30% ～50% 之间时变化尤为明显。

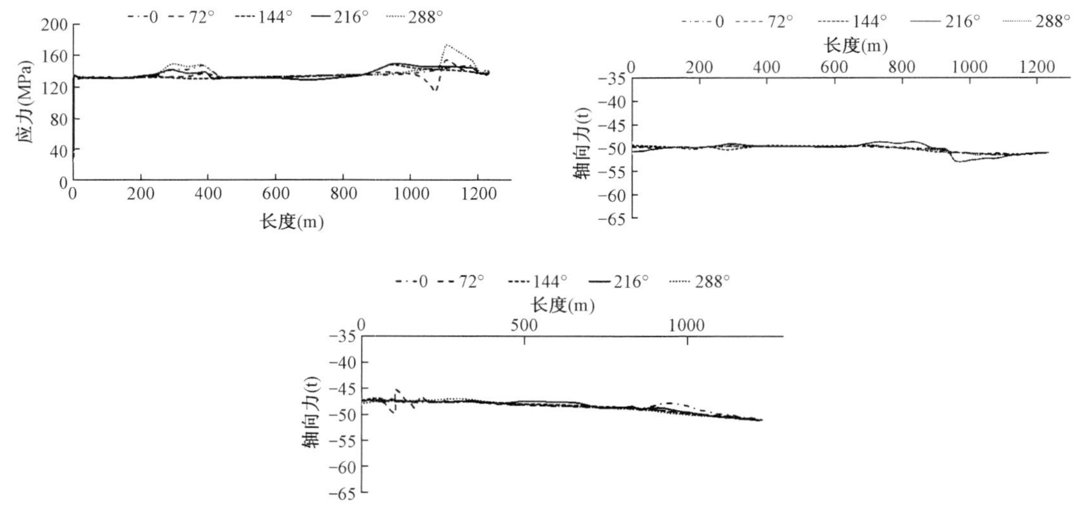

图 3－5　孔洞扩大率对钻柱轴向力的影响

整个钻柱的 Mises 等效应力随孔洞扩大的波动曲线如图 3－6 所示。由图 3－6 可得，导向钻进工况下，大部分钻柱单元的 Mises 等效应力值均在 130 ～150MPa，局部最大值可达到 180MPa，对于 S－135 钻杆的屈服强度 930MPa，安全系数较高。

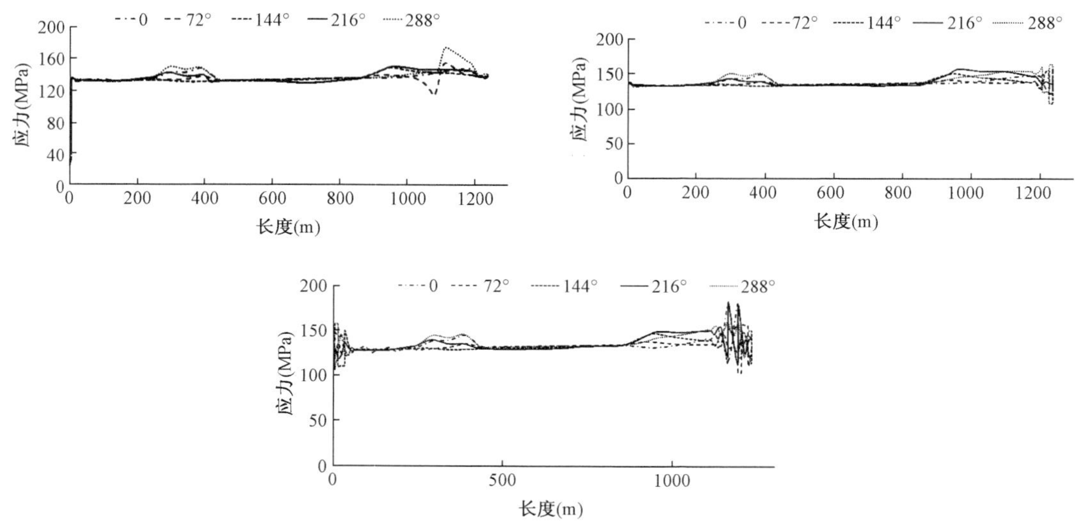

图 3－6　孔洞扩大对 Mises 等效应力的影响

3.1.1.2　钻柱规格对钻具受力的影响

定向穿越孔洞中钻具在泥浆浮力作用下对孔壁的侧压力有所缓解。密度为 7850kg/m³ 的钻具在密度 1050kg/m³ 的泥浆浮力作用下，6⅝in，5.5in 和 5in 钻杆配套钻具组合的等效质量分别为 46.2t，35.7t 和 32.6t。钻具尺寸与整个钻柱的柔度密切相关，影响系统三向力矩的响应。下面取摩擦系数 0.2、孔洞扩大率为 30%，分析钻具尺寸对钻柱系统受力的影响。图 3－7、图 3－8 与图 3－3 相比，方向 1 和方向 2 的弯矩随钻具尺寸的增加而逐渐增大，钻具单元的弯矩最大值分别为 1.8kN·m 和 1.9kN·m（5in 钻杆）、3.5kN·m 和 2.7kN·m（5.5in 钻杆）；扭矩随钻具尺寸增大，两端扭矩差值增大。根据趋势线分析可以得出，5in 钻杆扭矩斜率为 0.5N·m/m、5.5in 钻杆扭矩斜率为 0.6N·m/m、而 6⅝in 钻杆的扭矩斜率增大为 1.2N·m。

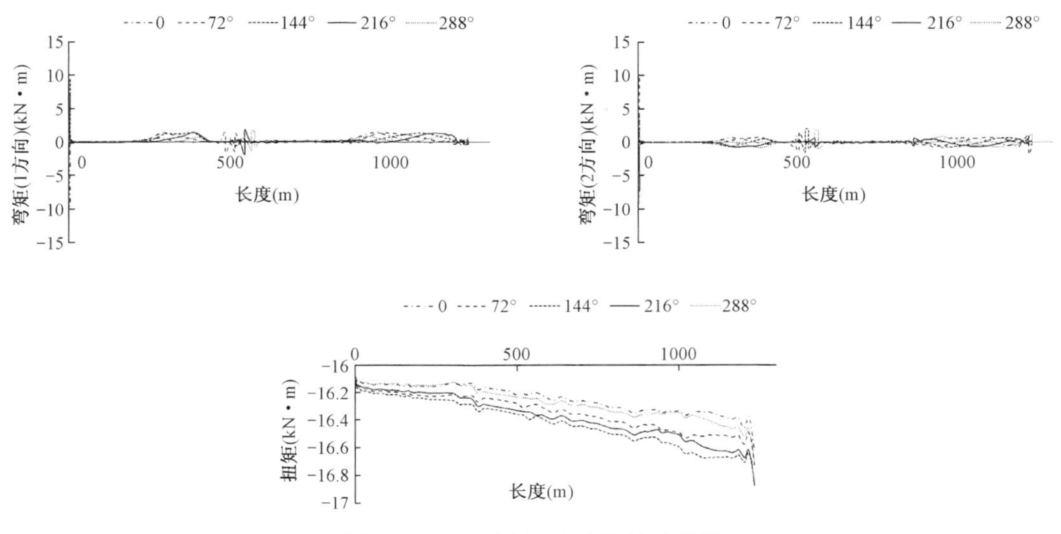

图 3－7　5in 钻杆三向力矩波动曲线

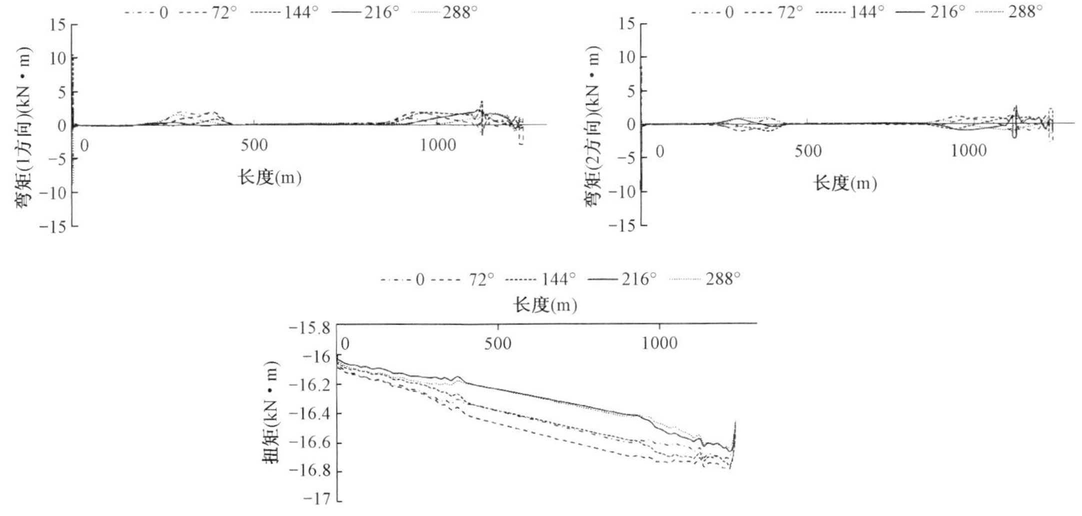

图 3－8　5.5in 钻杆三向力矩波动曲线

钻柱规格同样与轴向力传递效率密切相关。与孔洞扩大率与钻柱轴向力的影响相比，钻柱尺寸的影响由自身尺寸规格决定。根据结构失稳和振动力学等知识可知，同样长度情况下，钻具直径直接影响整个钻柱系统的柔度，柔度越大则单位钻具重量对孔洞的侧向压力越高，摩擦力越大，因此通过钻柱传递到导向钻头上的推力越小（图3－9）。由图（3－9）可得，入土端钻柱消耗较大的钻机推力，钻杆5in时入土段消耗8t多，明显大于钻杆6⅝in时的推力消耗量；而钻杆5.5in的钻杆规格造成钻机推力消耗2t多，与钻杆6⅝in时的推力消耗量相差不大。

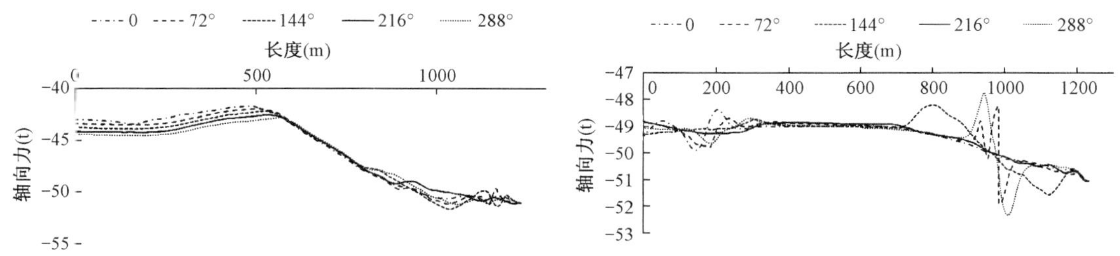

图3－9　5in钻杆、5.5in钻柱轴向力波动曲线

综合考虑钻柱规格对不同段钻具各力学参数的影响，并得出了钻柱旋转的动态Mises等效应力波动曲线，如图3－10所示。5in钻杆的最大Mises等效应力达220MPa，钻杆5.5in的最大Mises等效应力达200MPa，钻杆6⅝in的最大Mises等效应力达160MPa。

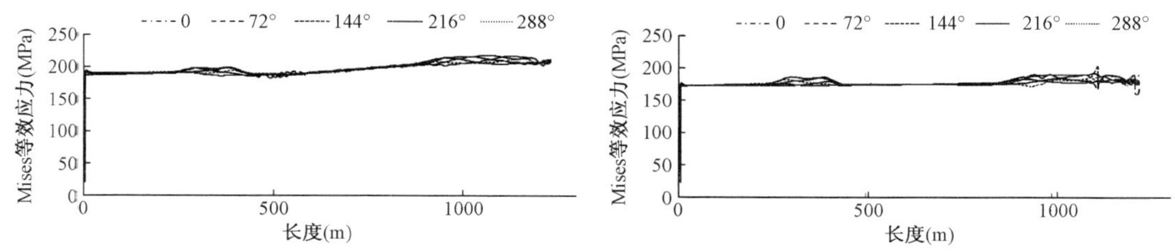

图3－10　5in钻杆、5.5in钻柱Mises应力波动曲线

3.1.1.3　摩擦系数的影响规律

取6⅝in钻杆＋钻铤的钻具组合，考察不同摩擦系数（分别为0.1，0.2和0.3），在不同孔洞扩大率为0，30%和50%下的钻具受力状态（图3－11）。摩擦系数越大，整个钻柱的Mises等效应力水平越小，基本呈线性变化。

3.1.1.4　导向钻头钻进到不同位置时钻杆下端外螺纹处的应力波动

三种钻具组合：5in钻杆＋钻铤、5.5in钻杆＋钻铤、6⅝in钻杆＋钻铤，在相同的施工参数下钻进到穿越轨迹不同位置时产生不同的应力状态，图3－12中曲线分别是当相应钻具组合钻进到不同孔段时的钻杆下端Mises等效应力时程曲线。从图3－12中可以发现，应力幅值波动范围基本相差不大，该段钻具存在两个应力交变状态，影响其使用寿命。

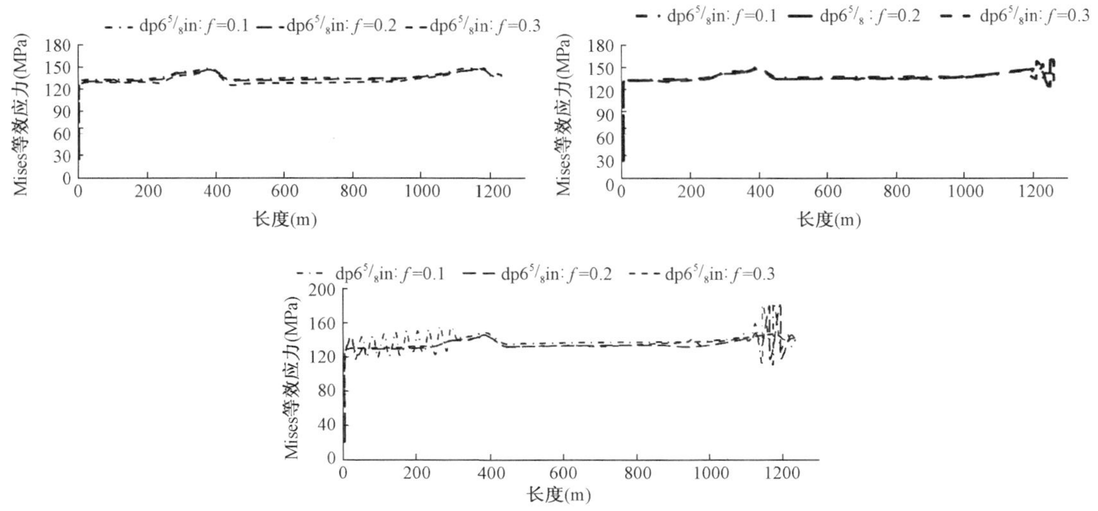

图 3－11　摩擦系数对钻具单元 Mises 等效应力的影响

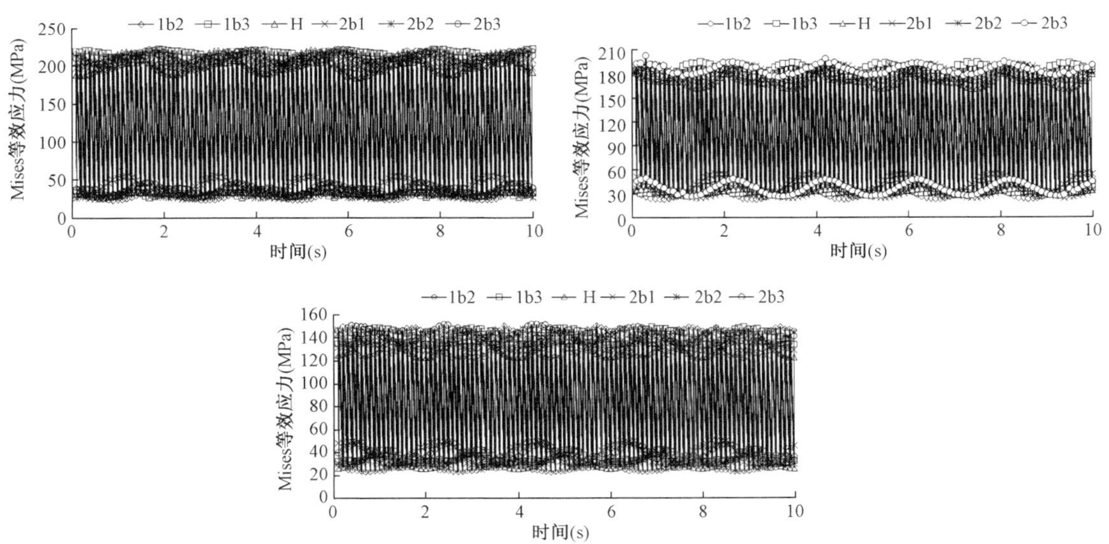

图 3－12　不同规格钻具的导向钻头钻进不同位置的钻杆下端应力波动

3.1.1.5　不同钻具组合的钻杆下端应力波动

取光钻杆钻具组合、钻杆＋扶正器和钻杆＋钻铤＋扶正器三种钻具组合进行钻具动态分析，主要考察导向钻头部位，钻杆与其他钻具连接部位、导向钻头与其他钻具连接部位的 Mises 等效应力情况（图 3－13）。从图 3－13 中可以看出，钻杆与其他钻具相连部位始终处于两个应力状态的交变状态，而其他钻具相连处尽管有应力的波动但是幅度较小。

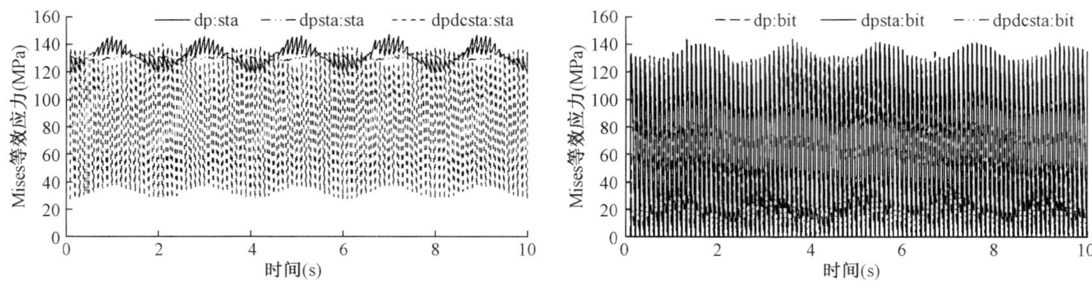

图 3－13　三种钻具组合钻杆下端或导向钻头上端的应力波动

3.1.1.6　钻柱静应力计算及结果修正

非开挖定向穿越钻具所受载荷包括：

(1)钻柱(管线)自重 q。

(2)钻机在井口施加的轴向拉(压)力 F_{jk}。

(3)钻机在井口施加的扭矩 M_{njk}。

(4)井壁支撑反力 R。

(5)岩土轴向库仑摩擦力 F_{zf}:$F_{zf}=\int_L \mu R(z)\mathrm{d}z$。

(6)岩土环向摩擦阻力矩 M_{nf}:$M_{nf}=\frac{1}{2}\mu\int_L R(z)\Phi(z)\mathrm{d}z$。其中,$\mu$ 为岩土与钻柱之间的库仑摩擦系数,与岩(土)性、钻井液性能有关;Φ 为孔眼直径。

(7)钻压 p:与常规钻进不同,非开挖定向钻穿越钻具的钻压由钻机在井口“推”钻柱或“拉”钻柱形成。根据岩石切削原理,钻进速度越快、岩土越致密,钻压越大。

(8)岩土对钻头(切割刀)的切削阻力矩 M_{nb};与钻压一样,切削阻力矩 M_{nb} 与钻进速度、岩土致密度及钻压成正比。

(9)钻井液浮力 q_f;

(10)钻井液的内外压力 p_i 和 p_o。

(11)钻井液对钻柱的黏滞摩擦扭矩 M_{vf}:

$M_{vf}\approx\frac{1}{4}\pi^3 C_v\rho_m Dn^2\int_L[\Phi(z)]^3\mathrm{d}z$。其中,$C_v$ 为阻力系数;ρ_m 为钻井液的密度;n 为钻柱的转速;D 为钻柱直径[26]。

作用在钻柱上基本载荷的分析:

① 轴向应力(拉应力与压应力):钻杆柱自重、冲洗液的浮力和钻机的给进压力等,使钻杆柱受到轴向力作用。

② 扭转应力:由于钻杆柱的重要功用是传递扭矩,并克服孔壁和泥浆对钻杆回转的阻力,因而使钻杆受扭力作用,在钻杆中产生扭应力。

③ 弯曲应力:由于钻杆在弯曲穿越轨迹、离心力及轴向压力作用下,产生弯曲应力。这种弯曲应力对钻杆的工作影响很大。

④ 钻杆的扭动:钻杆柱是弹性系统,同时受到纵向力以及由于钻杆柱回转和扭矩所产生

的横向力的作用。钻杆柱在纵向力和横向力作用下变成波形，而在扭矩作用下又使钻杆柱变成螺旋形。

钻柱受力模型如图3－14所示：

(1)轴向应力：定向穿越钻进过程中，导向孔钻柱均受压，而扩孔时部分钻柱受拉部分受压，结合其自重(无泥浆的浮力作用)、穿越轨迹几何尺寸的影响，计算轴向应力 σ_N 为：

$$\sigma_N = \frac{F_N}{\frac{\pi}{4}(D^2 - d^2)} \times 10^{-6} \qquad (3-1)$$

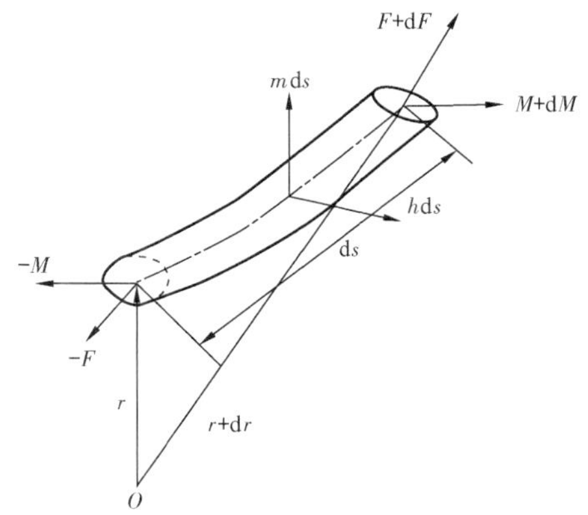

图3－14　钻柱微元受力示意图

M—弯矩；F—轴力；r—力作用点到钻柱外半径中心点的距离；n,m—分别为钻柱取微元后，其微元斜面上，法向与x轴(水平轴)和y轴(竖直轴)之间的余弦值

(2)剪切应力：在定向穿越钻进中，钻柱外表面，尤其是钻柱弯曲(且与井壁面接触)处，与井壁发生严重的摩擦碰撞作用。摩擦力产生摩擦扭矩，其扭转剪切应力发生在钻柱外径处。摩擦扭矩导致钻机扭矩在传递过程中损失，钻柱摩阻与扭矩损失往往同时出现。要计算摩擦扭矩必先计算钻柱所受侧向力，其计算如下：

$$F_n = 11.3EIK^3 \qquad (3-2)$$

其中，I 为钻柱横截面的惯性矩；E 为钻柱材料的弹性模量；K 为钻柱单元的曲率。

由式(3－2)计算出的摩阻扭矩，再与主动扭矩合成，可得该处扭矩为：

$$T_t = \frac{\mu F_n L_s D}{2} + T \qquad (3-3)$$

其中，L_s 为钻柱单元的长度，单位为m；μ 为钻柱与井壁之间的摩擦系数。

则该处钻柱受剪切应力 τ_{max} 为：

$$\tau_{max} = \frac{T_t}{\frac{\pi D^3}{16}\left[1 - \left(\frac{d}{D}\right)^4\right]} \times 10^{-6} \qquad (3-4)$$

由钻柱内外压引起的径向应力 σ_r 与周向应力 σ_t：

$$\sigma_r = \frac{d^2 D^2 (p_{ex} - p_{in})}{(D^2 - d^2) r^2} - \frac{D^2 p_{ex} - d^2 p_{in}}{D^2 - d^2} \qquad (3-5)$$

$$\sigma_t = \frac{D^2 p_{ex} + d^2 p_{in}}{D^2 - d^2} - \frac{d^2 D^2 (p_{ex} - p_{in})}{(D^2 - d^2) r^2} \qquad (3-6)$$

上二式中　σ_r——径向应力，MPa；

σ_t——周向应力，MPa；

p_{ex}——钻柱环空压力，MPa；

p_{in}——钻柱内压，MPa；

r——应力点距中心距离（取钻柱外半径），m。

（3）钻柱弯曲及弯曲载荷。

① 旋转钻柱的运动状态与实质。当钻杆接头沿井壁作纯滚动时，钻杆的反转角速度与转盘角速度关系为：

$$\omega_p = [d/(D-d)]\omega_r = \chi\omega_r \tag{3-7}$$

或

$$n_p = [d/(D-d)]n_r = \chi n_r \tag{3-8}$$

上二式中 ω_p——钻柱的反转角速度（角频率），rad/s；

n_p——钻柱的反转转速，r/min；

ω_r——钻柱的自转角速度，rad/s；

n_r——钻柱的自转转速，r/min；

χ——回转体的直径与双面环隙的比值。

② 旋转钻柱的交变弯曲应力。通常，旋转钻柱是一个复杂多变的多支点自激横振系统。在工作过程中，既有反转又有自转。在其上作用两种离心力，一种是由于偏心半径 R_t 的存在而引起的离心载荷，另一种是由角速度 $\omega_p+\omega_r$ 而引起的正弦分布载荷。此时，钻柱的最大弯曲挠度 $\delta_{max\ pr}$为：

$$\delta_{max\ pr} = 1.268\frac{\gamma AR_t\omega_p^2L^4}{\pi^4EIg - \gamma A(\omega_p+\omega_r)^2L^4} \tag{3-9}$$

式中 R_t——回转体贴井壁反转时的回转半径，m；

A——钻杆的横截面积，m^2；

L——单根钻柱的长度，m。

此时最大弯矩为：

$$M_{max} = \frac{\gamma AR_t\omega_p^2L^2}{8g} + \frac{\gamma A\delta_{max\ pr}(\omega_p+\omega_r)^2L^2}{\pi^2g} \tag{3-10}$$

由于定向穿越设计轨迹属于“等曲率平面”曲线[27]，因此钻柱截面上内力总弯矩可以表达为：

$$M_{max} = EI\sqrt{k_n^{\ 2} + k_b^{\ 2}}$$

其中，k_n 和 k_b 分别为曲率和扭率，静力学计算过程中，扭率为0，则：

$$M_{max} = EIk_n \tag{3-11}$$

由式3-11可计算出最大弯曲应力为：

$$\sigma_{max\ w} = \frac{32M_{max}}{\pi D^3\left[1-\left(\frac{d}{D}\right)^4\right]} \tag{3-12}$$

③ 危险截面处的等效交变应力。在小变形下情况下，采用 Mises 等效应力计算应力的合成，且三轴应力下的钻柱受力满足第四强度理论。钻柱危险截面处最大和最小应力分别为：

$$\sigma_{\max} = \sigma_{N} + \sigma_{\max w} \tag{3-13}$$

$$\sigma_{\min} = \sigma_{N} - \sigma_{\max w} \tag{3-14}$$

$$\sigma_2 = \sigma_r \text{ 和 } \sigma_3 = \sigma_t \tag{3-15}$$

则 Mises 等效应力为：

$$\sigma'_{\max eq} = \sqrt{\frac{1}{2}[(\sigma_{\max} - \sigma_2)^2 + (\sigma_2 - \sigma_3)^2 + (\sigma_3 - \sigma_{\max})^2]} \tag{3-16}$$

$$\sigma'_{\min eq} = \sqrt{\frac{1}{2}[(\sigma_{\min} - \sigma_2)^2 + (\sigma_2 - \sigma_3)^2 + (\sigma_3 - \sigma_{\min})^2]} \tag{3-17}$$

由于径向应力远小于轴向应力、切向应力和剪应力，因此，可近似认为非开挖定向钻穿越钻具在二向应力下工作。根据第四强度理论，轴向应力、切向应力和剪应力的合成应力为：

$$\sigma_{xd4} \approx \sqrt{3\tau^2 + \sigma_{\max}^2 + \sigma_t^2 - \sigma_{\max}\sigma_t} \tag{3-18}$$

根据整个导向钻进钻柱（6⅝in 规格）的静态受力情况，可以获得渭河穿越工程全孔段钻柱的静应力曲线，如图 3－15 所示。经过与钻具动力学仿真模拟结果对比，可以获得不同钻柱段的应力修正系数。

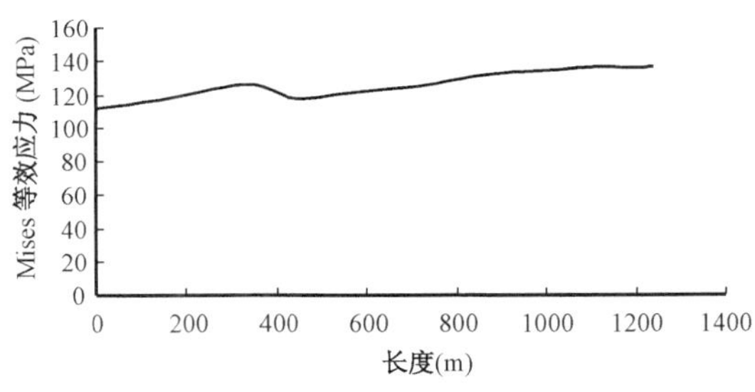

图 3－15　导向孔钻进整个钻柱静应力曲线

动力学仿真结果对静力学公式的修正：$\sigma(k_{dyn}^{pil}) = (1.12 \sim 1.2)\sigma_{xd4}$，当钻进到水平段后时，取较大值。

摩擦系数不同对静力学应力计算公式的影响：$\sigma(k_{dyn}^{pil}, k_{fric}^{pil}) = (0.96 \sim 1.02)\sigma(k_{dyn}^{pil})$，以摩擦系数为 0.2 为基准，当摩擦系数大于 0.2 时，取较小值；摩擦系数小于 0.2 时，取较大值；

孔洞扩大率对静力学应力计算公式的影响：$\sigma(k_{dyn}^{pil}, k_{fric}^{pil}, k_{enl}^{pil}) = (0.82 \sim 1.33)\sigma(k_{dyn}^{pil}, k_{fric}^{pil})$，以孔洞扩大率为 30% 为基准，当孔洞扩大超过 30% 时，修正系数取大值；反之，在 0 ~ 30% 之间时则取小值。

其中，导向孔钻进时，动力学结果与对静力学公式的修正系数为 k_{dyn}^{pil}；摩擦系数对整个钻柱的 Mises 等效应力的影响系数，用 k_{fric}^{pil} 表示；不同孔洞扩大率对穿越钻柱不同段钻具的受力影响，用 k_{enl}^{pil} 表示。

3.1.2　扩孔钻进钻柱动力学数值模拟

立足于定向钻穿越扩孔钻柱的动态分析，在合理建构管、土超静定体系的基础上，模拟非开挖定向钻扩孔工况，探索相应扩孔作业规程参数下钻柱变形的变化规律，得到钻柱变形的各力学因素曲线。本部分所研究的钻柱动力学仿真分析成果可用于指导油气管线工程的设计与施工。

通过现场调研及定向穿越钻进日报资料，对其钻具组合、扩孔作业参数及孔眼结构进行分析，从而为定向钻扩孔钻柱动力学有限元仿真提供重要数据。

56in 扩孔钻具组合：48in 双面锥体桶式扩孔器 +56in 板式扩孔器 +7in 无磁钻铤 +6⅝in S -135 钻杆。建立扩孔器及上部钻柱在空间笛卡尔坐标系下的非线性有限元模型，图 3 -16 为钻柱实体三维模型图。

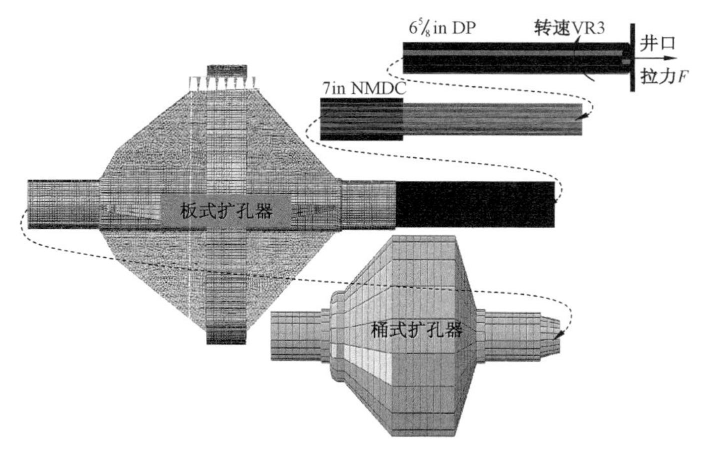

图 3 -16　扩孔钻具组合钻柱实体三维模型图

DP—钻杆组合；NMDC—无磁钻铤；VR3—钻杆绕轴的转速

岩土性质：淤泥质粉质黏土、砂岩；岩土摩擦系数（根据渭河的岩土勘查资料），平均摩擦系数 f 取 0.2。

扩孔作业参数：拉力 2.175×10^5N；扭矩 29kN · m；转盘转速 3.14rad/s；泥浆密度 1.05×10^3kg/m^3，黏度 60s，黏滞系数 0.02。主要钻具结构参数见表 3 -2。

表 3 -2　主要钻具结构参数

钻具	外径(m)	壁厚(m)	线重(kg/m)	钻具	外径(m)	质量(kg)
DP	0.1683	0.009	36.06	板式	1.46	1640
NMDC	0.1778	0.0532	163.9	桶式	1.08	2608

注：DP 为钻杆；NMDC 为无磁钻铤；板式指板式扩孔器；桶式指桶式扩孔器。

3.1.2.1　额定扩孔参数下钻具受力分析

以扩孔 56in 常规扩孔参数下的钻具受力为研究对象，对定向钻扩孔钻进钻具组合有限元模型进行了求解计算。边界条件采用“顺序施加后相叠加”的方法，利于提高仿真结果收敛性与准确性。叠加分析总时间为 10s。

根据井口施加的转速将钻柱旋转一周分成 5 个相位：0°，72°，144°，216°和 288°，分别对整个钻柱系统的 Mises 等效应力、轴向力、扭矩和弯矩进行分析。

图 3－17 和图 3－18 分别表示整个钻柱单元的 Mises 等效应力分布和钻铤与钻杆相连的“截面部位”（以下简称“截面部位”）的应力时程状态。结果显示，除“截面部位”和井口钻杆之外，其他钻杆单元应力水平基本相同。“截面部位”因截面变化引起截面上各节点应力波动非常大，称其为应力水平的“周期性阶跃”（图 3－18），频率为 0.5Hz。如再考虑变截面应力集中效应，更增加了该段钻杆单元失效的概率，与现场实际情况较为一致。因此，应尽量使钻柱各截面过渡平缓，防止由于应力幅值的“阶跃”而导致“截面部位”早期断裂失效。

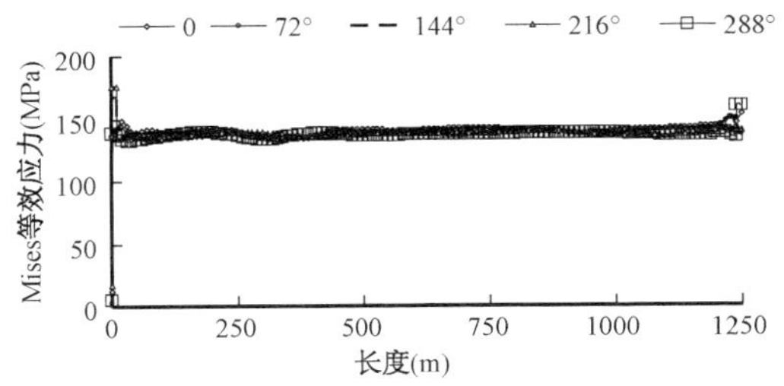

图 3－17　整个钻柱的 Mises 等效应力分布曲线

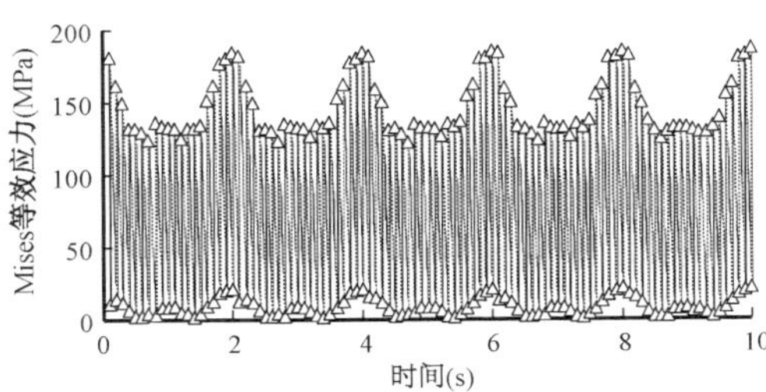

图 3－18　“截面部位”应力时程曲线

图 3－19 为钻柱轴向力分布曲线，由于钻柱自身重力和离心力的影响使钻柱两端入口段和出口段的轴向力明显高于水平段，曲线呈现“U”形，基本与设计穿越轨迹线一致，入土段斜率为 0.8t/100m，而出土段的斜率约为 1t/380m（入土角为 10.5°，出土角为 6°），与这两个斜段钻柱的重力和离心力的合力在单位长度上的变化量相同。

图 3－20 为钻柱扭矩分布曲线。扭矩时程曲线表示整个钻柱随长度变化的扭矩损失，包括摩擦阻力矩和黏滞摩擦扭矩等。不同时刻的各段钻柱单元的扭矩幅值存在波动（扭矩幅为 1.3kN・m），波动频率与转速激振频率一致。

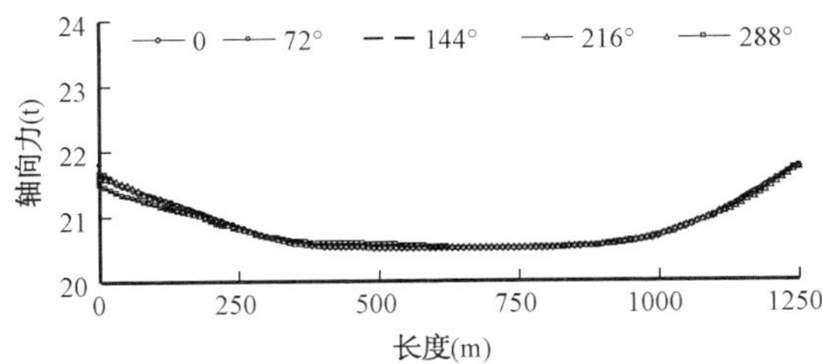

图 3－19　钻柱轴向力分布曲线

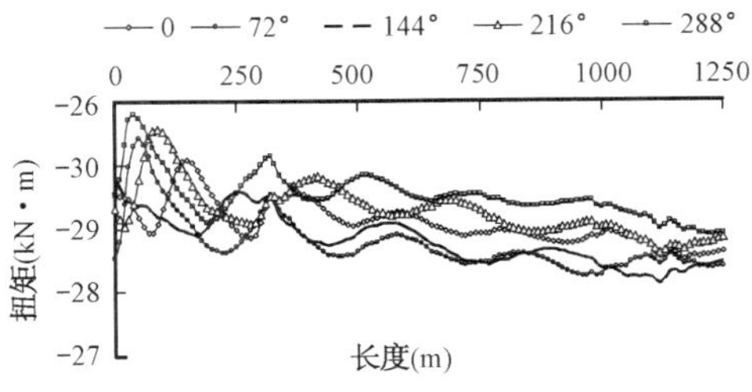

图 3－20　钻柱扭矩分布曲线

全井钻柱 1 方向弯矩和 2 方向弯矩曲线分别如图 3－21 和图 3－22 所示。图 3－21 中，钻柱两端出现弯矩正负波动，井口钻具弯矩波动范围（－8.6～6.6kN・m），“截面部位”波动幅度较大（－14.7～15.4kN・m）；弯曲段和水平段钻柱基本处于 0 线以上，始终处于单方向弯曲，仅幅值有变化。图 3－22 中，在弯曲段钻柱的 2 方向弯矩正负变化（－1.5～1.8kN・m）。两端较大的弯矩正负交替，易导致钻具疲劳失效，特别是“截面部位”。

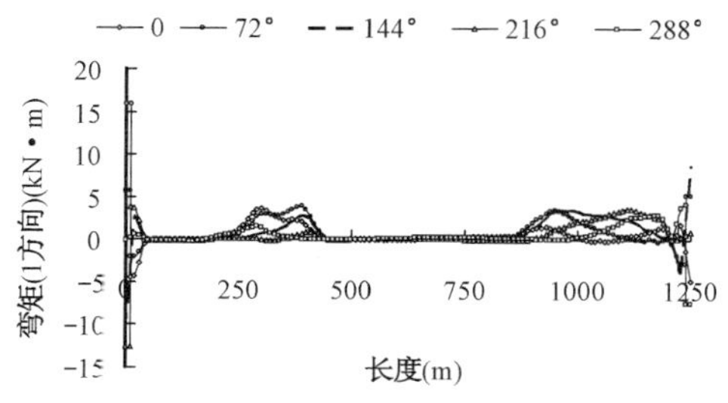

图 3-21　钻柱 1 方向弯矩分布曲线

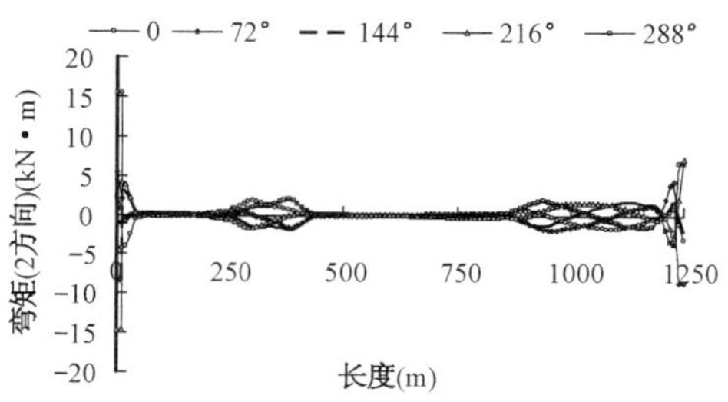

图 3-22　钻柱 2 方向弯矩分布曲线

3.1.2.2　极限参数下不同扩孔孔径钻具受力分析

为获得不同扩孔孔径时钻具组合的极限受力情况，分别根据相应的孔径参数及钻具规格建立了钻柱动力学分析计算模型，以下是 48in，52in 和 56in 三种大尺寸孔洞钻进时所用的钻具组合规格和极限钻进参数。

48in 扩孔钻具组合：48in 板式扩孔器 + 7in 无磁钻铤 + $6\frac{5}{8}$inS - 135 钻杆。

52in 扩孔钻具组合：44in 双面锥体桶式扩孔器 + 52in 板式扩孔器 + 7in 无磁钻铤 + $6\frac{5}{8}$in S - 135 钻杆。

56in 扩孔钻具组合：48in 双面锥体桶式扩孔器 + 56in 板式扩孔器 + 7in 无磁钻铤 + $6\frac{5}{8}$in S - 135 钻杆。

极限扩孔作业参数：拉力 2.175×10^5N，极限扭矩 63kN·m，转盘转速 3.14rad/s，泥浆密度 1.05×10^3kg/m^3，黏度 m60s，黏滞系数：0.02。

经过对三种钻具组合在扩孔钻进极限参数下的分析，获得了不同钻具单元的受力情况。由于钻杆与钻铤连接处的应力阶跃引起的力学参数量级变化，使其他钻具单元受力情况不能全面而清楚地展示，因此在本部分结果说明时，采用钻铤 + 3 或 4 根钻杆（下文称 2 - 单元钻柱）与其他钻具段（下文称 1 - 单元钻柱）分开说明。

图 3-23 至图 3-25 为摩擦系数 0.2 时扩孔器 48in，52in 和 56in + 1 - 单元钻柱受力分析图，包括 1 方向弯矩、2 方向弯矩、扭矩、轴向力和应力响应曲线。根据钻具重力、钻机拉力及扩孔规格可以判断出入土端钻柱与孔洞低边的切点，越过切点直到扩孔器前的切点为止，钻柱基本都躺于下井壁。因此对于 1 方向的弯矩，在两个切点之间主要是由于孔洞弯曲导致 1 方向弯矩；而 2 方向弯矩在弯扭载荷、轴向力、转速和孔洞的摩擦作用下，必然会导致钻柱靠于下孔壁“来回”抖动。

分析全孔段钻柱的扭矩响应曲线可知，扩孔 48in1 - 单元钻柱的扭矩波动较大，且扩孔器处的扭矩大于井口扭矩，原因是在扩孔器切削力矩、钻柱摩擦扭矩和各种阻尼力矩作用下会引起钻柱单元时而转速变快、时而转速变慢，转速变快时扭矩降低、转速变慢时则相反，结合全孔段钻柱 Mises 等效应力响应曲线可以看出，扭矩曲线与 Mises 等效应力响应曲线基本一致。由于钻柱材料的剪切强度明显低于其屈服强度，因此在进行扩孔作业钻柱动力学分析时，要重点考虑极限扭矩对整个钻柱系统应力的影响。从图 3-23 的扭矩图中，靠近扩孔器一端的钻柱

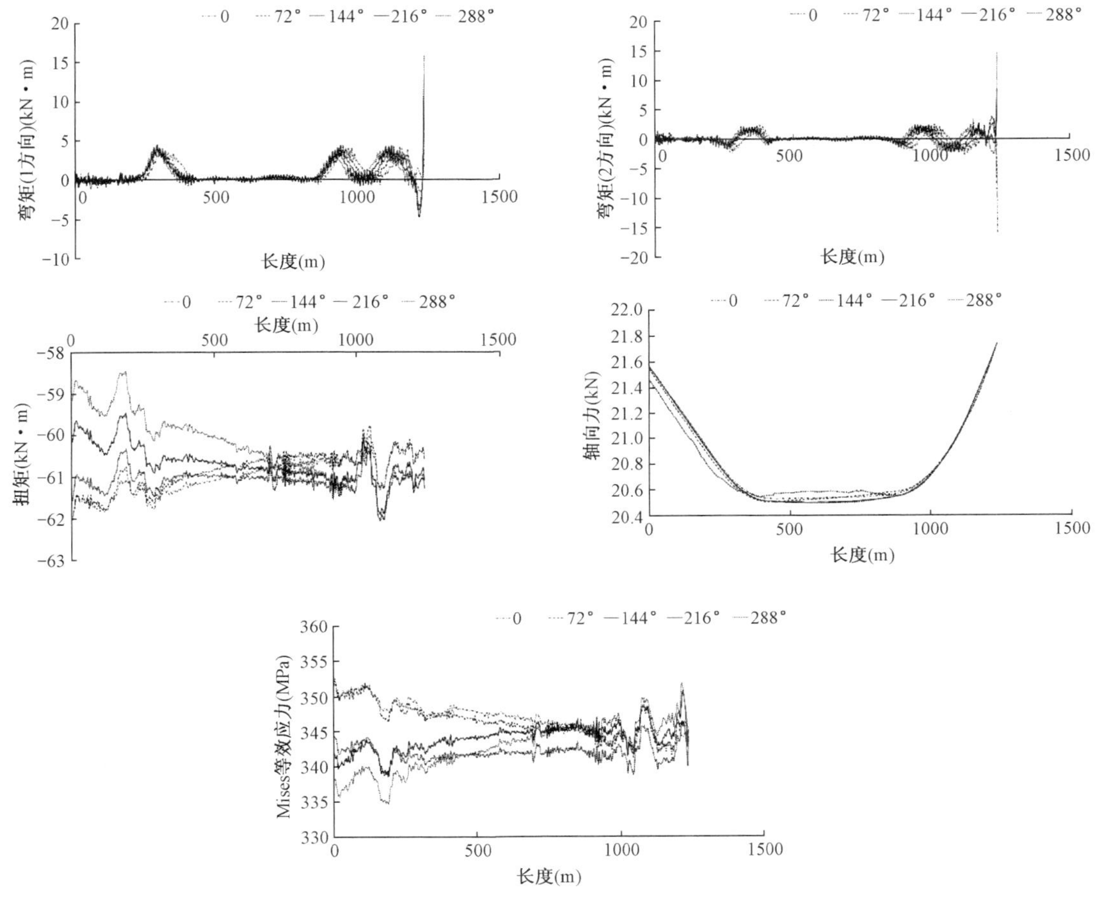

图3-23 扩孔器48in1-单元钻柱受力分析图

扭矩和应力波动较另一端严重,使该段钻具寿命降低,在330~360MPa范围的应力波动下,无法保证钻柱在整个钻进过程中的安全性。另外,在扩孔48in时,整个钻柱的轴向力仍然保持“U”形,未出现较大幅度的波动,但是当进行扩孔56in时,轴向力在出土端的弯段处存在较为明显的波动,两个峰值点相距150m,数值分别为205kN和213kN。

3.1.2.3 摩擦系数对扩孔钻具受力的影响

分析扩孔56in钻具组合在摩擦系数分别为0.1,0.2和0.3时的受力情况,可以得到不同摩擦系数对整个钻柱力学性能的影响。1方向弯矩和2方向弯矩受摩擦系数影响不大,仍然保持与图3-25相同的曲线状态,但是全孔段扭矩总体趋势受摩擦系数有一定下降。综合图3-25至图3-27轴向力曲线可以看出,随摩擦系数的增大,出现轴向力波动的概率升高,且传递效率降低。

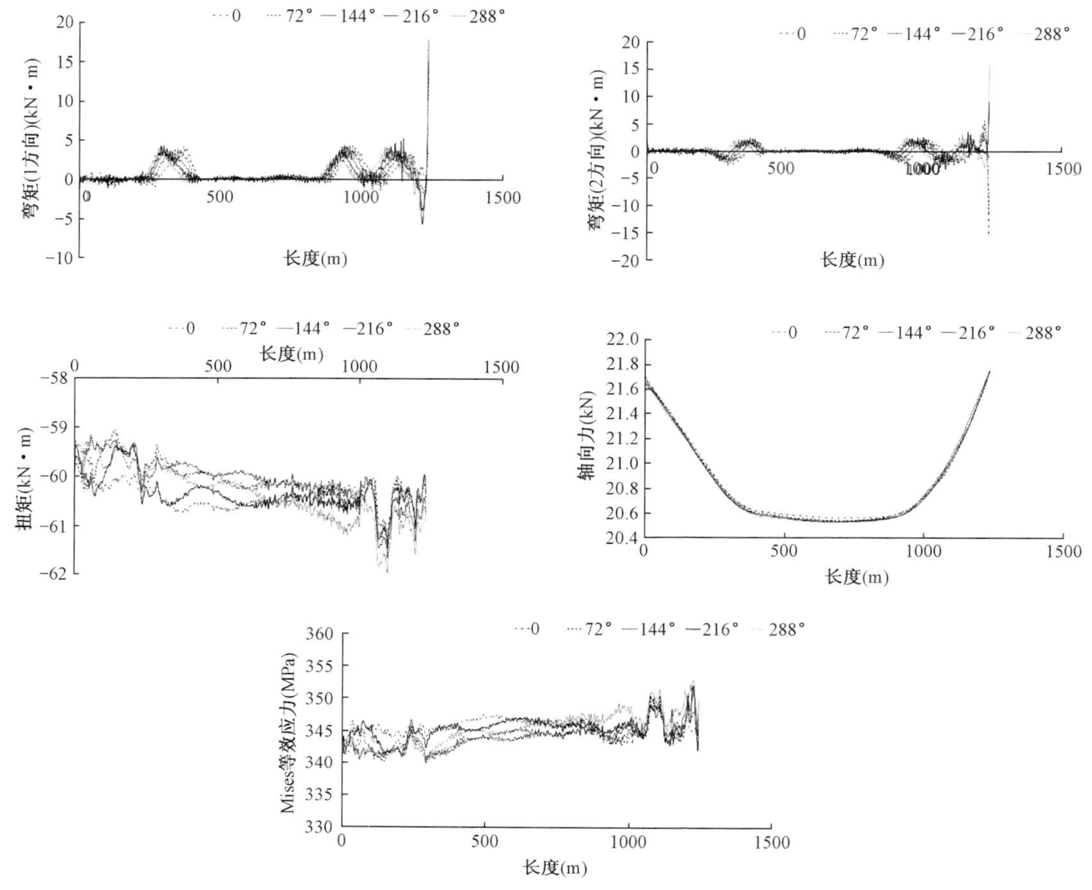

图 3－24　扩孔器 52in1－单元钻柱受力分析图

3.1.2.4　应力集中系数确定及钻具组合优化

渭河定向穿越工程扩孔阶段，在第五次扩孔（扩孔 56in）时出现与扩孔器相连钻杆的断裂。据上文分析可以看出，该部位存在应力水平的阶跃问题，易导致钻具疲劳而早期失效。另外在该部位附近仍存在应力集中现象，本部分重点对应力集中进行分析。

首先确定所用钻具组合的局部应力情况。

扩 56in 钻具组合为：3 根钻杆＋1 根钻铤＋1 根钻杆＋56in 扩孔器＋1 根钻杆＋48in 扶正器。

图 3－28 为钻具组合 1 在实际工况下的 Mises 等效应力云图。对于该钻具组合的静态 Mises 等效应力，其最大值位于钻铤上部第二根钻杆的外螺纹端，值为 312.6MPa，根据钻杆屈服强度 931MPa 可以获得其静力安全系数为 2.98，应力集中系数为 1.45；而对于与钻铤相连钻杆静力计算数值为 283MPa，安全系数为 3.29，应力集中系数为 1.29。两者相比较而言，钻铤上第二根钻杆更加容易失效。综上所述，可以确定与钻铤相接的钻杆断裂并非是由于钻具应力超过其屈服强度而造成的早期失效，而是由于该处应力始终处于交变状态且应力阶跃现象

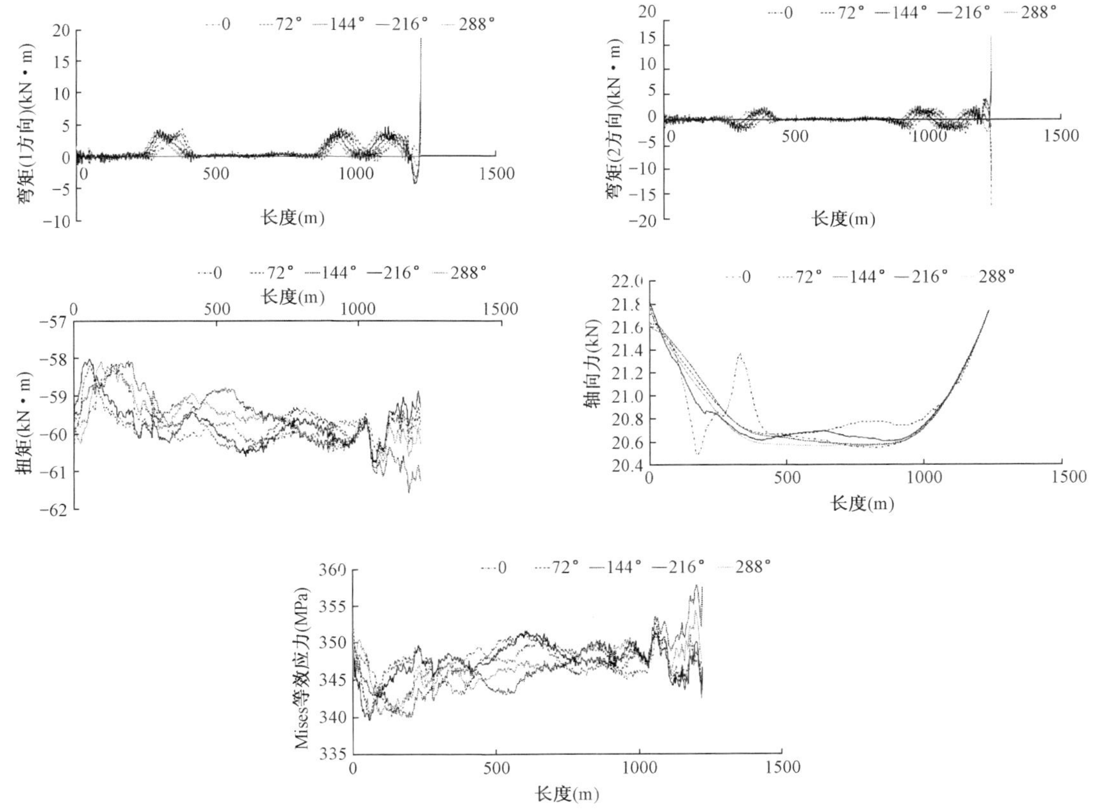

图 3－25　扩孔器 56in1－单元钻柱受力分析图

比较严重,从而使钻具疲劳造成断裂的事故。

图 3－29 为单根钻杆应力集中部位的位置。经过对钻杆的数值计算可以可得出,应力最大点出现在距离公接头 0.5～1m 范围内的概率较大。

通过对钻具组合 1 的应力分析,发现利用该钻具组合进行扩孔时存在三个危险点,第一个钻杆的外螺纹端、第二个钻杆的外螺纹端和桶式扩孔器与板式扩孔器连接钻杆上。为了对钻具组合进行优化,下面提出了下面 6 种钻具组合进行对比。

(1)工况钻具组合为:3 根钻杆＋1 根钻铤＋48in 扶正器＋1 根钻杆＋56in 扩孔器＋2 根钻杆(扩 56in 对比组合 1)。

图 3－30 为该钻具组合的 Mises 等效应力分布云图。采用对比钻具组合 1 时,应力最大点与钻铤之间的距离更小,且最大值基本不变,当受到应力交变时更加容易产生疲劳断裂。

为缓解钻杆失效复杂情况,可在钻杆与扩孔器之间采用两根钻铤以上,使应力最大值降低的同时离交变位置越远越好。

(2)工况钻具组合为:2 根钻杆＋2 根钻铤＋48in 扶正器＋1 根钻杆＋56in 扩孔器＋2 根钻杆(扩 56in 对比组合 2)。

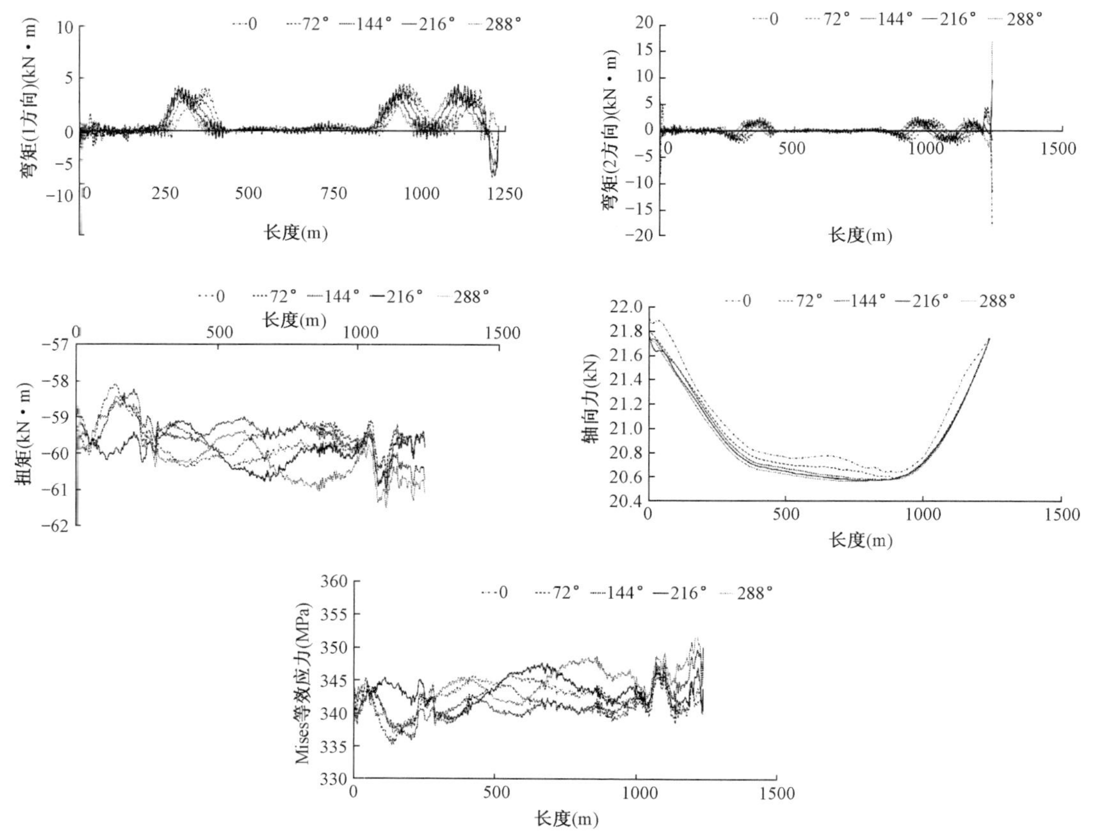

图 3－26　摩擦系数为 0.1 时扩孔 56in1－单元组合受力分析图

图 3－31 为该钻具组合的 Mises 等效应力分布云图，通过分析结果显示，采用 48in 桶式扩孔器前置的方法未能很好地降低钻杆应力，同时又增加了扩孔器与井壁的黏滞作用，因此必须从原钻具组合(扩 56in 钻具组合)形式着手进行优化。

在不改变板式扩孔器和桶式扩孔器位置的前提下，增加钻铤数量。分析钻铤数量对整个钻具组合的 Mises 等效应力的影响，图 3－32 中，四组钻具组合的钻铤个数分别为 1 个、2 个、3 个和 4 个。可以看出随着钻铤数量的增加，Mises 等效应力最大值随钻铤数量的增加，先降后增。当使用两根钻铤时，Mises 等效应力最小，且最大值为与第 2 根钻铤上，距应力阶跃位置较远。建议在该钻具组合使用两根钻铤，从而降低钻杆的初始受力幅值状态。

通过改变前置桶式扶正器的尺寸对板式扩孔器，前后分别使用一个桶式扶正器的钻具组合的分析如下：

3 根钻杆＋1 根钻铤＋36in 扶正器＋1 根钻杆＋56in 扩孔器＋1 根钻杆＋48in 扶正器(扩 56in 对比组合 3)；

3 根钻杆＋1 根钻铤＋47in 扶正器＋1 根钻杆＋56in 扩孔器＋1 根钻杆＋48in 扶正器(扩 56in 对比组合 4)；

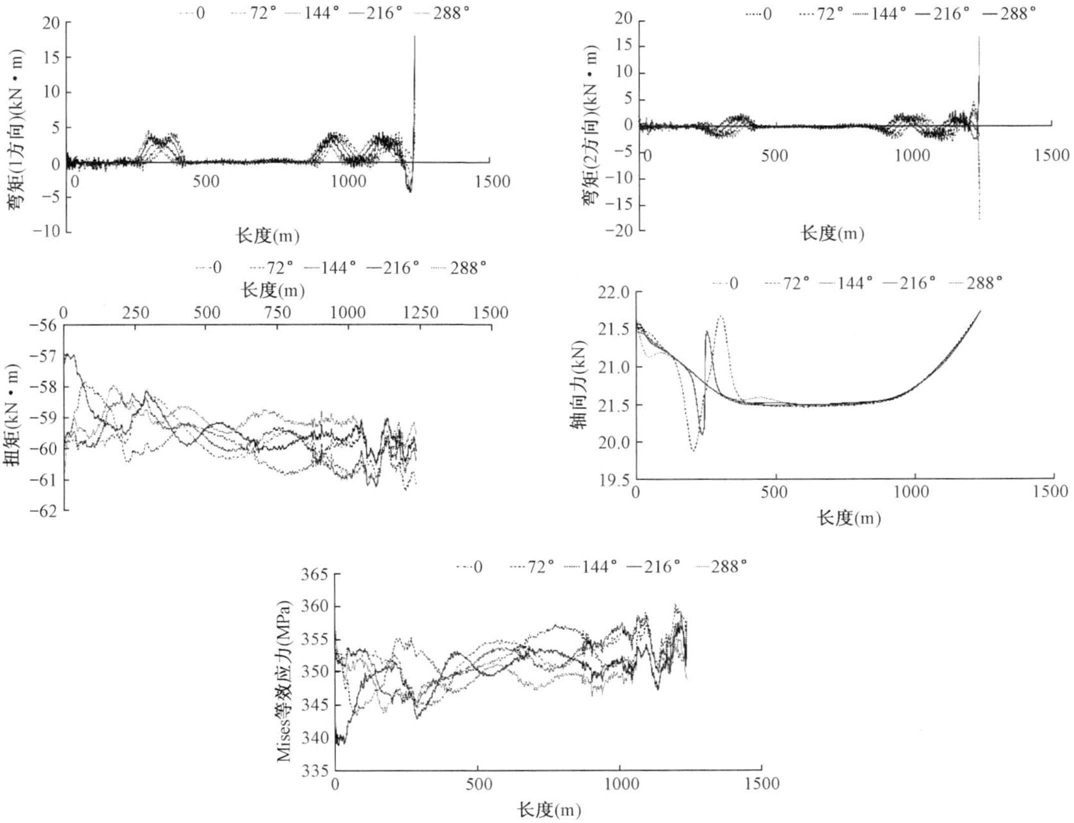

图3－27　摩擦系数为0.3时扩孔56in1－单元组合受力分析图

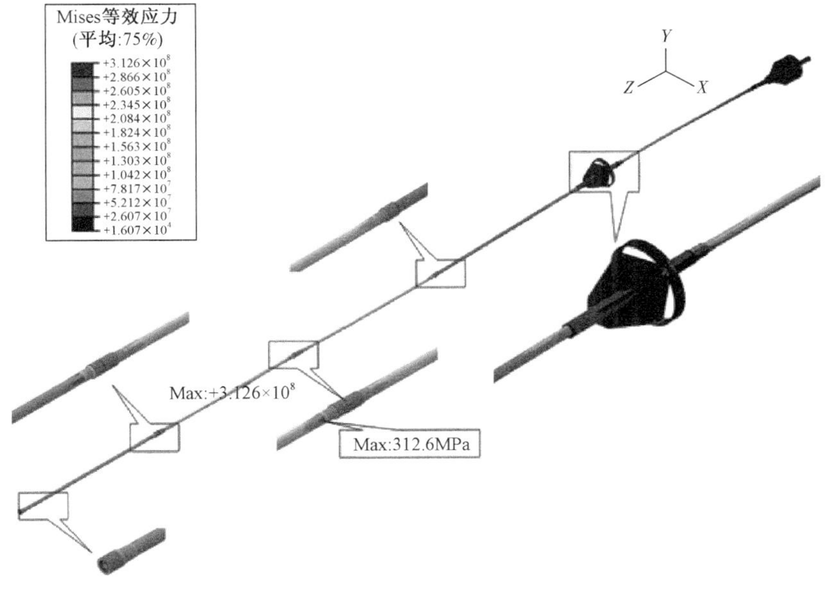

图3－28　扩56in钻具组合Mises等效应力分布云图

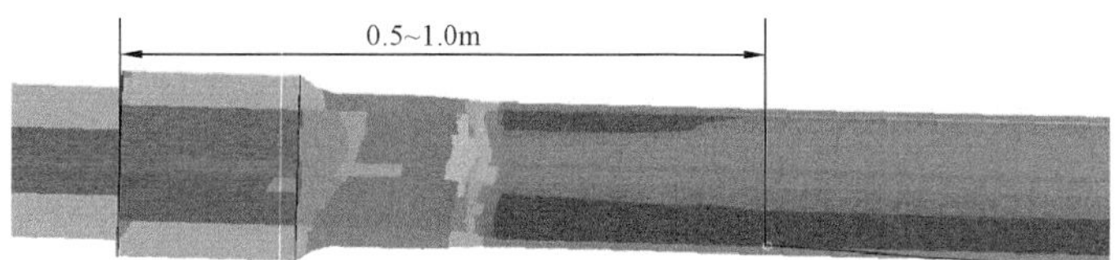

图 3－29　钻杆应力最大点位置

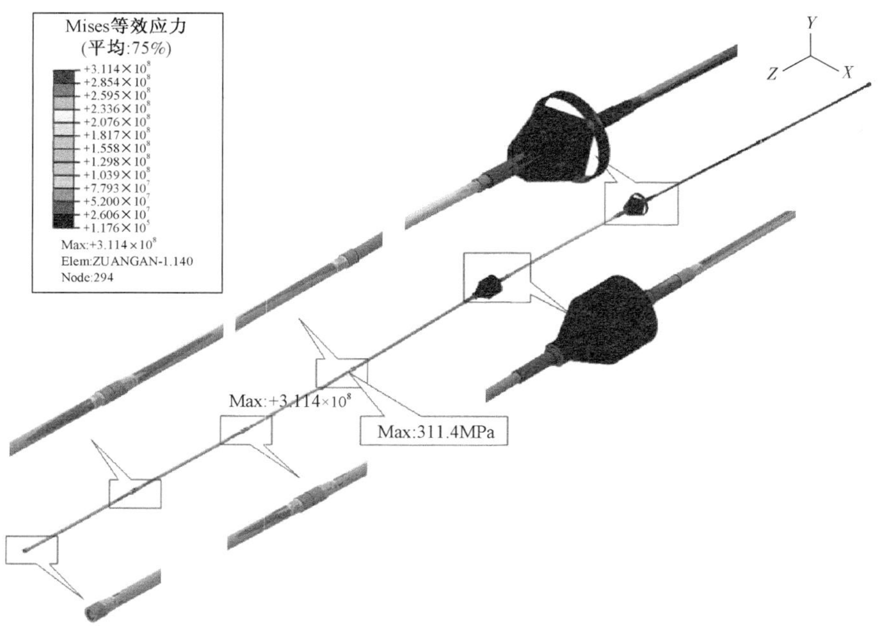

图 3－30　扩 56in 对比组合 1 的 Mises 等效应力分布云图

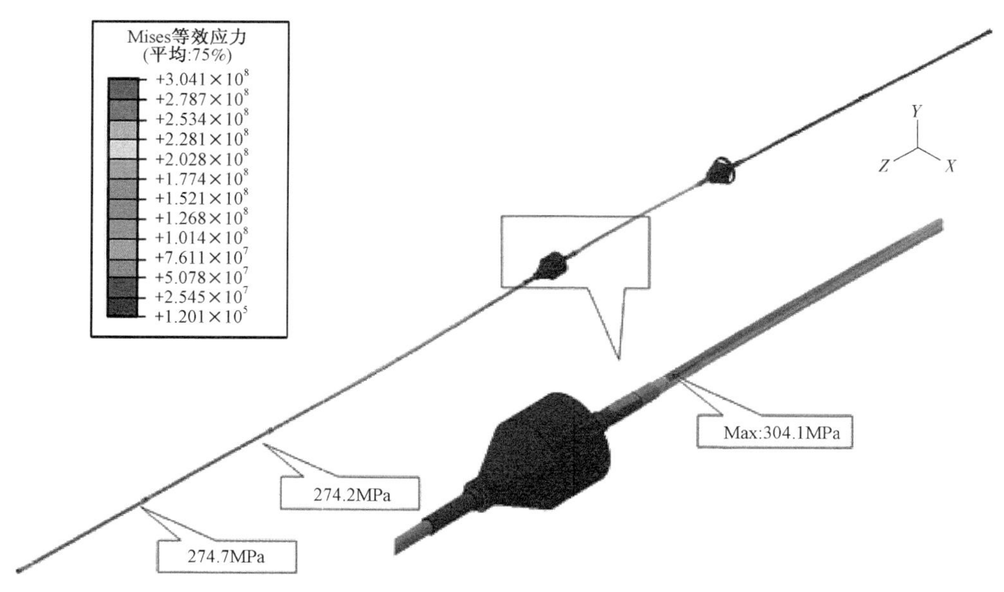

图 3－31　扩 56in 对比组合 2 的 Mises 等效应力分布云图

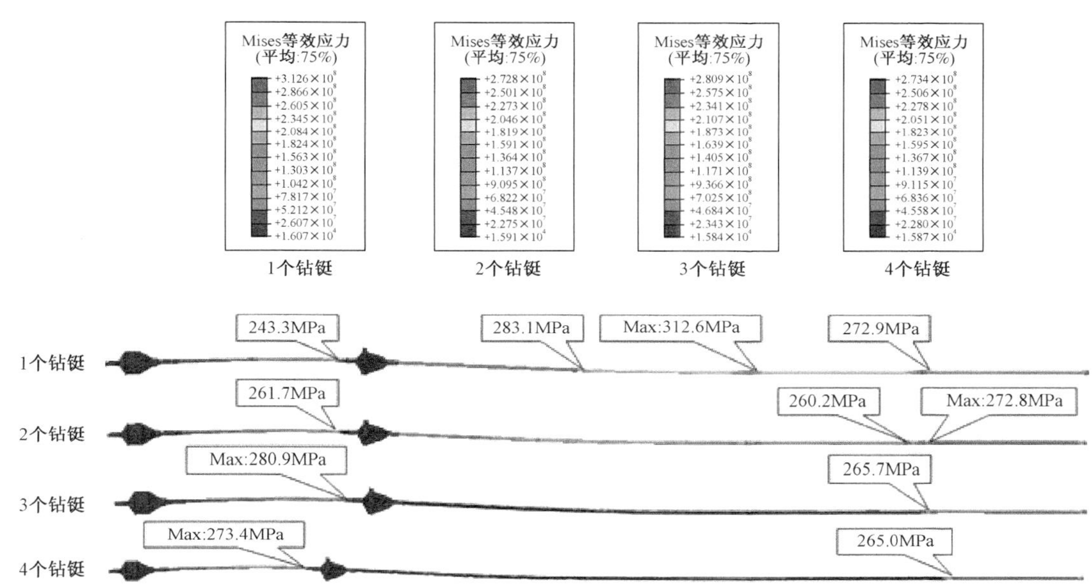

图 3－32　增加钻铤数量对钻具组合 Mises 等效应力的影响

3 根钻杆 +1 根钻铤 +46in 扶正器 +1 根钻杆 +56in 扩孔器 +1 根钻杆 +48in 扶正器(扩 56in 对比组合 5)；

3 根钻杆 +1 根钻铤 +45in 扶正器 +1 根钻杆 +56in 扩孔器 +1 根钻杆 +48in 扶正器(扩 56in 对比组合 6)。

图 3－33 为不同前置桶式扶正器规格对钻具组合应力的影响。改变前置桶式扶正器的尺寸未能使钻杆的受力降低，且又增加桶式扶正器与井壁的黏滞作用，因此不建议在板式扩孔器前加桶式扶正器。

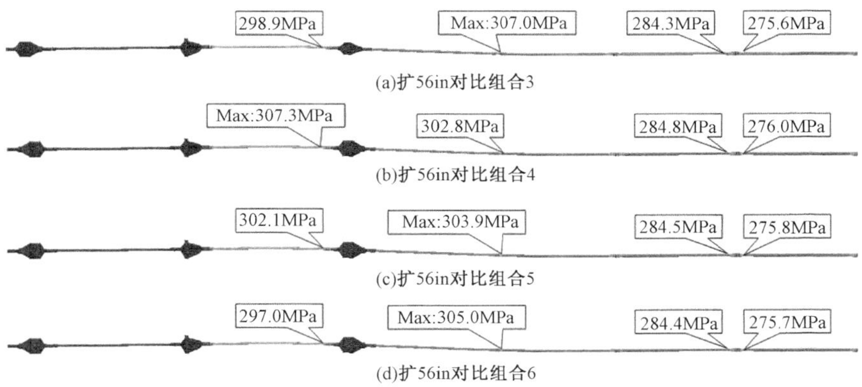

图 3－33　扩 56in 对比组合 3 至扩 56in 对比组合 6 的 Mises 应力分布云图

根据前述分析，推荐对比钻具组合 2 作为优化结果可达到降低钻具应力，提高钻具寿命的目的。

3.1.2.5 钻柱静应力结果修正

对于扩孔钻进过程中，特别是大尺寸扩孔时，所需扭矩较大，可达 50～60kN·m，而此时作用在钻柱上的拉力幅值较小，仅 100～200kN，因此扩孔钻柱的应力状态主要受扭矩影响，在屈服应力限制作用下又容易产生剪应力失效。图 3－34 为扩孔钻进整个钻柱静应力曲线，通过其与动力学仿真分析的结果相比，可以得到对静力学应力公式修正值。

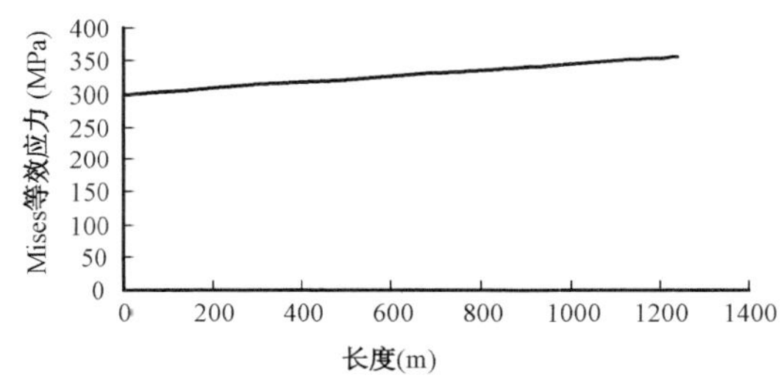

图 3－34 扩孔钻进整个钻柱静应力曲线

动力学仿真结果对静力学公式的修正：$\sigma(k_{dyn}^{ream})=(1.1\sim1.17)\sigma_{xd4}$，当钻进到水平段后时，取较大值。

摩擦系数不同对静力学应力计算公式的影响：$\sigma(k_{dyn}^{ream},k_{fric}^{ream})=(0.94\sim1.06)\sigma(k_{dyn}^{ream})$，当摩擦系数大于 0.2 时，取较小值；摩擦系数小于 0.2 时，取较大值。

应力集中系数 k_{cen}^{ream} 对钻柱危险点的影响：$\sigma(k_{cen}^{ream},k_{dyn}^{ream},k_{fric}^{ream})=(1.29\sim1.45)\sigma(k_{dyn}^{ream},k_{fric}^{ream})$。应力集中系数值由 3.1.2.4 中的计算结果得到。

3.1.3 管道回拖钻具力学分析数值模拟

水平定向钻穿越技术从 1972 年发明到现在，经过许多科研与施工人员的不懈努力，已经发展到较高水平。穿越设备从最初的小型发展到现在的大、中、小型配套；穿越地质从最初的河(海)滩淤泥质土层扩展到现在包括岩石在内的几乎所有地层；穿越长度从最初的几十米、上百米到现在的几千米[28]；穿越对象从最初的电缆、小口径管道到现在的大口径钢管、PE 管；穿越技术和施工工艺也在不断进步和变革。但无论是采用何种设备，穿越何种地层，穿越长度是多少，在制定水平定向钻穿越的施工方案之前，都必须进行回拖力的计算。这是选择穿越设备、校核穿越设备能力和确定施工工艺的重要基础，是关系到工程成败的一个非常关键的环节。

穿越管段在回拖过程中的受力非常复杂。回拖力的计算既涉及工程力学、流体力学、弹性力学、土力学等方面的知识，也与工程实际的地质条件、穿越曲线、扩孔直径、管段的规格(外径、壁厚)、外壁防腐层和管段在地面上的摆布方式、发送方式有关。因此，很难建立起与实际工况非常吻合的、具有普遍适用性的力学模型。

目前，实际工程中的回拖力计算大都采用经验估算法。估算的结果由于考虑的因素、使用的方法和施工经验的不同而存在较大的差异。有些资料推荐的计算公式因为与实际工况相差太大而失去了指导意义。本部分以国内有关研究的结果和力学理论为基础，以工程实际的统计资料为依据，对目前常用的卸荷拱土压力计算法、净浮力计算和绞盘计算法等三种计算方法进行完善和补充，并分别进行阐述和分析，最后进行绞盘计算法的改进。

(1)卸荷拱土压力计算法。

基本思路与计算公式。卸荷拱土压力计算法的基本思路是：穿越管段在回拖过程中同时受到孔道上方塌落土的压力和孔底支承力的作用，管段本身的重量全部由孔底承担(即不考虑浮力作用)；孔洞上方塌落土的压力根据穿越地层天然卸荷拱的高度进行计算。基本公式为：

$$T_{max} = [2p(1+k_a)+p_o]f_e L \tag{3-19}$$

式中　T_{max}——穿越管段的最大回拖力，kN；

p——单位长度穿越管段所受的土压力，kN/m；

k_a——主动土压力系数，一般取 0.3；

p_o——单位长度穿越管段重量，kN/m；

f_e——管壁与孔壁之间的摩擦系数(无量纲，一般取 0.2 ~ 0.3)，与孔壁土质、泥浆性能、管段外表面结构、导向孔曲线、扩孔质量有关，由施工单位根据经验确定；

L——穿越管段的长度，m。

从式(3-19)可知，穿越管段的最大回拖力取决于管顶塌落土对管段的压力 p 和摩擦系数 f_e 大小。管顶塌落土对单位长度穿越管段的压力 p 由垂直土压力 p_v 和侧向土压力 p_h 组成，即 $p = p_v + p_h$。其中，垂直土压力 p_v 按穿越孔道上方天然卸荷拱以下的垂直土荷载(图 3-35)进行计算。同时考虑到泥浆的护壁和对土壤的胶结，引入孔壁稳定系数 λ 进行修正。

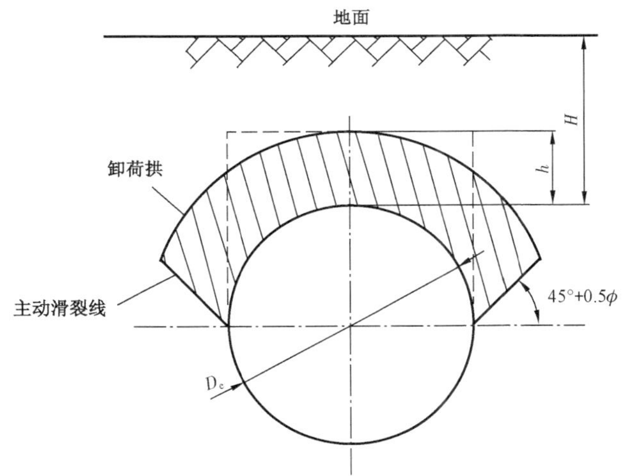

图 3-35　穿越孔道上方天然卸荷拱以下的垂直土荷载

孔洞上方天然卸荷拱的高度：

$$h = \frac{D_e\left[1+\tan\left(45° - \frac{\theta}{2}\right)\right]}{2f_{kp}}$$

则：

$$p_v = \frac{\gamma_e D_o h}{\lambda} = \frac{\gamma_e D_o D_e\left[1+\tan\left(45° - \frac{\theta}{2}\right)\right]}{2f_{kp}\lambda} \tag{3-20}$$

式中 p_v——单位长度穿越管段所受的垂直土压力,kN/m;

γ_e——穿越地层管段外径,m;

D_o——穿越管段外径,m

D_e——最大扩孔直径,m;

h——穿越孔道上方天然卸荷拱的高度,m;

f_{kp}——穿越土层的坚实系数,f_{kp}的计算公式为 $\tan\theta$,则 θ 值为 $\arctan f_{kp}$,各种土的坚实系数见表 3-3;

λ——穿越孔壁的稳定系数(无量纲),根据经验取 30.0~40.0。

表 3-3 土壤坚实系数[29]

土壤种类	坚实系数 f_{kp}
沼泽土、新填土、淤泥等不稳定土	<0.6
塑态轻亚黏土($I_p \leq 4$)	0.6
塑态轻亚黏土($I_p > 4$)	0.7
塑态亚黏土、黏土、黄土	0.8
坚硬的亚黏土及黏土	1.0

因为水平定向钻穿越的最终扩孔直径一般达到穿越管径的 1.3~1.5 倍,穿越管段回拖时在孔内具有一定的自由度,所以,根据朗肯土压力理论[30],单位长度穿越管段在回拖时所受的侧向土压力 p_h 可按式(3-21)计算:

$$p_h = p_v \tan^2\left(45^\circ + \frac{\phi}{2}\right) \tag{3-21}$$

式中 p_h——单位长度穿越管段所受的侧向土压力,kN/m;

ϕ——穿越土层的内摩擦角(一般情况下,砂层为 30°~40°,黏土层 15°~25°[31])。其他符号意义同前。

将 $F = p_v + p_h$、式(3-20)和式(3-21)带入式(3-19)中,得:

$$T_{max} = f_e L\left\{\frac{\gamma_e D_o D_e\left[1 + \tan\left(45^\circ - \frac{\theta}{2}\right)\right]\left[1 + \tan^2\left(45^\circ + \frac{\phi}{2}\right)\right](1 + K_a)}{f_{kp}\lambda} + p_o\right\} \tag{3-22}$$

这就是基于卸荷拱的回拖力计算公式。这样的公式用于工程实践中估算回拖力实在过于繁琐。考虑到一些参数之间存在一定的内在联系,一些参数的变化幅度不大,对式(3-22)进行综合简化后,可以得到一个估算式:

$$T_{max} = f_e L\{4D_o D_e + p_o\} \tag{3-23}$$

式(3-23)的力学基础是土壤的天然卸荷拱作用,成立的前提是扩孔后的卸荷拱土压力全部施加在穿越管段上,且不考虑穿越管段在孔内所受的浮力。其特点是:① 计算过程比较复杂,结果偏于安全。② 力学基础与实际工况存在较大差异。采用卸荷拱计算土载荷时,一般要求满足两个条件：$f_{kp} \geq 0.6$；管顶覆土超过2h。后一个条件对定向钻穿越来说不是问题；但前一个条件只有在黏土、亚黏土、黄土和岩石中才能满足。也就是说，从式(3－23)的推导过程分析，它只能应用于黏土、亚黏土、黄土和岩石层的回拖力计算。对于其他地质条件则无能为力。但实际上，黏土、亚黏土、黄土和岩石层中的孔壁是基本稳定的。只要扩孔工艺合理，卸荷拱的土压力一般可以忽略不计。此时，管段的重力和所受的浮力成为影响回拖力的主要因素。从这个意义上讲，式(3－23)反而更加适用于孔壁稳定性较差的地层(如中粗砂和淤泥质土层等)。③ 过多系数的引入严重影响计算结果的客观性、准确性和精准度。在式(3－22)中，含有管壁与孔壁之间的摩擦系数f_e，穿越土层的坚实系数f_{kp}，主动土压力系数k_a以及穿越孔壁稳定系数λ。这些系数都是实验值或经验值，计算时要凭计算者的经验去选择，无疑会影响计算结果的客观性。④ 式(3－22)或式(3－23)所表达的力学意义与工程实际有一些背离。在这两个公式中，穿越管段的回拖力与扩孔直径成正比。对此，可以解释为：扩孔直径越大，孔壁崩塌的可能性或趋势越大，但可能或趋势不等于结果。回拖时完全塌孔对任何一项穿越工程都是灾难性的，需要采取有力措施加以预防。

(2)净浮力计算法。

基本思路与计算公式。净浮力算法的基本思路是：穿越管段在孔道内仅受到重力和泥浆浮力的作用。泥浆对管段的净浮力构成对孔道的正压力。基本公式为：

$$T_{max} = |p_o - p_f| f_m L \tag{3-24}$$

式中　p_f——单位长度穿越管段在孔内所受的浮力，kN/m；

f_m——综合摩擦系数(无量纲，一般取0.5～0.8)。其他符号意义同前。

对于钢质油气管道，忽略不计外防腐层的厚度和重量，则：

$$|p_o - p_f| = \frac{\pi}{4} |4(D_o - \delta)\delta\gamma_s - D_o^2\gamma_m| \tag{3-25}$$

式中　δ——穿越管段的壁厚，m；

γ_s——钢材重度，78.5kN/m^3；

r_m——孔内浆—土混合液容重，11.0～12.0kN/m^3。其他符号意义同前。

将式(3－25)带入式(3－24)得：

$$T_{max} = \frac{\pi}{4} |4(D_o - \delta)\delta\gamma_s - D_o^2\gamma_m| f_m L \tag{3-26}$$

式(3－26)这就是基于净浮力的回拖力计算公式。其力学基础是阿基米德浮力定理，成立的前提是导向孔和预扩孔都非常理想；穿越管段在孔内处于完全的自由状态；孔壁完全稳定，没有塌孔现象。其特点是[32－35]：① 充分考虑了穿越管段在孔道内所受的浮力，计算简单。② 比较理想化。任何一条穿越曲线都不可能完全平滑，总是或多或少地存在一些误差或偏移；最终形成的孔壁也不是绝对稳定，总是或多或少地存在一些崩塌。因此，孔壁对穿越管段总是有约束的。这种约束与穿越的地质条件、导向孔曲线、扩孔工艺和泥浆性能都有很大关系，最终会影响回拖力的大小。③ 没有考虑扩孔直径的影响。对水平定向钻穿越而言，最终扩孔直径对穿越的影响是很大的。孔径越小，穿越管段在孔内的活动余地越小，所受的约束越大，回拖力有可能增大；但孔径过大，崩塌的危险性也越大，大面积的孔壁崩塌同样会使回拖力大幅度上升;因此,合理选择最终的扩孔直径对成功进行水平定向钻穿越意义重大,在进行回拖力的计算中应该考虑这一因素。④ 没有考虑穿越两端弯点的绞盘效应(下文将要论述)。⑤ 计算公式中的摩擦系数f_m 的变动范围(0.5~0.8)时,回拖力的计算结果受计算人员的主观影响较大。

(3)绞盘计算法。

基本思路与计算公式。绞盘计算法的基本思路是:将穿越管段近似的视为一条部分缠绕在巨型卷管上的柔性钢索。这样,对于水平孔内或地面上水平拖动的顺直管段,其回拖力极端的基本公式为:

$$F_s = \mu P_B L \tag{3-27}$$

式中 F_s——顺直管段在水平孔内(或在地面上水平拖动)的回拖力,kN;

μ——穿越管段与孔内流体(泥浆)或管段与地面之间的摩擦系数,无量纲;

p_B——单位长度穿越管段在孔内的净浮力或在地面上的重量,kN/m。其他符号意义同前。

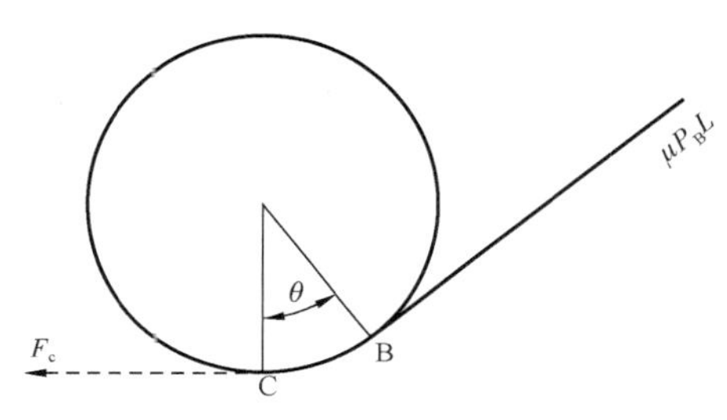

图 3-36 垂直弯曲管段回拖力

对于水平或垂直弯曲管段,当弯曲半径足够大(如弹性敷设)时,考虑绞盘效应,其回拖力计算的基本公式(图 3-36)为:

$$F_c = e^{\mu\theta}(\mu P_B L) \tag{3-28}$$

式中 F_c——水平或垂直弯曲管段的回拖力,kN;

μ——穿越管段与孔内流体(泥浆)或管段与地面之间的摩擦系数,无量纲;

θ——管段弯曲段的包角,rad。其他符号意义同前。

根据式(3-27)和式(3-28)这两个基本公式,考虑回拖过程中孔内流体(泥浆)对穿越管段的运动阻力,以回拖头为基点,可以推导出以下系列计算公式(图 3-37):

$$T_A = e^{\mu_a\alpha}[\mu_a p_o(L_1 + L_2 + L_3 + L_4)] \tag{3-29}$$

$$T_B = e^{\mu_a\alpha}[T_A + T_h + \mu_b | p_o - p_f | L_2 - (p_o - p_f)H_1 - e^{\mu_a\alpha}(\mu_a p_o L_2)] \tag{3-30}$$

$$T_C = T_B + T_h + \mu_b | p_o - p_f | L_3 - e^{(\mu_a+\mu_b)\alpha}(\mu_a p_o L_3) \tag{3-31}$$

$$T_D = e^{\mu_b\beta}[T_c + T_h + \mu_b | p_o - p_f | L_4 - (p_o - p_f)H_2 - e^{(\mu_a+\mu_b)\alpha}(\mu_a p_o L_4)] \tag{3-32}$$

上 4 式中 T_A——穿越管段回拖至入土点 A 处的回拖力,kN;

T_B——穿越管段回拖至入土端弯点 B 处的回拖力,kN;

T_C——穿越管段回拖至出土端起弯点 C 出的回拖力,kN;

T_D——穿越管段回拖至 D 处的回拖力,kN;

T_h——孔内流体(泥浆)对穿越管段的运动阻力,kN,T_h 的计算公式为$\frac{\pi}{8}q(D_e^2 - D_o^2)$,其中,$q$ 为孔道内泥浆压力,一般取 5~10kN/m^2;

L_1——穿越管段的附加长度,m;

L_2——穿越管道入土点 A 至入土端 B(下行段)的水平长度,m;

L_3——穿越管道中间水平段 BC 长度,m;

L_4——穿越管段出土端起弯点 C 至出土点 D(上升段)的水平长度,m;

H_1——穿越管段入土端(下行段)的最大埋深,m;

H_2——穿越管段出土端(上升段)的最大埋深,m;

μ_a——穿越管段在地面以上的摩擦系数,无量纲,一般取 0.15 ~0.20;

μ_b——穿越管段在孔内的摩擦系数,无量纲,一般取 0.20 ~0.30;

α——穿越管段入土角,rad;

β——穿越管段出土角,rad;其他符号意义同前。

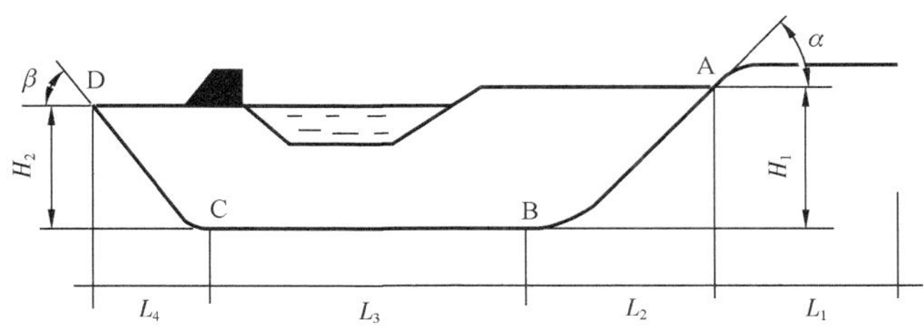

图 3 – 37　回拖过程流体阻力

显然,$T_D > T_C > T_B > T_A$,$T_{max} = T_D$。即随着穿越管段被缓慢地拖入扩好的孔内,回拖力不断增加。当穿越管段被回拖至出土点 D 处,回拖力达到最大。这与工程实践是吻合的。

式(3 –29)至式(3 –32)的力学基础是阿基米德浮力定理和绞盘效应,实际上是净浮力计算法的修正。因此,它们成立的前提与净浮力计算法基本相同:① 穿越管段在回拖过程中始终处于柔性状态。除净浮力外,孔壁没有对穿越管段产生其他反作用;② 穿越管段采取空管回拖,即回拖时管内不附加任何重量。当采取措施克服浮力时,应用管段单位长度的实际重量代替 p_o;③ 导向孔、预扩孔之后的成孔曲线非常理想,只有两个弯点,没有水平或纵向偏移或误差;④ 孔道完全稳定,没有塌孔现象。

在实际工程中,以上前提条件除第②条之外很难能够完全满足。穿越管段本身总是具有一定刚度,不可能像缆绳一样柔软;穿越曲线不可能绝对平滑、完美,有时会存在多个弯点;孔壁也不可能绝对稳定;因此,在应用式(3 –29)至式(3 –32)的时候需要根据实际情况进行必要的修正。特别是出现以下情况时,需要慎重处理:

① 由于操作原因或实际穿越需要(如绕避障碍物。纠偏等),穿越曲线出现多个弯点。此时,需要根据实际穿越曲线采用前推方式逐步对各弯点处的回拖力进行计算,并最终确定最大回拖力;

② 穿越地质条件恶劣(如中粗砂、卵石和淤泥等),容易出现塌孔现象。此时,需要借鉴第一种计算方法对回拖力进行估算;

③ 穿越的曲率半径偏小(小于 800D_o 时)且弯曲较多时,钢管的刚度将成为影响穿越的重要因素。此时,回拖力会急剧上升,甚至导致穿越工程失败。因此,有必要严格控制穿越孔道的曲率半径(宜达到 1200D_o 以上),尽可能减少孔道的弯曲,并保证扩孔质量。

(4)改进的绞盘计算法。

由式(3－29)至式(3－32)可以看出,计算式无论从理论上还是实际工况上,都存在着较多的不合理性。该计算方法是一个逐渐累加的结果,即以上一步结果作为下一步计算的一项,所以必须力求每一步计算都尽可能地与实际结果相近,否则所有的误差都累加到最后一步的计算结集上,将出现与实际结果严重背离的情况。

从式(3－32)的计算式可看出,计算项中考虑了泥浆流动阻力。其实从计算结果和实际工程可知,泥浆流动阻力对管道的回拖阻力影响很小,所以计算这项力没有太大的实际意义。在回拖力的估算阶段,完全可以忽略它的大小,对计算结果没有太大的影响。

此外,在式(3－32)中,还考虑了管顶土压力的作用,但这种计算方法太粗略,与实际工况相差较远。鉴于前面介绍的卸荷拱土压力计算法中的管顶上方土压力的计算方法在土力学中理论比较成熟,所以可以将它应用在绞盘法计算中计算管顶上方土压力的大小。

由上面介绍的卸荷拱土压力计算法可知:

$$F = 2p(1 + K_a)f_e L \tag{3-33}$$

$$p = p_v + p_h \tag{3-34}$$

$$h = \frac{D_e\left[1 + \tan\left(45° - \frac{\theta}{2}\right)\right]}{2f_{kp}} \tag{3-35}$$

$$p_v = \frac{v_e D_o h}{\lambda} = \frac{v_e D_o D_e\left[1 + \tan\left(45° - \frac{\phi}{2}\right)\right]}{2f_{kp}\lambda} \tag{3-36}$$

$$p_h = p_v \tan^2\left(45° + \frac{\phi}{2}\right) \tag{3-37}$$

代入式(3－33)得:

$$F = \frac{v_e D_o D_e\left[1 + \tan\left(45° - \frac{\phi}{2}\right)\right]\left[1 + \tan^2\left(45° + \frac{\phi}{2}\right)\right](1 + K_a)f_e L}{f_{kp}\lambda} \tag{3-38}$$

考虑到一些参数之间存在一定的内在联系,一些参数的变化幅度不大,对式(3－38)进行综合简化后,可以得到如下的估算式:$F = 4f_e L D_o D_e$。

所以,改进后的式(3－30)计算式如下:

$$T_B = e^{\mu_a \alpha}\left[T_A + T_h + \mu_b \mid p_o - p_f \mid L_2 + 4D_o D_e \mu_b L_2 - e^{\mu_a \alpha}(\mu_a p_o L_2)\right] \tag{3-39}$$

从实际计算结果得知,有时会出现 $T_C < T_B$ 的情况,这与实际工况是不符的。观察式(3－32)的计算可以发现,出现这现象的主要原因是式(3－31)考虑了管顶土压力的作用,而式(3－32)未考虑。从理论上分析,既然在 L_2 段内考虑了管顶土压力的作用,在 L_3 段内更应考虑。因为这一段处于孔身的水平直线段,距离地表最远,且一般这段的距离都较长,所以管道长时间在这段内拖行,绝对会产生管顶土压力对其作用。因此在这段内考虑管顶土压力比较合理。此外,同(3－31)计算式,泥浆阻力的作用可以忽略不计。最后,经过改进后的(3－31)计

算式如下：

$$T_C = T_B + \mu_b | p_o - p_f | L_3 + 4D_o D_e \mu_b L_3 - e^{(\mu_a + \mu_b)\alpha}(\mu_a p_o L_3) \tag{3-40}$$

式(3-32)的改进后的计算式为：

$$T_D = e^{\mu_b \beta}[T_C + \mu_b | P_o - P_f | L_4 + 4D_o D_e \mu_b L_4 - e^{(\mu_a + \mu_b)\alpha}(\mu_a P_o L_4)] \tag{3-41}$$

经改进后的绞盘计算法的一组公式如下：

$$T_A = e^{\mu_a \alpha}[\mu_a p_o(L_1 + L_2 + L_3 + L_4)]$$

$$T_B = e^{\mu_a \alpha}[T_A + T_h + \mu_b | p_o - p_f | L_2 + 4D_o D_e \mu_b L_2 - e^{\mu_a \alpha}(\mu_a p_o L_2)]$$

$$T_C = T_B + \mu_b | p_o - p_f | L_3 + 4D_o D_e \mu_b L_3 - e^{(\mu_a + \mu_b)\alpha}(\mu_a p_o L_3)$$

$$T_D = e^{\mu_b \beta}[T_c + T_h + \mu_b | p_o - p_f | L_4 + 4D_o D_e \mu_b L_4 - e^{(\mu_a + \mu_b)\alpha}(\mu_a p_o L_4)]$$

根据改进绞盘计算法，取 $\mu_a = 0.2$，$\mu_b = 0.3$，$\alpha = 6°$(0.10467 弧度)，$\beta = 10.5°$(0.18317 弧度)。$L_1 = 20\text{m}$，$L_2 = 370.6\text{m}$，$L_3 = 411.8\text{m}$，$L_4 = 457.6\text{m}$。将相应数据代入到上述各式中可以求得：$T_A = 274\text{t}$，$T_B = 306\text{t}$，$T_C = 338\text{t}$，$T_D = 383\text{t}$，则 $T_{max} = 383\text{t}$，渭河现场数据 $T_B = 304\text{t}$。结合现场扭矩工况[36]，则整个钻柱所受应力最大值为 840.5MPa，非常接近钻具的屈服强度 931MPa；在 A 点时，钻柱最大应力值已达 599MPa，安全系数仅为 1.55，因此在回拖过程中，首先应尽量减小地面管道与地面的摩擦系数；当回拖至 B 点时，为保证回拖钻柱的安全性，要在管道尾部施加相应的推力或使用夯管锤进行两端作业。

推力大小计算。钻杆安全系数按 2.5 计算，则其应力水平不得超过 370MPa，因此由公式可以计算得管道尾部施加的推力最小为 $T_A' = 108\text{t}$，$T_B' = 140\text{t}$，$T_C' = 172\text{t}$，$T_D' = 217\text{t}$。

3.2　兰郑长—长江定向穿越钻具受力数值模拟

兰郑长—长江穿越处成品油管道设计压力为 8MPa，管径为 ϕ610mm，管道采用 ϕ610mm × 12.7mm L450MB 直缝埋弧焊钢管，硅管套管采用 ϕ114mm × 6.0mm、20#无缝钢管。入土角 16°，地表开挖 6m 后，夯套管 118m；出土角 14°，地表开挖 8.4m 后，夯套管 157m。

本穿越成品油管道起、终点里程为：[762.5m，2757.6m]，水平长度 1995.1m，实长为 2009.27m。其中成品油管道定向钻穿越水平长度 1970.06m(主钻机入土点—辅钻机入土点)，实长 1984.15m。硅管套管定向钻穿越水平长度为 2057.4m，实长为 2075.43m。主钻机入土点坐标：$X = 3384909.07$，$Y = 275004.83$，辅钻机入土点(北岸回拖管道端)坐标：$X = 3386664.15$，$Y = 274109.92$。

导向孔采用 P2 控向系统，在穿越两岸铺设交流磁场，提高导向孔精度。采用 10½in 钻头，钻进至岩石地层，然后通过安装 ϕ323.9mm × 12mm 套管至岩石层，冲洗套管内岩屑后，采用泥浆马达工艺继续钻进导向孔直至出土。然后回拖硅管套管，硅管套管内预留一根电缆线。

钻具受力数值模拟[37-49]：以长江实钻钻进参数、钻具组合和设计孔眼轨迹为输入参数，建立了水平长度 1783.2m 的全孔段钻柱系统模型，通过设定不同的边界载荷条件，模拟定向穿越钻柱动力学特性，探索不同孔段、多种钻井参数及不同钻具组合条件下定向穿越钻柱的振动规律，达到优化钻具组合的目的。

3.2.1 导向钻进钻柱动力学数值模拟

导向孔钻进采用的钻具组合为：10½in 牙轮钻头 +7in 无磁钻铤 +6⅝in S－135 钻杆。导向孔作业参数：推力 2.0×10^5N；扭矩 11kN·m；转速 3.14rad/s；泥浆密度 1.05×10^3kg/m^3，黏度 60s，黏滞系数 0.02。由于出口段已经进行了夯套管作业，在进行导向钻进钻柱力学分析时不考虑该段，因此整个钻柱的模型如图 3－38 所示。

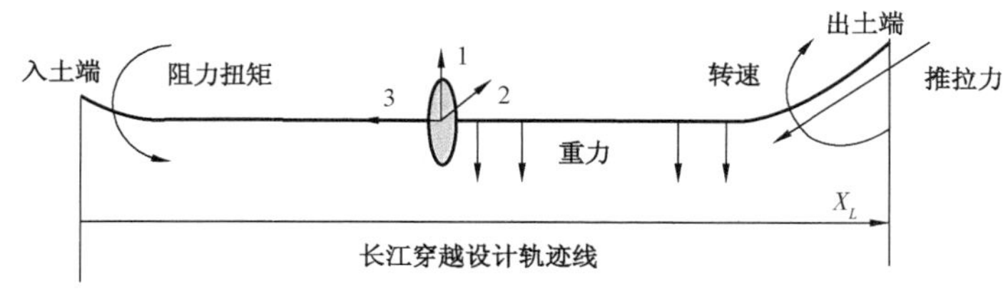

图 3－38 钻柱模型及局部坐标示意图

3.2.1.1 孔洞扩大对钻具受力的影响分析

由兰郑长—长江岩土工程勘察报告及与现场工程人员了解可知，该穿越段岩土强度较高，明显强于渭河，且在导向孔段轨迹控制较为理想，因此考虑导向孔钻头的扩眼作用，将井径扩大率定位为 0，15% 和 30% 三种工况进行分析。

图 3－39 至图 3－41 为不同井径扩大率的整个钻柱三向力矩波动曲线图，同样是进行 0.4s 取值一次。

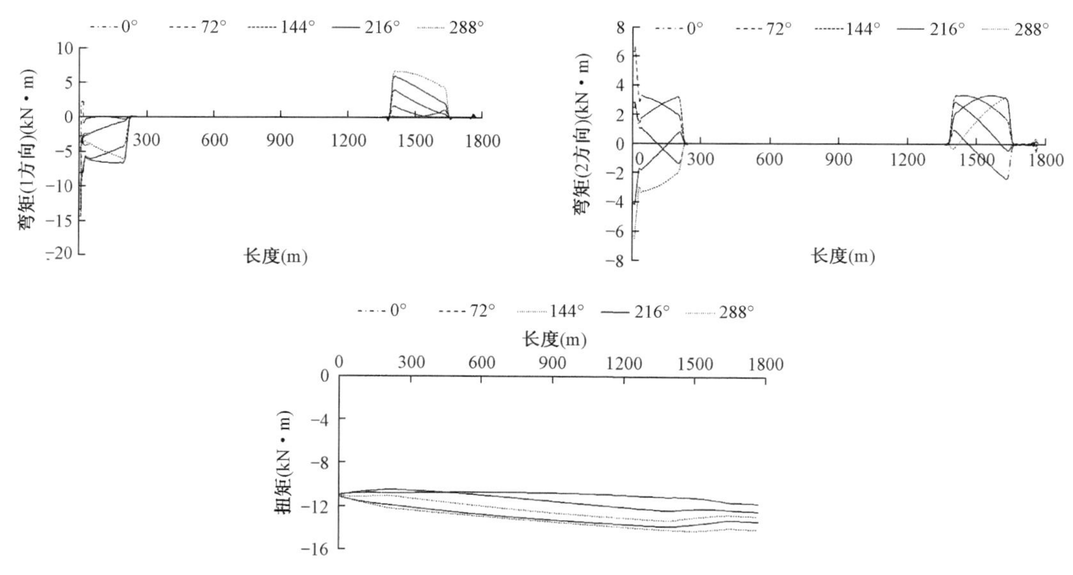

图 3－39 钻柱三向力矩波动曲线（无扩径）

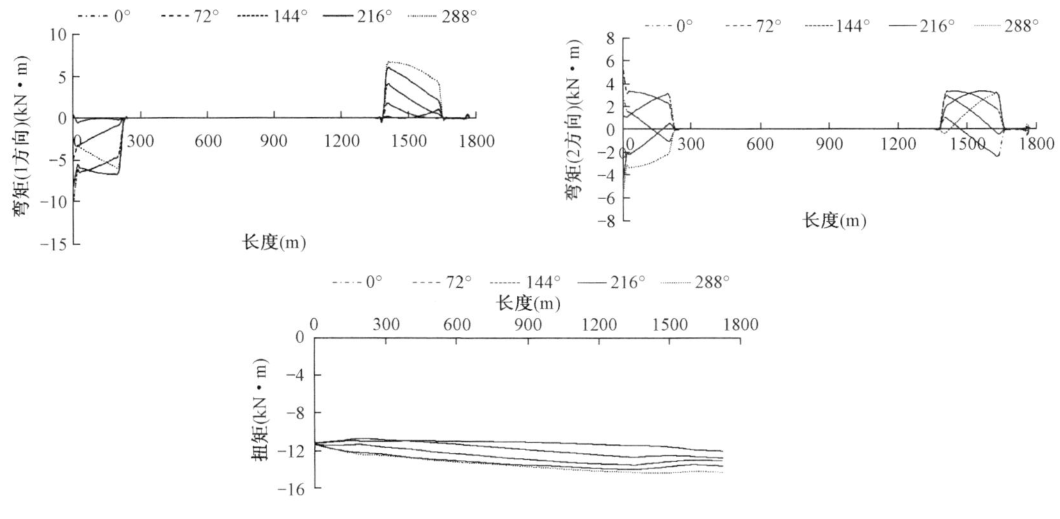

图3-40 钻柱三向力矩波动曲线(扩径15%)

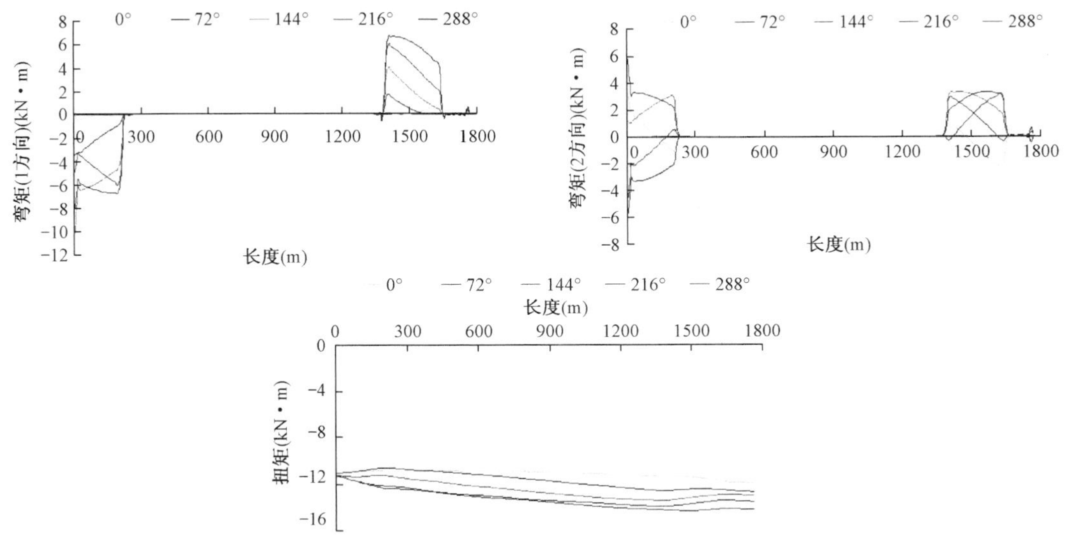

图3-41 钻柱三向力矩波动曲线(扩径30%)

由图3-42所示,对于井身轨迹和孔洞质量较好的无扩径结构,轴向力从入土端到导向钻头呈线性降低,并且未出现较大幅度的波动情况;而对于井眼扩大率为15%和30%的井眼结构均在入土段一定长度内有轴向力幅值的波动。

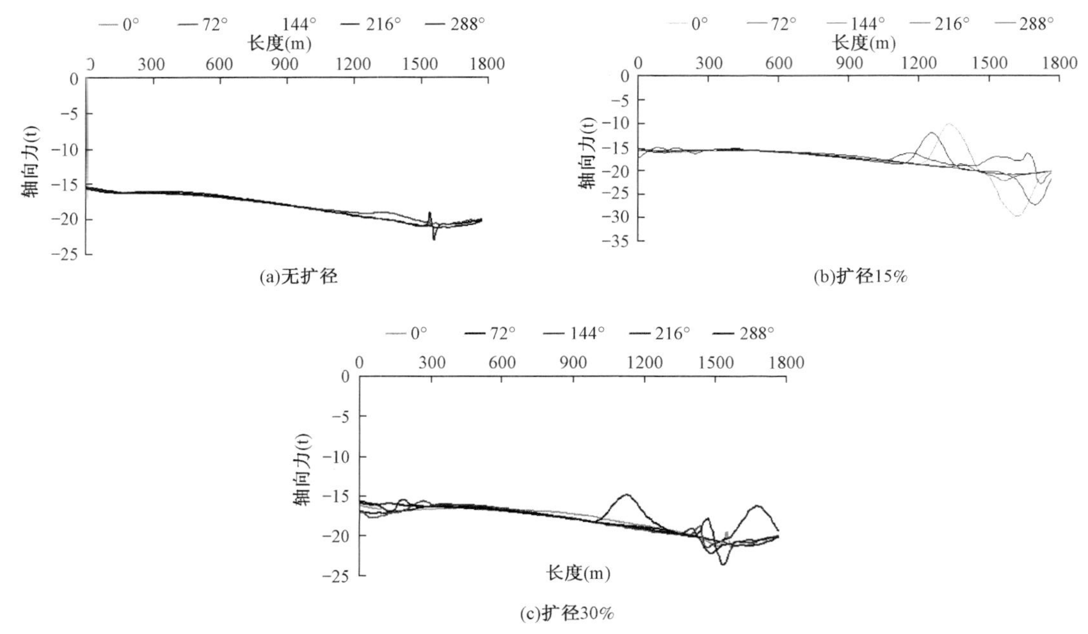

(a)无扩径

(b)扩径15%

(c)扩径30%

图 3-42　孔洞扩大率对钻柱轴向力的影响

长江穿越整个钻柱的 Mises 等效应力随孔洞扩大的波动曲线如图 3-43 所示。由图得,导向钻进工况(推力 2.0×10^5N、扭矩 11kN·m)下,大部分钻柱单元的 Mises 等效应力值均在 70~80MPa,局部最大值可达到 105MPa,对于 S-135 钻杆的屈服强度 930MPa,安全系数较高。

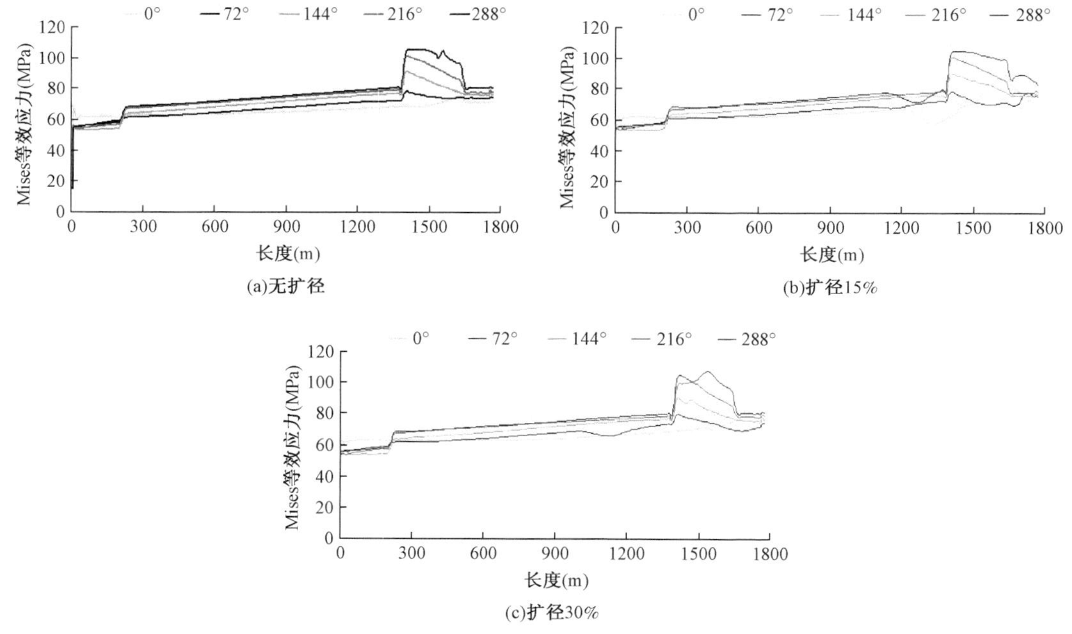

(a)无扩径

(b)扩径15%

(c)扩径30%

图 3-43　孔洞扩大率对 Mises 等效应力的影响

3.2.1.2 摩擦系数的影响规律

取长江穿越工程的 $6\frac{5}{8}$in 钻杆 + 钻铤的钻具组合，考察不同摩擦系数，分别为 0.1,0.2 和 0.3，在不同孔洞扩大率为 0,15% 和 30% 下的钻具受力状态，如图 3－44 所示。不同的井眼扩大率，摩擦系数对 Mises 等效应力的影响较大，特别是穿越轨迹水平段以后，摩擦系数越小，Mises 等效应力越大；而对于入土端来说，Mises 等效应力受摩擦系数影响较小。

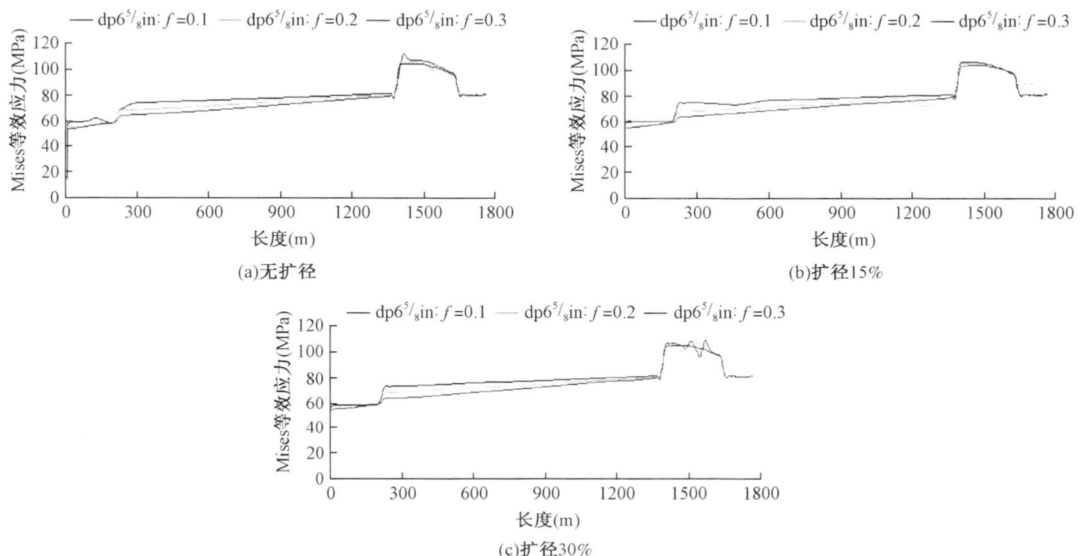

图 3－44　摩擦系数对钻具单元 Mises 等效应力的影响

3.2.1.3 钻柱静应力结果修正

根据兰郑长—长江定向穿越工程整个导向钻进钻柱($6\frac{5}{8}$in 规格)的静态受力情况，受力工况：钻机推力 20t、扭矩 11kN、转速 3.14rad/s、摩擦系数为 0.2。可以获得全孔段钻柱的静应力曲线，如图 3－45 所示。经过与钻具动力学仿真模拟结果对比，可以获得不同钻柱段的应力修正系数。

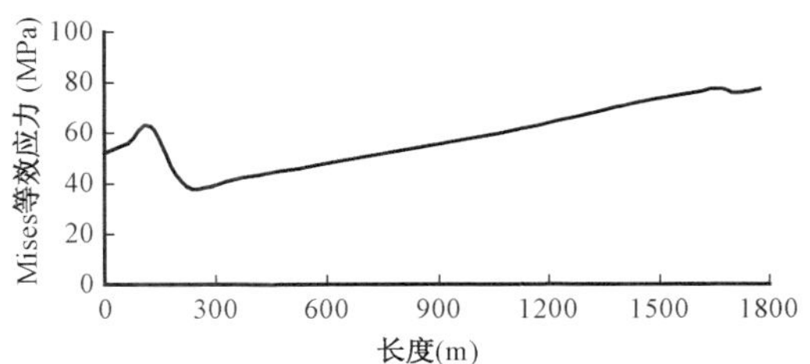

图 3－45　导向孔钻进整个钻柱静应力曲线

动力学仿真结果对静力学公式的修正：$\sigma(k_{\text{dyn}}^{pil}) = (1.17 \sim 1.37)\sigma_{\text{xd4}}$，当钻进到入土弯曲段后时，取较大值；钻进到水平段后时，取较小值。

摩擦系数不同对静力学应力计算公式的影响：$\sigma(k_{\text{dyn}}^{pil}, k_{\text{fric}}^{pil}) = (0.93 \sim 1.09)\sigma(k_{\text{dyn}}^{pil})$，当摩擦系数 $\in (0.1, 0.2)$ 时，取较小值；摩擦系数 $\in (0.2, 0.3)$ 时，取较大值。

孔洞扩大率对静力学应力计算公式的影响：长江穿越工程中，由于地层硬度较大，井眼扩大率明显减小且导向钻进载荷较小，孔洞扩大基本对整个钻柱的应力无影响，因此孔洞扩大率对静力学应力计算公式无修正。

3.2.2 扩孔钻进钻柱动力学数值模拟

第一级扩孔钻具组合:20in 岩石扩孔器 + 7in 无磁钻铤 + 6⅝inS - 135 钻杆。

第二级扩孔钻具组合:30in 岩石扩孔器 + 17in 中心定位器 + 7in 无磁钻铤 + 6⅝inS - 135 钻杆。

第三级扩孔钻具组合:38in 岩石扩孔器 + 27in 中心定位器 + 7in 无磁钻铤 + 6⅝inS - 135 钻杆。

岩土性质:穿越经过砾岩、砂砾岩、砂岩泥岩和粉砂岩等,地层交替频繁变化。

扩孔作业参数:拉力 3.7×10^5N;扭矩 34kN · m;转盘转速 3.14rad/s;泥浆密度 1.05×10^3 kg/m³,黏度 60s,黏滞系数 0.02。

3.2.2.1 极限参数下不同扩孔孔径钻具受力分析

分别以扩孔 20in,30in 和 38in 极限扩孔参数下的钻具为研究对象,对定向钻扩孔钻进钻具组合有限元模型进行了求解计算。根据井口施加的转速将钻柱旋转一周分成五个相位:0°,72°,144°,216°和 288°,分别对整个钻柱系统的 Mises 等效应力、轴向力、扭矩和弯矩进行分析。图 3 - 46 至图 3 - 48 分别是长江穿越工程各钻具组合的受力情况。

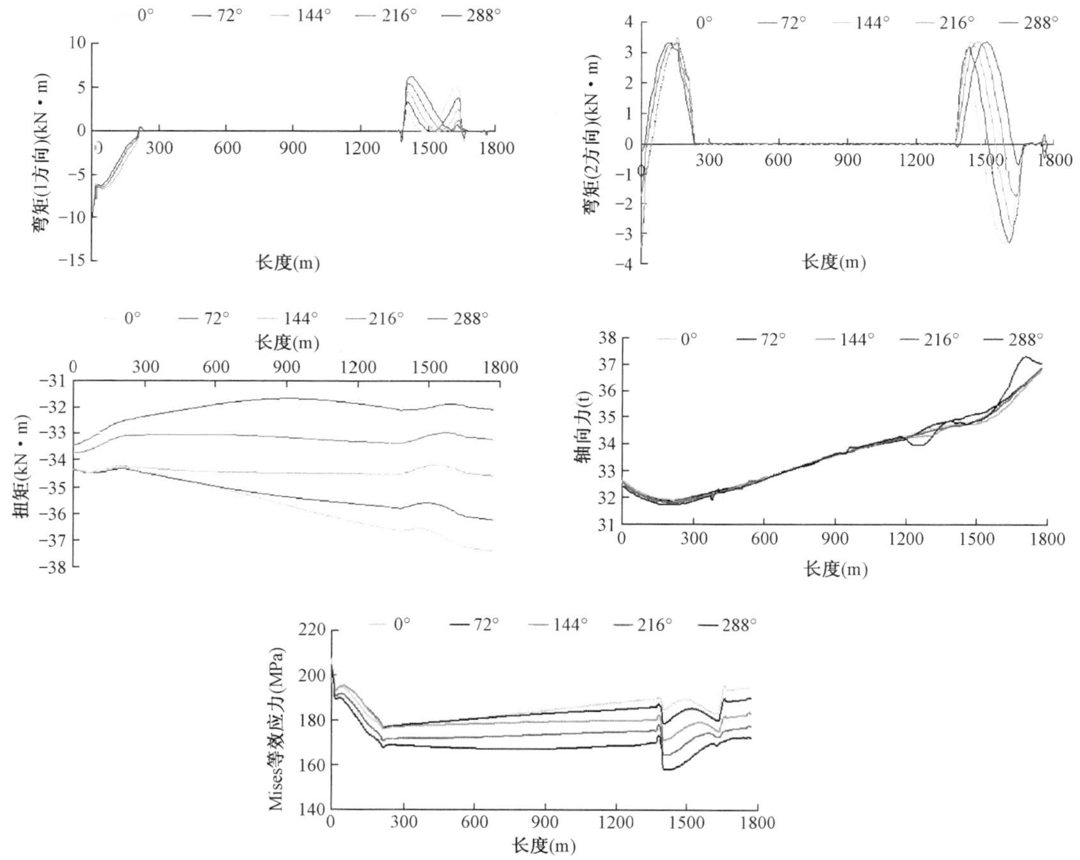

图 3 - 46 扩孔 20in1 - 单元钻柱受力分析图

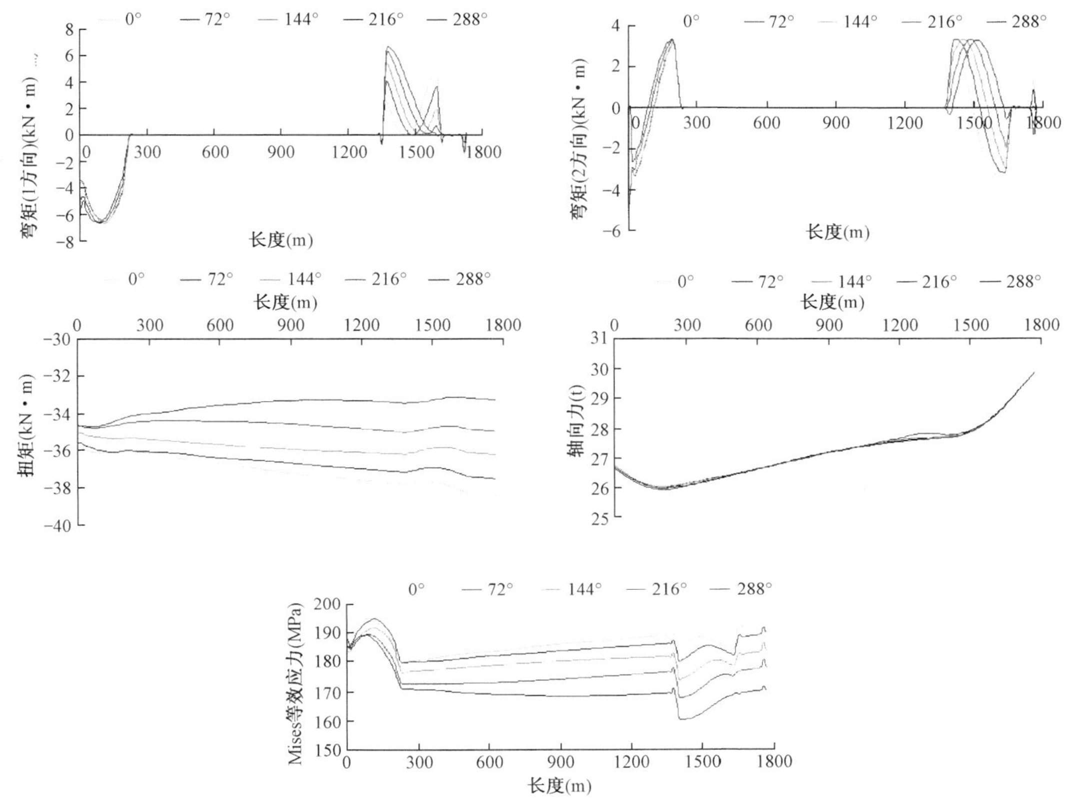

图3-47　扩孔30in1-单元钻柱受力分析图

首先,在整个钻具的多向载荷作用下,纵、横、扭各方向振动情况均存在不同的波动,出土端和入土端的两个弯曲段的弯扭变化较为严重,使得该段钻具应力水平波动较大。由于在出土端弯曲段的应力波动幅度较大且受到钻具寿命的限制,因此该段易出现钻具的疲劳失效,如20in扩孔钻具组合出现钻杆断裂复杂情况。

对比图3-46至图3-48发现,随着扩径级数的增加,应力波动加剧,更易造成钻具疲劳断裂失效,因此在扩孔30in和38in时必须时刻注意钻杆末端的应力波动,且在两个弯段易产生钻具失效等复杂情况。

3.2.2.2　摩擦系数对扩孔钻具受力的影响

分析扩孔20in,30in和38in钻具组合在摩擦系数为0.1,0.2和0.3时的受力情况,可以得到不同摩擦系数对整个钻柱力学性能的影响。图3-49为三级扩孔钻进段整个钻柱应力水平受摩擦系数的影响规律曲线。

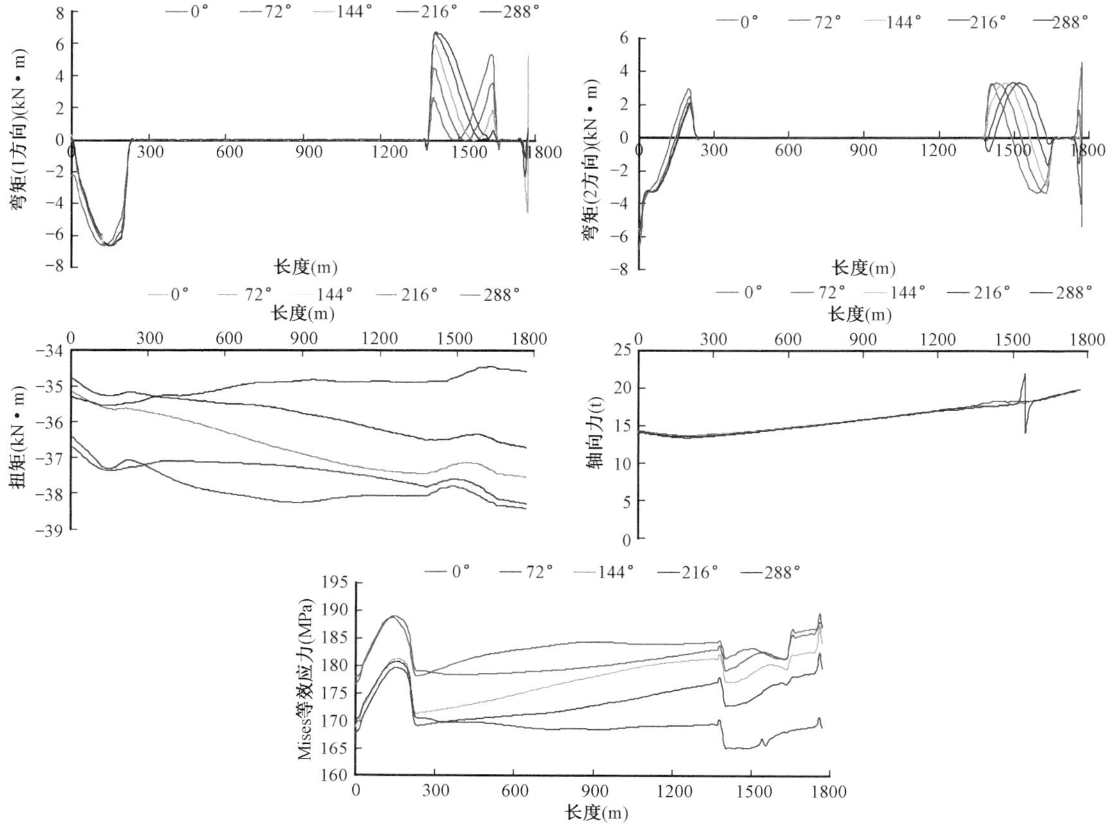

图 3-48　扩孔 38in1-单元钻柱受力分析图

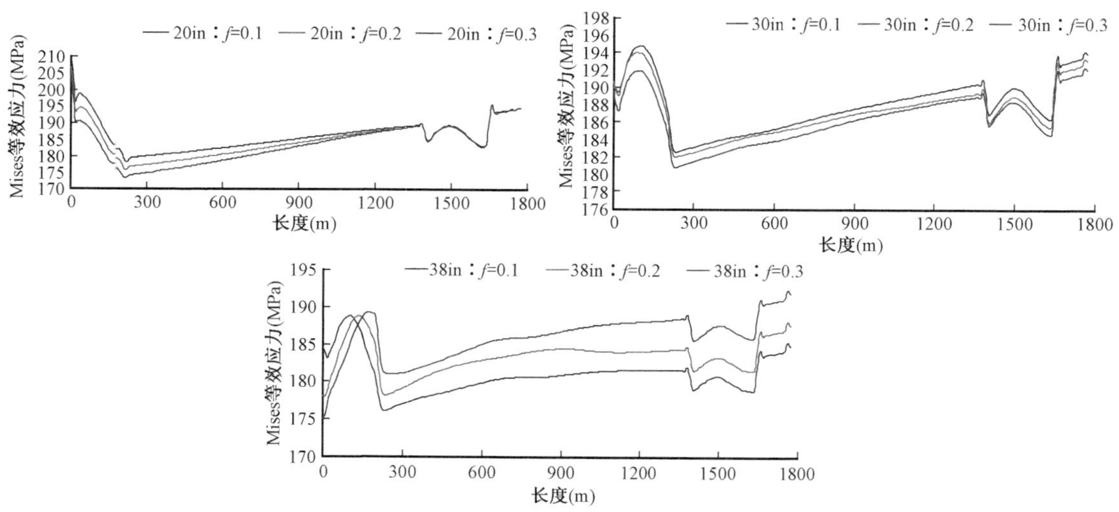

图 3-49　摩擦系数对整个钻柱应力水平的影响曲线

3.2.2.3　应力集中系数确定及钻具组合优化

(1)兰郑长—长江 30in 扩孔钻具组合为:3 根钻杆 +1 根钻铤 +17in 中心定位器 +30in 岩石扩孔器 +2 根钻杆(30in 扩孔钻具组合)。

图 3-50 为 30in 扩孔钻具组合在长江扩孔作业时实际工况下的 Mises 等效应力云图。该钻具组合的 Mises 等效应力最大值位于距离钻铤上端较远处(第三根钻杆的外螺纹处),值为 171.5MPa,应力集中系数为 1.1;根据钻杆屈服强度 931MPa 可以获得其静力安全系数为 3.43。

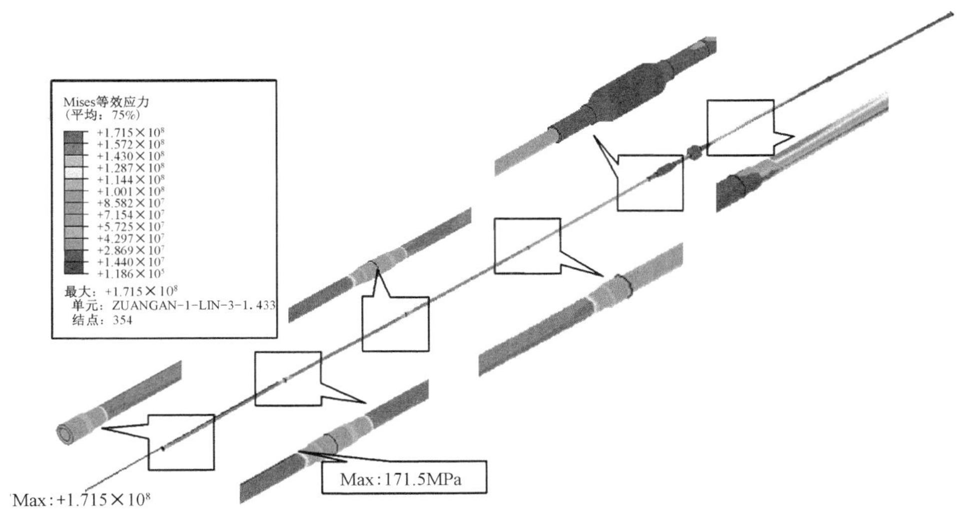

图 3-50　30in 扩孔钻具组合 Mises 应力分布云图

① 对比钻具组合:

2 根钻杆 +2 根钻铤 +17in 中心定位器 +30in 岩石扩孔器 +2 根钻杆(对比组合 1)。

1 根钻杆 +3 根钻铤 +17in 中心定位器 +30in 岩石扩孔器 +2 根钻杆(对比组合 2)。

通过对比图 3-51 中各钻具组合应力水平及分布情况,可以优选出适用于长江穿越工况的 30in 扩孔钻进用钻具组合,即原设计 30in 扩孔钻具组合。

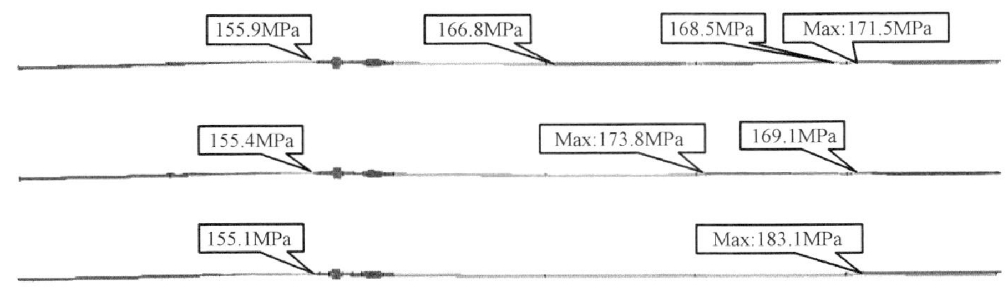

图 3-51　30in 扩孔钻具组合及其对比组合 1 和对比组合 2Mises 应力分布云图

② 对比钻具组合:

3 根钻杆 +1 根钻铤 +17in 中心定位器 +30in 岩石扩孔器 +17in 中心定位器 +2 根钻杆

(对比组合 3)。

3 根钻杆 +1 根钻铤 +30in 岩石扩孔器 +2 根钻杆(对比组合 4)。

图 3-52 和图 3-53 分别为上述两个对比钻具组合的应力水平和分布情况。中心定位器的使用改变了整个钻具系统的应力状态:两个中心定位器在一定程度上使岩石扩孔器能够平衡,有利于减轻扩孔器对下孔壁的切削作用,避免由于孔洞太大引起孔壁不稳定;但是该钻具组合的 Mises 等效应力最大值出现在钻铤上接钻杆的外螺纹处,为 178.6MPa,距离变截面位置非常近,在应力阶跃和应力集中两种作用下易出现钻具失效。

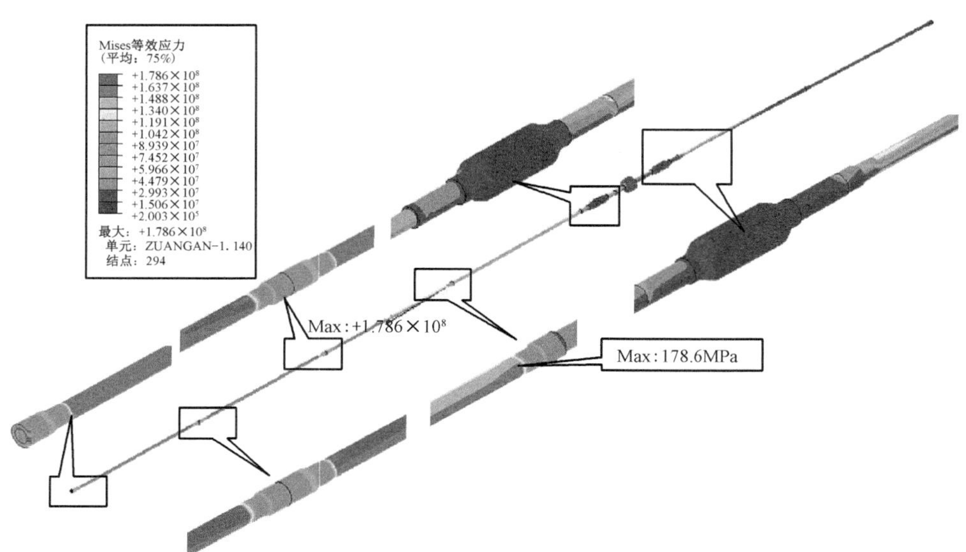

图 3-52 对比组合 3 的 Mises 等效应力分布云图

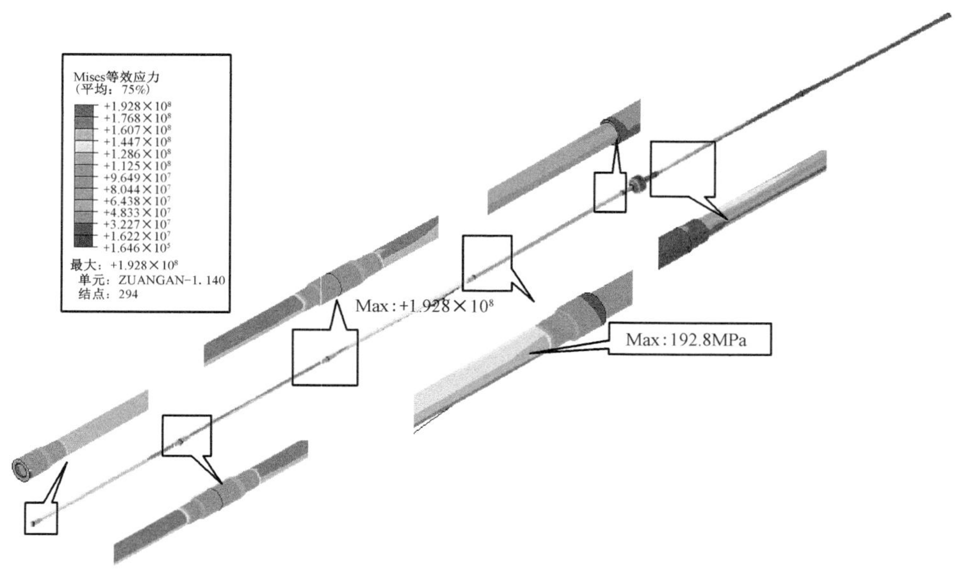

图 3-53 对比组合 4 的 Mises 等效应力分布云图

同样，对于不使用中心定位器的钻具组合4来说，整个钻具系统的最大 Mises 等效应力值明显增加，且距离变截面处的应力阶跃部位较近，也易出现钻具的疲劳失效。

因此，进行30in扩孔时应选择：3根钻杆+1根钻铤+17in中心定位器+30in岩石扩孔器+2根钻杆（30in扩孔钻具组合）。

（2）兰郑长—长江38in扩孔钻具组合为：3根钻杆+1根钻铤+27in中心定位器+38in岩石扩孔器+2根钻杆（38in扩孔钻具组合）。

图3-54为38in扩孔钻具组合1在长江扩孔作业时实际工况下的 Mises 等效应力云图。该钻具组合的 Mises 等效应力最大值位于距离钻铤上接钻杆外螺纹处，值为226.3MPa，应力集中系数为1.26~1.51；根据钻杆屈服强度931MPa可以获得其静力安全系数为4.1。

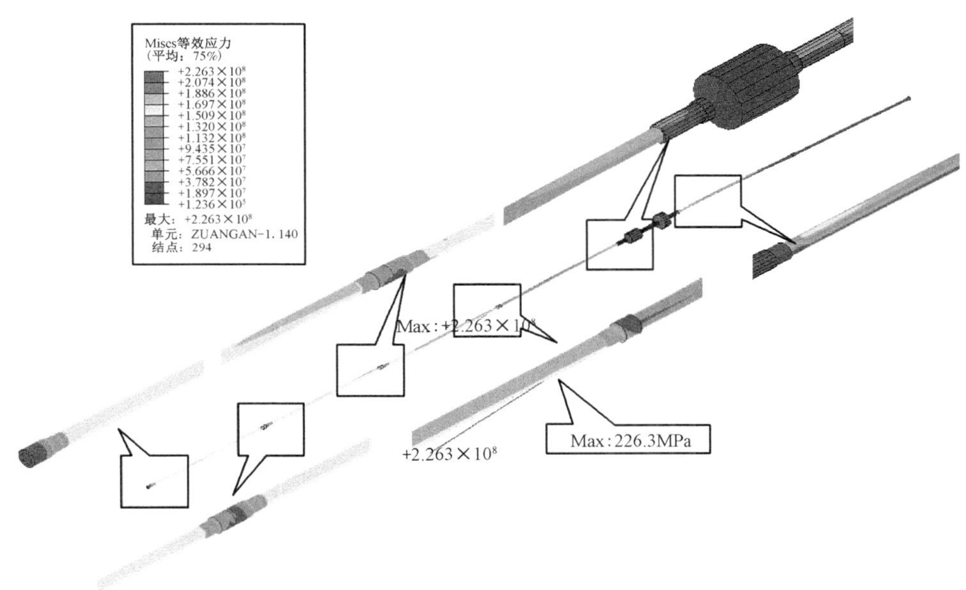

图3-54　38in扩孔钻具组合 Mises 等效应力分布云图

① 对比钻具组合：

2根钻杆+2根钻铤+27in中心定位器+38in岩石扩孔器+2根钻杆（对比组合1）；

1根钻杆+3根钻铤+27in中心定位器+38in岩石扩孔器+2根钻杆（对比组合2）；

通过对比图3-55中各钻具组合应力水平及分布情况，可以优选出适用于长江穿越工况的38in扩孔钻进用钻具组合，即对比钻具组合1。

② 对比钻具组合：

3根钻杆+1根钻铤+27in中心定位器+38in岩石扩孔器+17in中心定位器+2根钻杆（对比组合3）。

3根钻杆+1根钻铤+38in岩石扩孔器+2根钻杆（对比组合4）。

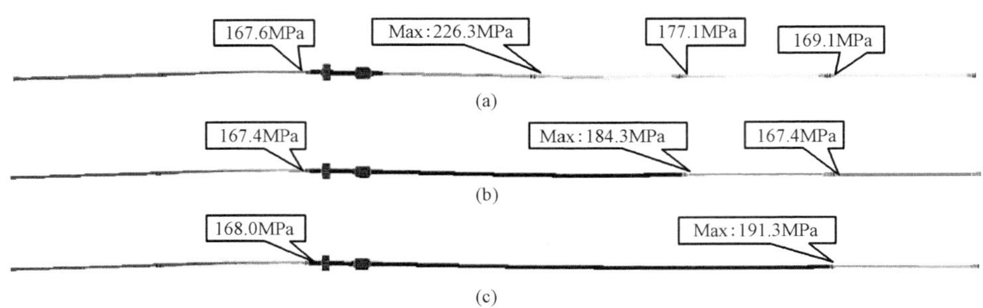

图 3 - 55　38in 扩孔钻具组合及其对比组合 1 和对比组合 2Mises 等效应力分布云图

图 3 - 56 和图 3 - 57 分别为上述两个对比钻具组合的应力水平和分布情况，最大值分别为 224.5MPa 和 240.4MPa，同样出现在钻铤上接钻杆外螺纹处。

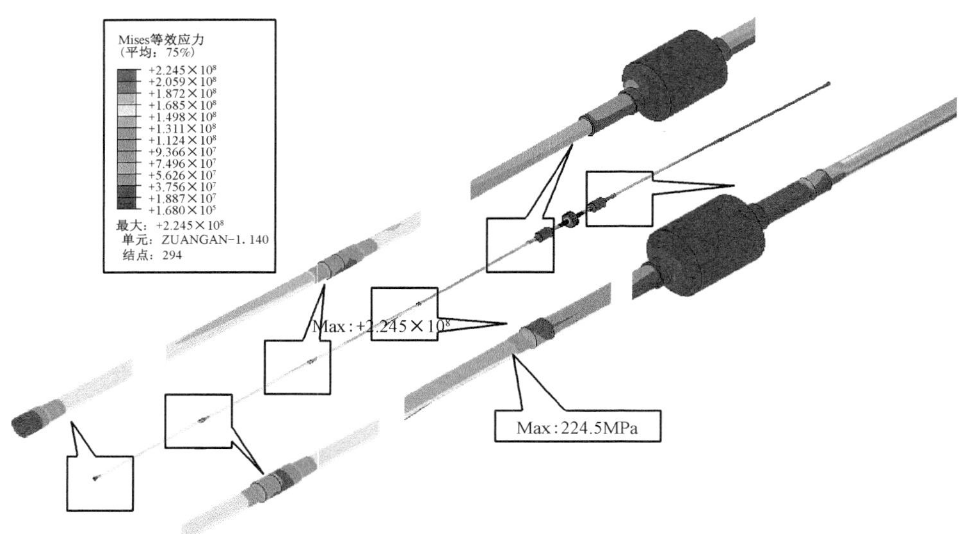

图 3 - 56　对比组合 3 的 Mises 等效应力分布云图

因此，进行 38in 扩孔时应选择，应选 Mises 等效应力数值最小，即 2 根钻杆 + 2 根钻铤 + 27in 中心定位器 + 38in 岩石扩孔器 + 2 根钻杆（对比钻具组合 1）。

3.2.2.4　钻柱静应力结果修正

对于扩孔钻进过程中，可达 34 ~ 35kN · m，而此时作用在钻柱上的拉力幅值为 370kN。图 3 - 58 为长江穿越工程扩孔钻进整个钻柱静应力曲线，通过其与动力学仿真分析的结果相比，可以得到对静力学应力公式修正值。

动力学仿真结果对静力学公式的修正：$\sigma(k_{\mathrm{dyn}}^{ream}) = (1.0 \sim 1.1)\sigma_{\mathrm{xd4}}$，当钻进到水平段后时，取较大值。

摩擦系数不同对静力学应力计算公式的影响：$\sigma(k_{\mathrm{dyn}}^{ream}, k_{\mathrm{fric}}^{ream}) = (0.99 \sim 1.02)\sigma(k_{\mathrm{dyn}}^{ream})$，在扩孔 30in 时，当摩擦系数大于 0.2 时，取较小值；摩擦系数小于 0.2 时，取较大值；而在扩孔

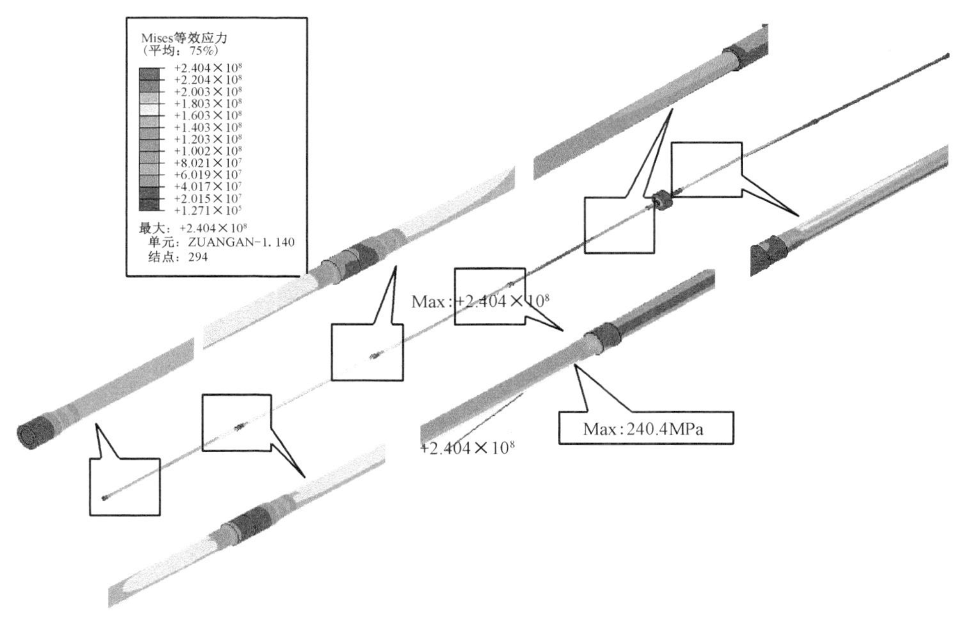

图 3－57　对比组合 4 的 Mises 等效应力分布云图

38in 时，摩擦系数大于 0.2，取较大值；摩擦系数小于 0.2，取较小值。

应力集中系数 k_{cen}^{ream} 对钻柱危险点的影响：

$\sigma(k_{cen}^{ream}, k_{dyn}^{ream}, k_{fric}^{ream}) = (1.05 \sim 1.1)\sigma(k_{dyn}^{ream}, k_{fric}^{ream})$，扩孔 30in 时；

$\sigma(k_{cen}^{ream}, k_{dyn}^{ream}, k_{fric}^{ream}) = (1.26 \sim 1.51)\sigma(k_{dyn}^{ream}, k_{fric}^{ream})$，扩孔 38in 时；

应力集中系数值由 3.2.2.3 中计算结果得到。

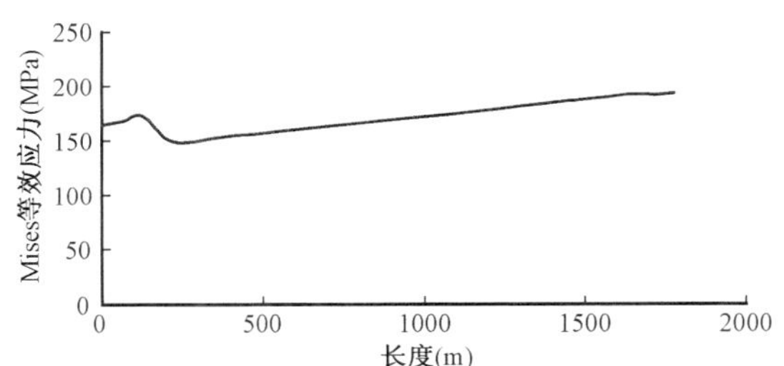

图 3－58　长江穿越工程扩孔钻进整个钻柱静应力曲线

3.2.3　管道回拖钻具力学分析数值模拟

根据改进绞盘计算法，取 $\mu_a = 0.2$，$\mu_b = 0.3$，$\alpha = 14°$（0.24422 弧度），$\beta = 16°$（0.27911 弧度）。$L_1 = 20m$，$L_2 = 408m$，$L_3 = 1177m$，$L_4 = 384.9m$。将相应数据代入到上述各式中可以求得：$T_A = 97t$，$T_B = 125t$，$T_C = 216t$，$T_D = 253t$，则 $T_{max} = 253t$。结合现场扭矩工况，则整个钻柱所受应力最大值为 551.5MPa，安全系数为 1.69；在 A 点时，钻柱最大应力值为 211.5MPa，安全系数为 4.4。由于在长江回拖过程中，回拖管道外径较小（$\phi = 0.616m$），且泥浆浮力和管道重力相差约 1/3，因此若要进一步降低回拖阻力，可以在回拖管道内使用一根直径为 0.3m 的 PE 管进行配重。

3.3 惠银线—黄河定向穿越钻具受力数值模拟

惠银线原油管道工程黄河定向钻穿越工程，入土点位于银川市永宁县仁存乡雷台村南侧，出土点位于灵武县梧桐树乡沙河坝村。

穿越水平长度为1911.7m，穿越实长为1915.27m，设计穿越曲线入土角度为10°，出土角度为6°，穿越深度为21m。穿越地质复杂，主要地层为粉砂，其次为细砂，局部含部分不规则的砾砂、圆砾透镜体，透镜体中砾含量最大约占50% ~60%，粒径一般为5 ~30mm，大者30 ~50mm，个别80mm左右。

穿越主管道设计压力为6.3MPa，管径ϕ457mm ×7.1mm，螺旋埋弧焊钢管（3层PE防腐），材质是L415钢材。硅管套管为ϕ114mm ×6.0mm，20#钢焊管，光缆套管与主管间距8m。

3.3.1 导向钻进钻柱动力学数值模拟

采用DD－1100钻机进行导向孔穿越施工，钻具组合为采用650m6⅝in钻杆 +1300m5½in钻杆组合 +3LZ165 ×7.0－D2°泥浆马达 +9⅞inLEA517G镶齿牙轮钻头。整个钻柱的模型如图3－59所示。

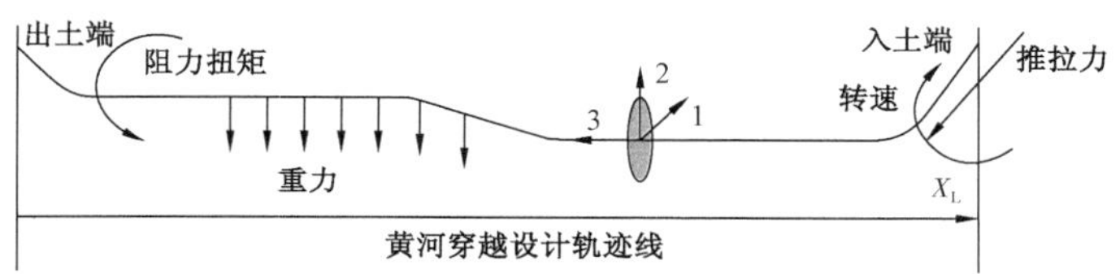

图3－59 钻柱模型及局部坐标示意图

钻柱与孔壁：摩擦系数$f=0.2$，孔洞有扩大15%。

导向孔作业参数：推力24t、扭矩25.34kN · m、转速30r/min。

泥浆参数：密度1.05×10^3kg/m^3。

3.3.1.1 孔洞扩大对钻具受力的影响分析

将井径扩大率定位为0，15%和30%三种工况进行分析。

图3－60为扩径15%时的整个钻柱三向力矩及轴向力波动曲线图，同样是进行0.4s取值一次。

黄河穿越整个钻柱的Mises等效应力随孔洞扩大的波动曲线如图3－61所示。由图得，导向钻进工况（推力2.4×10^5N、扭矩25.34kN · m）下，大部分钻柱单元的Mises等效应力值均在140 ~150MPa，大部分5in钻柱单元的Mises等效应力值均在190 ~200MPa，局部最大值可达到220MPa，对于S－135钻杆的屈服强度930MPa，安全系数较高。

3.3.1.2 摩擦系数的影响规律

取黄河穿越工程的6⅝in钻杆 +5½in钻杆 +钻铤的钻具组合，考察不同摩擦系数，分别为0.1，0.2和0.3（图3－62）。摩擦系数对Mises等效应力的影响较大，特别是在穿越轨迹第

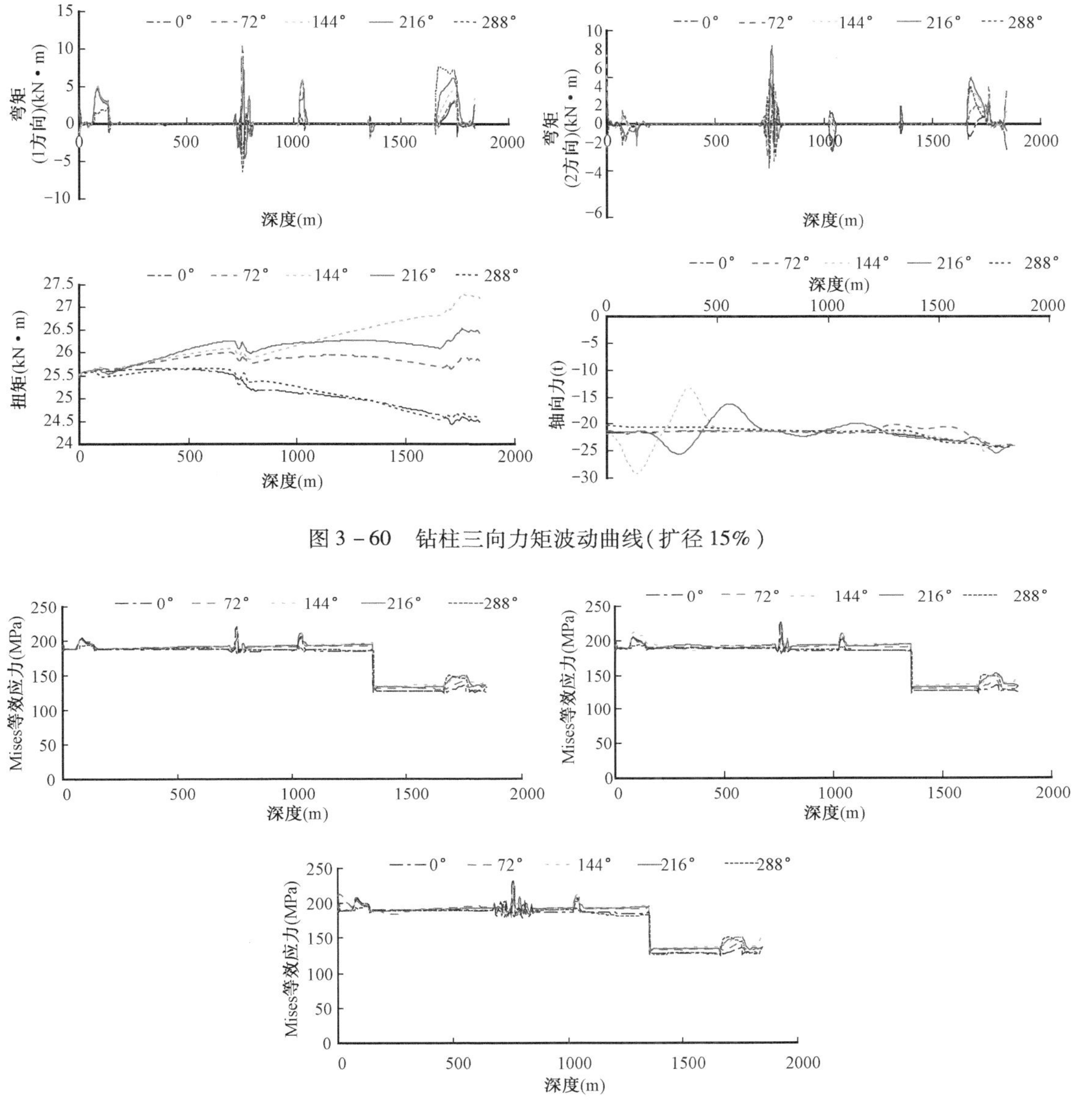

图 3－60 钻柱三向力矩波动曲线(扩径 15%)

图 3－61 孔洞扩大对 Mises 等效应力的影响

二个水平段以后,摩擦系数越小,Mises 等效应力波动越大;而对于入土端来说,Mises 等效应力受摩擦系数影响较小。

3.3.1.3 钻柱静应力结果修正

根据惠银线—黄河定向穿越工程整个导向钻进钻柱的静态受力情况,受力工况:钻机推力 24t、扭矩 25.34kN、转速 3.14rad/s、摩擦系数 0.2。可以获得全孔段钻柱的静应力曲线,如图 3－63 所示。经过与钻具动力学仿真模拟结果对比,可以获得不同钻柱段的应力修正系数。

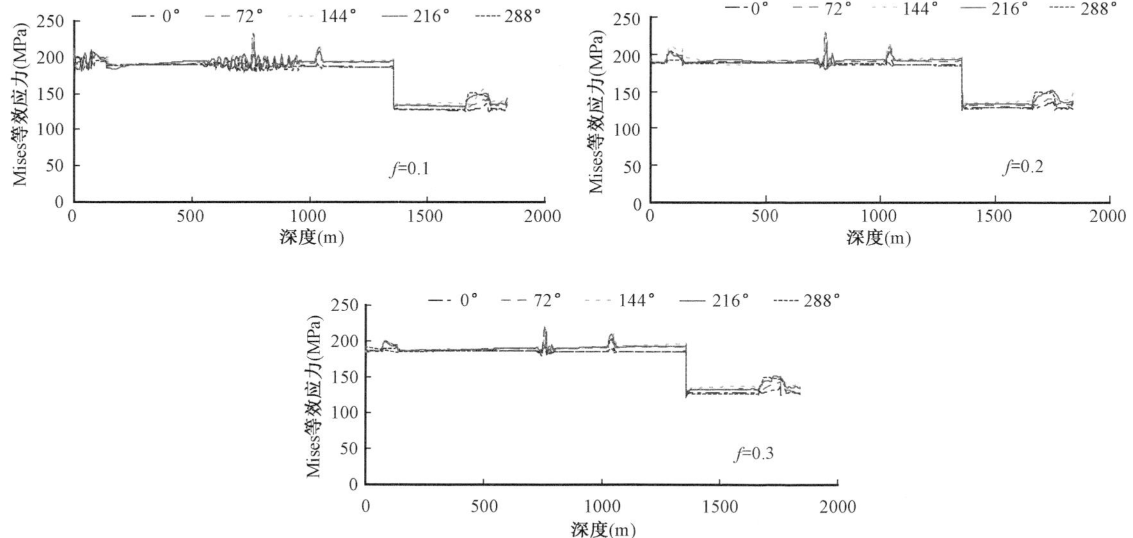

图 3-62 摩擦系数对钻具单元 Mises 等效应力的影响

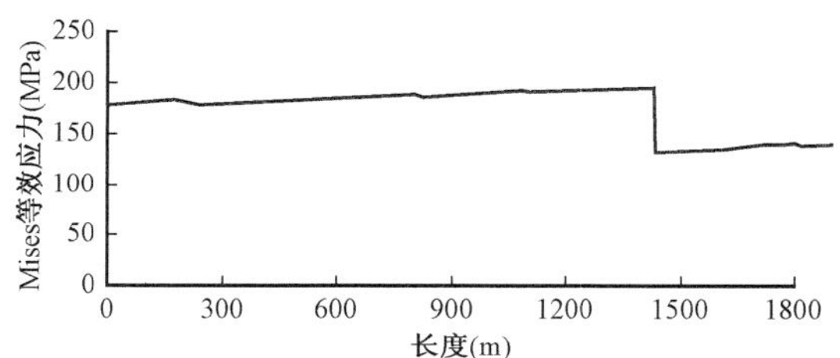

图 3-63 导向孔钻进全孔段钻柱的静应力曲线

动力学仿真结果对静力学公式的修正：$\sigma(k_{\mathrm{dyn}}^{pil}) = (1.06 \sim 1.19)\sigma_{\mathrm{xd4}}$，当钻进到第二个水平段后，取较大值；其他位置，取较小值。

摩擦系数不同对静应力计算公式的影响系数：$\sigma(k_{\mathrm{dyn}}^{pil}, k_{\mathrm{fric}}^{pil}) = (0.96 \sim 1.03)\sigma(k_{\mathrm{dyn}}^{pil})$，当摩擦系数 $\in(0.1, 0.2)$ 时，取较大值；摩擦系数 $\in(0.2, 0.3)$ 时，取较小值。

孔洞扩大率对静应力计算公式的影响系数：$\sigma(k_{\mathrm{dyn}}^{pil}, k_{\mathrm{fric}}^{pil}, k_{\mathrm{enl}}^{pil}) = (0.99 \sim 1.05)\sigma(k_{\mathrm{dyn}}^{pil}, k_{\mathrm{fric}}^{pil})$，以孔洞扩大率为 15% 为基准，当孔洞扩大超过 15% 时，修正系数取大值；反之，在 0～15% 之间时则取小值。

3.3.2 扩孔钻进钻柱动力学数值模拟

第一级扩孔钻具组合：18in 板式扩孔器 + 7in 无磁钻铤 + 5½inS－135 钻杆。

第二级扩孔钻具组合：24in 岩石扩孔器 + 7in 无磁钻铤 + 5½inS－135 钻杆。

第三级扩孔钻具组合：30in 岩石扩孔器 + 7in 无磁钻铤 + 5½inS－135 钻杆。

18in 和 24in 扩孔作业参数：拉力 65562N；扭矩 34738N · m；转盘转速 3.14r/s；泥浆密度 $1.05\times10^3\mathrm{kg/m^3}$，黏度 60s，黏滞系数 0.02（由扩孔作业日报所得）。

30in 扩孔作业参数：拉力 43705N；扭矩 25350N · m；转盘转速 3.14r/s；泥浆密度 $1.05\times10^3\mathrm{kg/m^3}$，黏度 60s，黏滞系数 0.02（由扩孔作业日报所得）。

3.3.2.1 极限参数下不同扩孔孔径钻具受力分析

分别以扩孔 18in，24in 和 30in 极限扩孔参数下的钻具受力为研究对象，对定向钻扩孔钻进钻具组合有限元模型进行了求解计算。根据井口施加的转速将钻柱旋转一周分成五个相位:0°,72°,144°,216°和288°,分别对整个钻柱系统的 Mises 等效应力、轴向力、扭矩和弯矩进行分析。图3-64至图3-66分别是黄河穿越工程各钻具组合的受力情况。

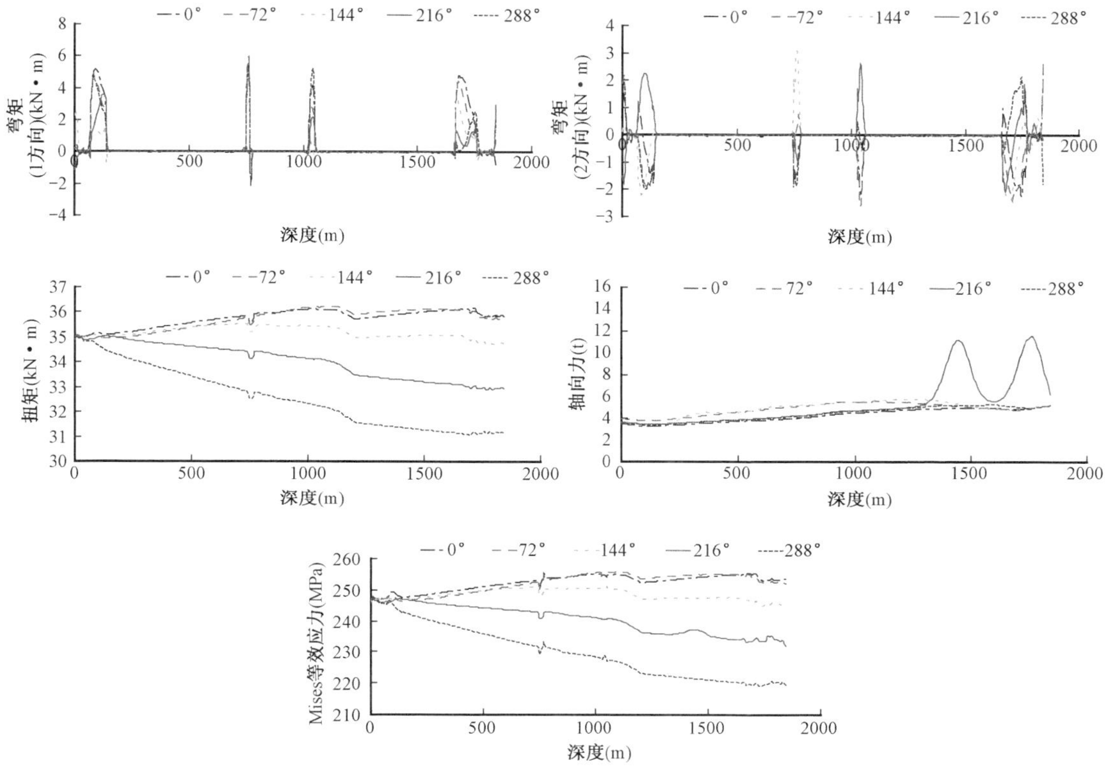

图3-64　扩孔18in1-单元钻柱受力分析图

首先,在整个钻具的多向载荷作用下,纵、横、扭各方向振动情况均存在不同的波动,4个弯曲段的弯扭变化较为严重。另外,由于在出土端弯曲段的应力波动幅度较大(最大可达45MPa的波动幅度)且受到钻具寿命的限制,因此该段易出现钻具的疲劳失效。

3.3.2.2　摩擦系数对扩孔钻具受力的影响

分析扩孔18in,24in和30in钻具组合在摩擦系数为0.1,0.2和0.3时的受力情况,可以得到不同摩擦系数对整个钻柱力学性能的影响。图3-67为三级扩孔钻进段整个钻柱应力水平受摩擦系数的影响规律曲线。

3.3.2.3　应力集中系数确定及钻具组合优化

(1)惠银线—黄河30in扩孔钻具组合为:

3根钻杆+1根钻铤+30in板式扩孔器+2根钻杆(30in扩孔钻具组合)。

图3-68为30in扩孔钻具组合在黄河扩孔作业时实际工况下的Mises等效应力云图。该钻具组合的Mises等效应力最大值位于钻铤上接钻杆的外螺纹处,值为160.7MPa,应力集中系数为1.09;根据钻杆屈服强度931MPa可以获得其静力安全系数为5.8。

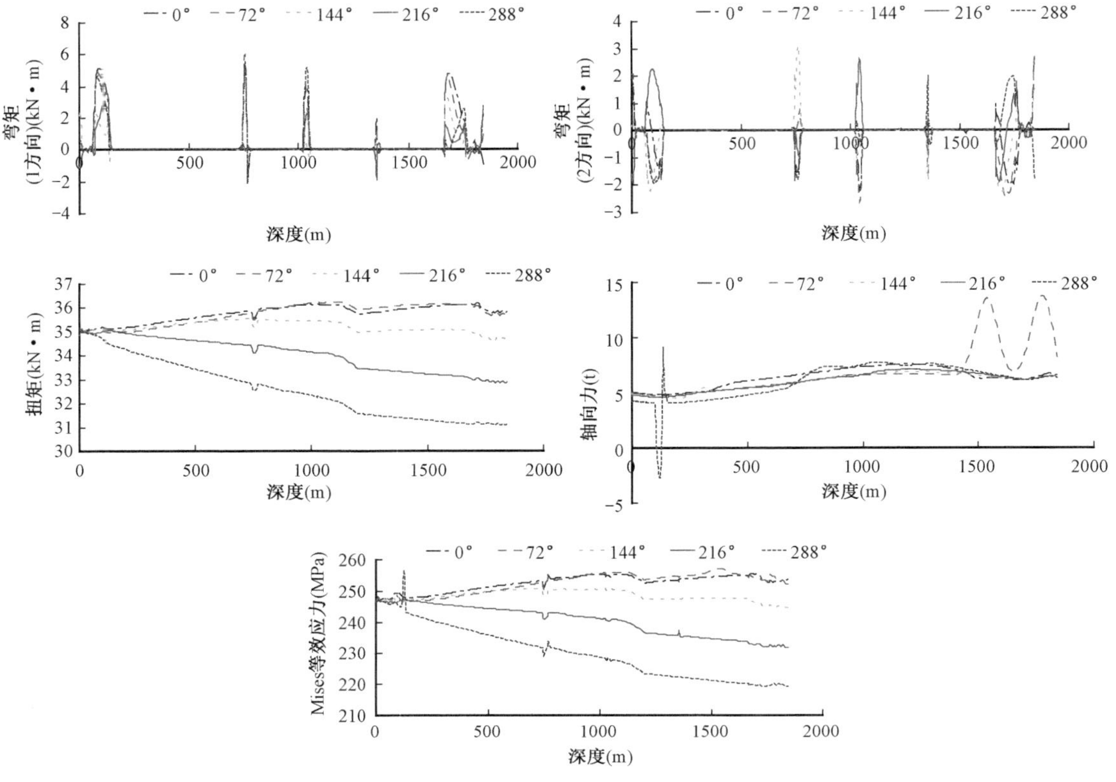

图 3-65 扩孔 24in1-单元钻柱受力分析图

对比钻具组合：

3 根钻杆 +1 根钻铤 +30in 板式扩孔器 +17in 中心定位器 +2 根钻杆(对比组合 1)。

3 根钻杆 +1 根钻铤 +17in 中心定位器 +30in 板式扩孔器 +2 根钻杆(对比组合 2)。

2 根钻杆 +2 根钻铤 +17in 中心定位器 +30in 板式扩孔器 +2 根钻杆(对比组合 3)。

1 根钻杆 +3 根钻铤 +17in 中心定位器 +30in 板式扩孔器 +2 根钻杆(对比组合 4)。

通过对比图 3-69 至图 3-72 各钻具组合应力水平及分布情况,可以优选出适用于黄河穿越工况的 30in 扩孔钻进为对比钻具组合 3。

(2)惠银线—黄河 18in 和 24in 扩孔钻具组合为：

3 根钻杆 +1 根钻铤 +18in 板式扩孔器 +2 根钻杆(18in 扩孔钻具组合)。

3 根钻杆 +1 根钻铤 +24in 板式扩孔器 +2 根钻杆(24in 扩孔钻具组合)。

图 3-73 和图 3-74 为 18in 和 24in 扩孔钻具组合在黄河扩孔作业时实际工况下的 Mises 等效应力云图。Mises 等效应力最大值位于距离钻铤上接钻杆外螺纹处,应力值均为 233.8MPa,但应力集中系数分别为 1.16 和 1.14;根据钻杆屈服强度 931MPa 可以获得其静力安全系数为 3.98。

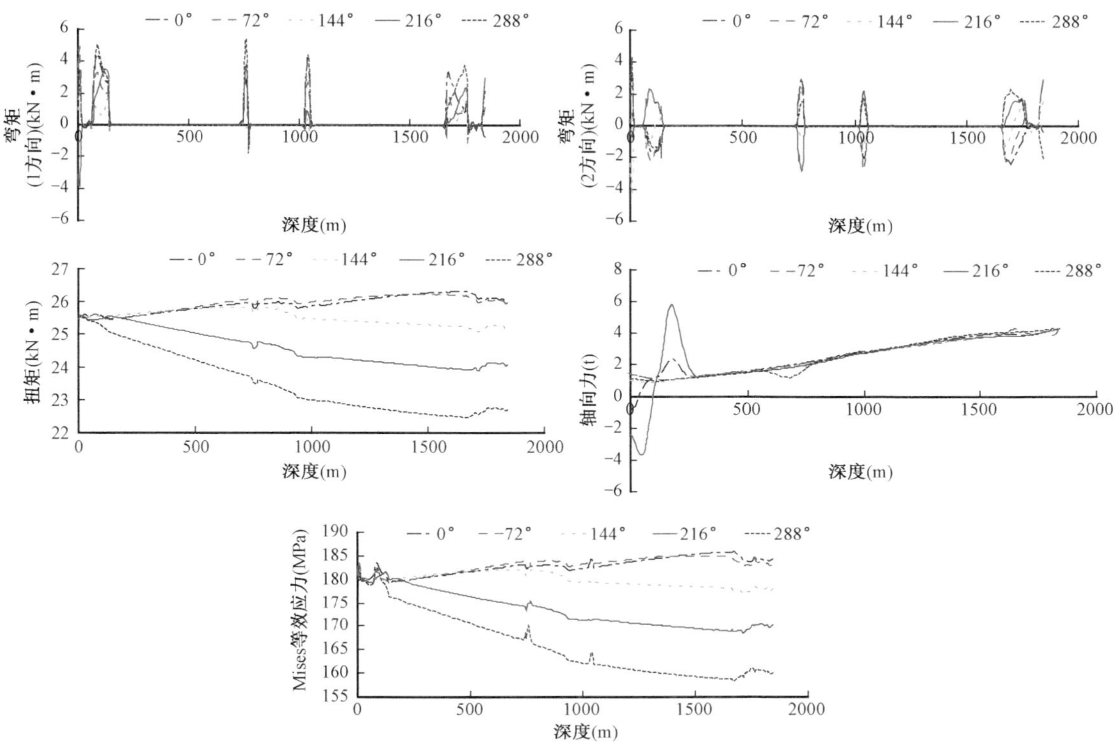

图3－66 扩孔30in1－单元钻柱受力分析图

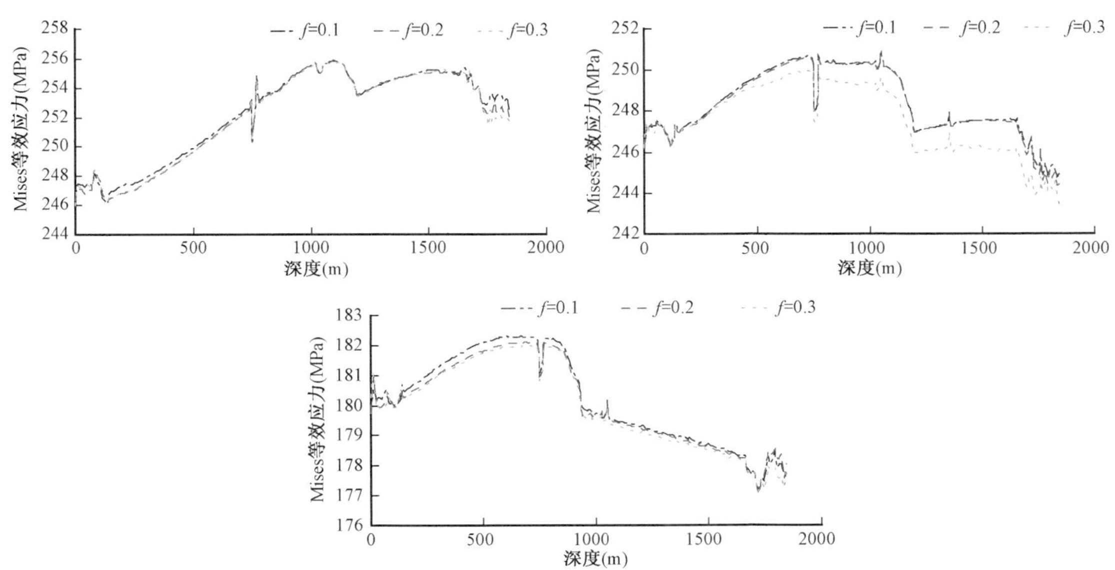

图3－67 摩擦系数对整个钻柱应力水平的影响曲线

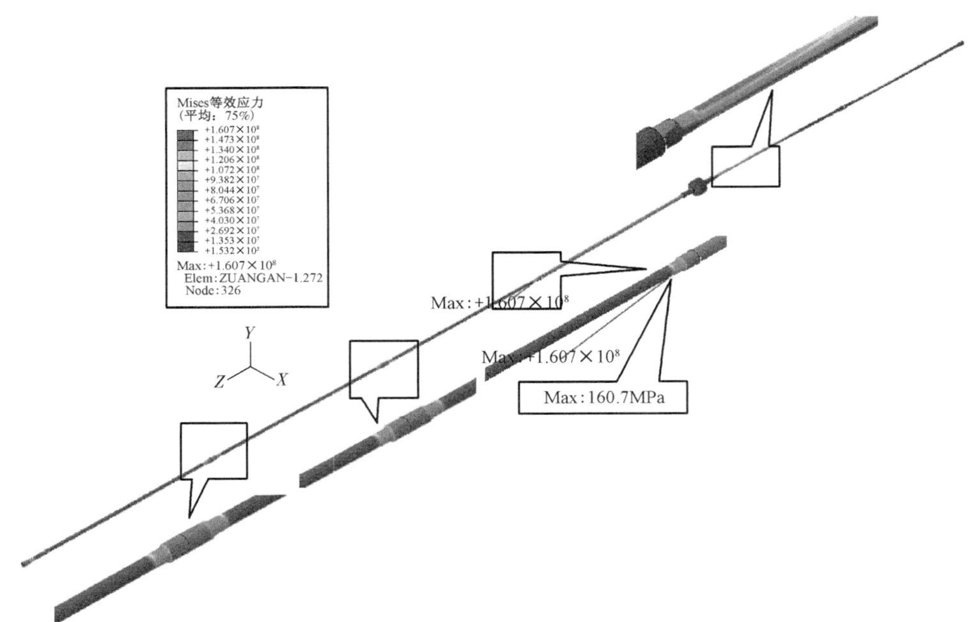

图 3－68　30in 扩孔钻具组合 Mises 等效应力分布云图

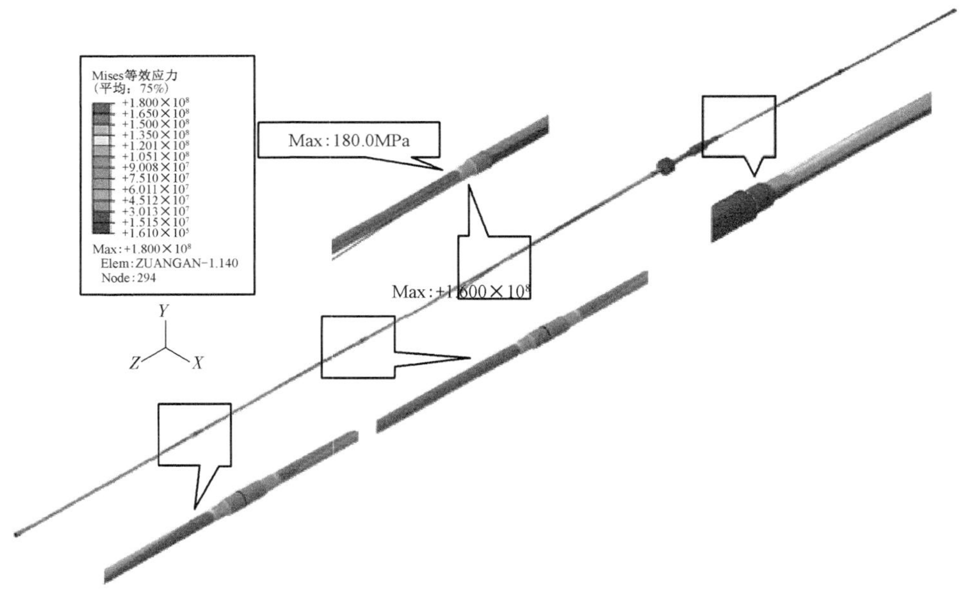

图 3－69　30in 对比组合 1 的 Mises 等效应力分布云图

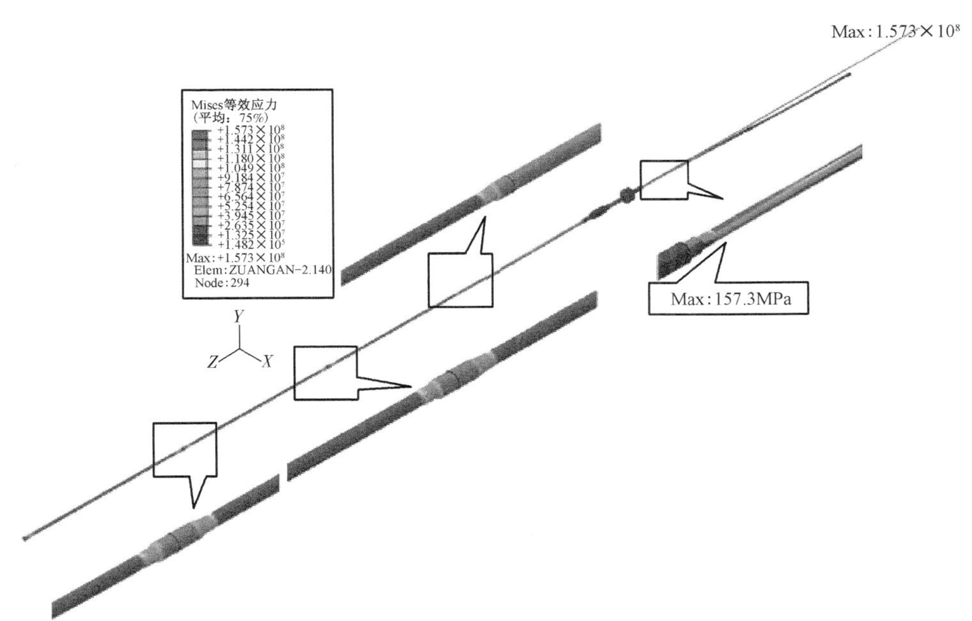

图3-70　30in对比组合2的Mises等效应力分布云图

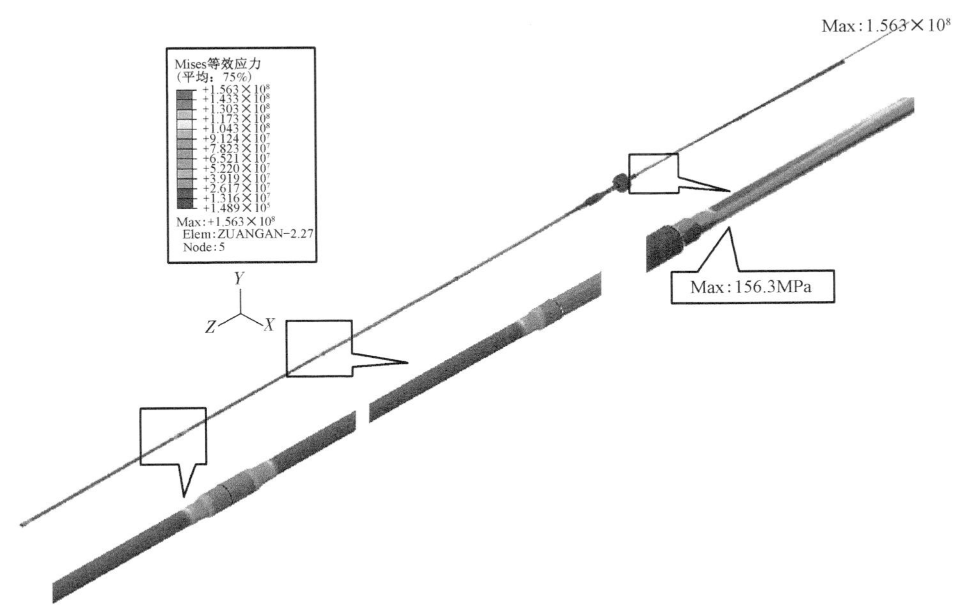

图3-71　30in对比组合3的Mises等效应力分布云图

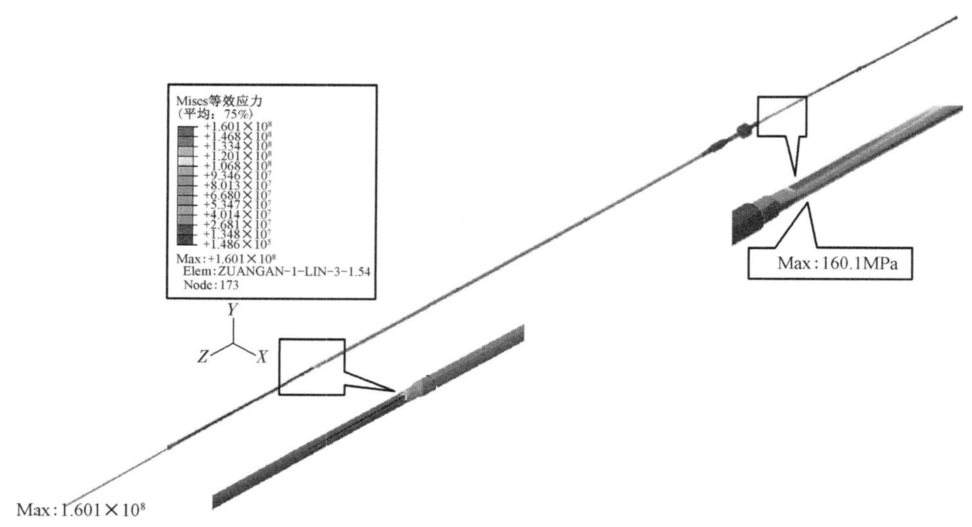

图 3-72　30in 对比组合 4 的 Mises 等效应力分布云图

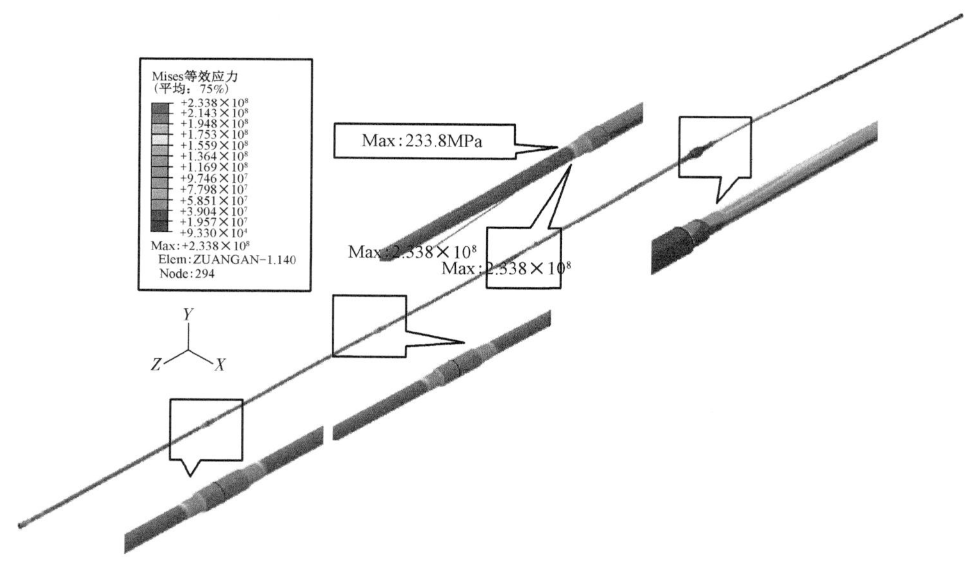

图 3-73　18in 扩孔钻具组合 Mises 等效应力分布云图

3.3.2.4　钻柱静应力结果修正

对于黄河扩孔钻进过程中，可达 34738N · m，而此时作用在钻柱上的拉力幅值为 65562N。图 3-75 为黄河穿越工程扩孔钻进整个钻柱静应力曲线，通过其与动力学仿真分析的结果相比，可以得到对静力学应力公式修正值。

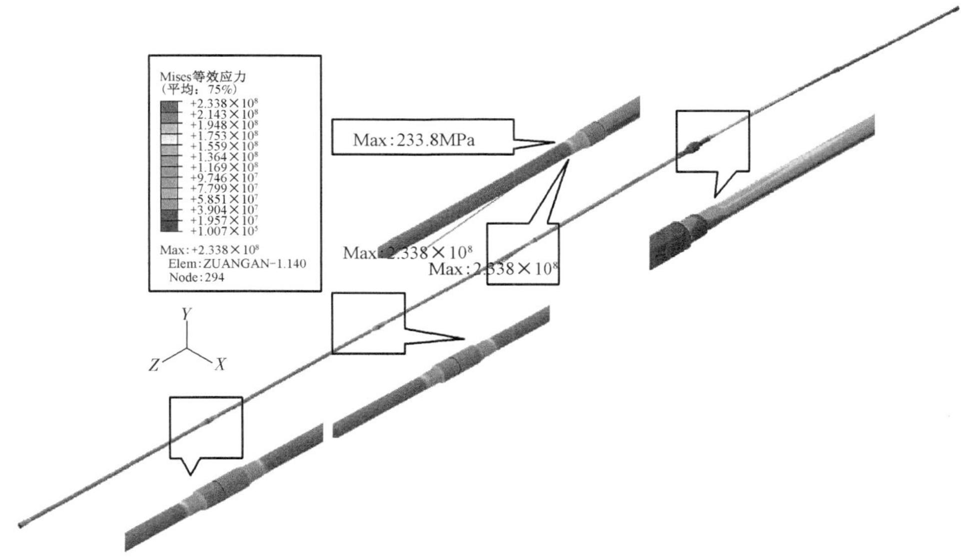

图3－74 24in扩孔钻具组合Mises等效应力分布云图

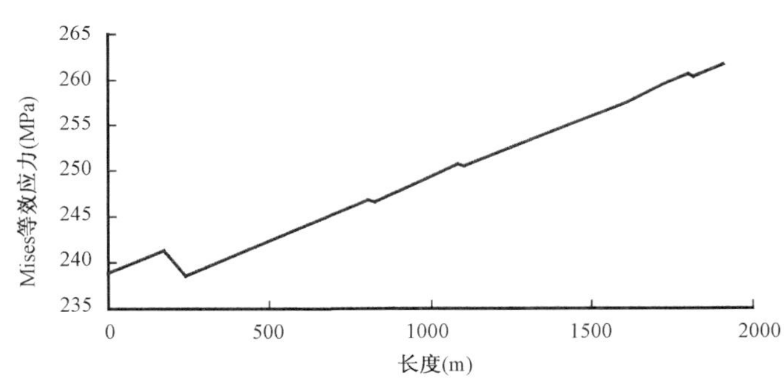

图3－75 扩孔钻进整个钻柱静应力曲线

动力学仿真结果对静力学公式的修正：$\sigma(k_{dyn}^{ream})=(1.03\sim1.04)\sigma_{xd4}$，当钻进到水平段后时，取较大值。

摩擦系数不同对静力学应力计算公式的影响：$\sigma(k_{dyn}^{ream},k_{fric}^{ream})=(0.99\sim1.01)\sigma(k_{dyn}^{ream})$，当摩擦系数大于0.2时，取较小值；摩擦系数小于0.2时，取较大值。

应力集中系数k_{cen}^{ream}对钻柱危险点的影响：

$\sigma(k_{cen}^{ream},k_{dyn}^{ream},k_{fric}^{ream})=1.09\sigma(k_{dyn}^{ream},k_{fric}^{ream})$，扩孔30in时。

$\sigma(k_{cen}^{ream},k_{dyn}^{ream},k_{fric}^{ream})=1.16\sigma(k_{dyn}^{ream},k_{fric}^{ream})$，扩孔18in时。

$\sigma(k_{cen}^{ream},k_{dyn}^{ream},k_{fric}^{ream})=1.14\sigma(k_{dyn}^{ream},k_{fric}^{ream})$，扩孔24in时。

应力集中系数值由3.3.2.3中计算结果得到。

3.3.3 管道回拖钻具力学分析数值模拟

根据改进绞盘计算法，取 $\mu_a = 0.2$，$\mu_b = 0.3$，$\alpha = 5.5°$（0.09594 弧度），$\beta = 8°$（0.13956 弧度）。$L_1 = 20m$，$L_2 = 140m$，$L_3 = 1610m$，$L_4 = 200m$。将相应数据代入到公式中可以求得：$T_A = 31.6t$，$T_B = 40.4t$，$T_C = 150.4t$，$T_D = 168.1t$，则 $T_{max} = 168.1t$。结合现场扭矩工况，则整个钻柱所受应力最大值为466MPa，安全系数为2.1。由于在黄河回拖过程中，回拖管道外径较小（$\phi = 0.457m$），且泥浆浮力和管道重力相差约5/9，因此若要进一步降低回拖阻力，可以在回拖管道内使用一根直径为0.2m的PE管进行配重。

3.4 管道定向穿越钻柱动力学特性总结

管柱作为非开挖定向穿越工程动力传递的载体和钻井液交流的通道，是决定工程成败的重要因素之一。通过对非开挖定向穿越管柱的动力学仿真分析，结果表明：

（1）定向穿越钻柱动力学分析可以弄清非开挖定向钻施工过程中钻杆的工作力学行为，并揭示其失效机理，最终可以形成科学的设计方法和使用指导准则。

（2）全孔眼管柱的力学因素，如扭矩等，始终在动态变化中，需要对其进行瞬态力学分析与评价。动力学仿真分析能够实现力学参数的实时评价以及对其安全性进行预估的目的。

（3）钻头上接钻杆处出现应力水平的"阶跃"，且始终处于两个应力状态跳动，这种剧烈的应力状态交变现象是现场钻杆经常早期疲劳断裂失效的主要因素之一。引起这种现象的原因在于该部位为变截面，且处于高轴向力、高弯矩及扭矩等因素的耦合作用下，这些均符合管柱断裂失效的一般规律；另外，在穿越轨迹线的两个弯段处出现应力水平较大幅度的交变，同样易造成钻杆早期疲劳断裂失效。

（4）扩孔钻具组合优化结果见表3-4。

表3-4 扩孔钻具组合优化结果

扩孔级别	最优钻具组合	优化指标	备注
渭河56in	2根钻杆+2根钻铤+48in扶正器+1根钻杆+56in扩孔器+2根钻杆	应力水平下降13%	综合考虑钻铤螺纹的弯曲强度比和螺纹失效情况，建议使用7in钻铤
长江30in	根钻杆+1根钻铤+17in中心定位器+30in岩石扩孔器+2根钻杆	—	
长江38in	2根钻杆+2根钻铤+27in中心定位器+38in岩石扩孔器+2根钻杆	应力水平下降18.5%	
黄河30in	2根钻杆+2根钻铤+17in中心定位器+30in岩石扩孔器+2根钻杆	应力水平下降3%	

通过对优化结果的分析，影响钻杆下端失效的主要因素为应力的阶跃和交变。引起应力阶跃的原因是相连钻具几何结构不同使横截面积发生突变，横截面积相差越大，应力阶跃越明

显，因此应尽量减小横截面积的突变；引起应力交变的原因是载荷的交变，旋转钻杆末端与扩孔器连接段在承受拉、扭组合的同时，还要承受弯曲载荷的影响，弯矩大小 $W = EIk_n$，9in 钻铤、8in 钻铤抗弯刚度 EI 较大，而且缩短了扩孔器上接钻具与孔壁的非接触长度，即曲率 k_n 会增大，因此 EIk_n 的乘积明显会增加，旋转钻铤和钻杆的承载受力情况加剧，使其出现失效等孔内复杂。而 7in 钻铤外径为 177.8mm 与 6⅝in 钻杆的外径较为接近，且横截面积也相差较小，从一定程度上能够同时减小上述两个原因的影响，可以有效缓解钻杆和钻铤的失效情况。

（5）通过利用钻柱系统动力学对整个钻具组合的动态受力进行分析，获得了钻具静力学计算公式的修正值，见表 3－5。

表 3－5　钻具静力学计算公式的修正值

<table>
<tr><td colspan="5">导向孔阶段</td></tr>
<tr><td></td><td>动力学修正值 1</td><td>修正值 2</td><td>修正值 3</td><td>修正值</td></tr>
<tr><td>渭河</td><td>$\sigma(k_{dyn}^{pil}) = (1.12 \sim 1.2)\sigma_{xd4}$，当钻进到水平段后时，取较大值</td><td>$\sigma(k_{dyn}^{pil}, k_{fric}^{pil}) = (0.96 \sim 1.02)\sigma(k_{dyn}^{pil})$，以摩擦系数为 0.2 为基准，当摩擦系数 >0.2 时，取较小值；摩擦系数 <0.2 时，取较大值</td><td>$\sigma(k_{dyn}^{pil}, k_{fric}^{pil}, k_{enl}^{pil}) = (0.82 \sim 1.145)\sigma(k_{dyn}^{pil}, k_{fric}^{pil})$，以孔洞扩大率为 30% 为基准，当孔洞扩大超过 30% 时，修正系数取大值；反之，在 0 ~ 30% 之间时则取小值</td><td rowspan="3">修正值范围 1.29 ~ 1.5，为安全起见，导向孔修正值最好取到 1.5</td></tr>
<tr><td>长江</td><td>$\sigma(k_{dyn}^{pil}) = (1.17 \sim 1.37)\sigma_{xd4}$，当钻进到入土弯曲段后时，取较大值；钻进到水平段后时，取较小值</td><td>$\sigma(k_{dyn}^{pil}, k_{fric}^{pil}) = (0.93 \sim 1.09)\sigma(k_{dyn}^{pil})$，当摩擦系数 $\in (0.1, 0.2)$ 时，取较小值；摩擦系数 $\in (0.2, 0.3)$ 时，取较大值</td><td>孔洞扩大率对静力学应力计算公式无修正</td></tr>
<tr><td>黄河</td><td>$\sigma(k_{dyn}^{pil}) = (1.06 \sim 1.19)\sigma_{xd4}$，当钻进到第二个水平段后，取较大值；其他位置，取较小值；</td><td>$\sigma(k_{dyn}^{pil}, k_{fric}^{pil}) = (0.96 \sim 1.03)\sigma(k_{dyn}^{pil})$，当摩擦系数 $\in (0.1, 0.2)$ 时，取较大值；摩擦系数 $\in (0.2, 0.3)$ 时，取较小值</td><td>$\sigma(k_{dyn}^{pil}, k_{fric}^{pil}, k_{enl}^{pil}) = (0.99 \sim 1.05)\sigma(k_{dyn}^{pil}, k_{fric}^{pil})$，以孔洞扩大率为 15% 为基准，当孔洞扩大超过 15% 时，修正系数取大值；反之，在 0 ~ 15% 之间时则取小值</td></tr>
<tr><td colspan="5">扩孔阶段</td></tr>
<tr><td>渭河</td><td>$\sigma(k_{dyn}^{ream}) = (1.1 \sim 1.17)\sigma_{xd4}$，当钻进到水平段后时，取较大值</td><td>$\sigma(k_{dyn}^{ream}, k_{fric}^{ream}) = (0.94 \sim 1.06)\sigma(k_{dyn}^{ream})$，当摩擦系数 >0.2 时，取较小值；摩擦系数 <0.2 时，取较大值</td><td>$\sigma(k_{cen}^{ream}, k_{dyn}^{ream}, k_{fric}^{ream}) = (1.29 \sim 1.45)\sigma(k_{dyn}^{ream}, k_{fric}^{ream})$</td><td>修正值范围 1.2 ~ 1.8，为安全起见，扩孔修正值最好取到 1.8</td></tr>
</table>

续表

导向孔阶段				
	动力学修正值 1	修正值 2	修正值 3	修正值
长江	$\sigma(k_{dyn}^{ream})=(1.0\sim1.1)\sigma_{xd4}$,当钻进到水平段后时,取较大值	$\sigma(k_{dyn}^{ream},k_{fric}^{ream})=(0.99\sim1.02)\sigma(k_{dyn}^{ream})$,在扩孔 30in 时,当摩擦系数 >0.2 时,取较小值;摩擦系数 <0.2 时,取较大值;而在扩孔 38in 时,摩擦系数 >0.2,取较大值;摩擦系数 <0.2,取较小值	$\sigma(k_{cen}^{ream},k_{dyn}^{ream},k_{fric}^{ream})=(1.05\sim1.1)\sigma(k_{dyn}^{ream},k_{fric}^{ream})$,扩孔 30in $\sigma(k_{cen}^{ream},k_{dyn}^{ream},k_{fric}^{ream})=(1.26\sim1.51)\sigma(k_{dyn}^{ream},k_{fric}^{ream})$,扩孔 38in	修正值范围 1.2 ~ 1.8,为安全起见,扩孔修正值最好取到 1.8
黄河	$\sigma(k_{dyn}^{ream})=(1.03\sim1.04)\sigma_{xd4}$,当钻进到水平段后时,取较大值	$\sigma(k_{dyn}^{ream},k_{fric}^{ream})=(0.99\sim1.01)\sigma(k_{dyn}^{ream})$,当摩擦系数 >0.2 时,取较小值;摩擦系数 <0.2 时,取较大值	$\sigma(k_{cen}^{ream},k_{dyn}^{ream},k_{fric}^{ream})=1.16\sigma(k_{dyn}^{ream},k_{fric}^{ream})$,扩孔 18in $\sigma(k_{cen}^{ream},k_{dyn}^{ream},k_{fric}^{ream})=1.14\sigma(k_{dyn}^{ream},k_{fric}^{ream})$,扩孔 24in $\sigma(k_{cen}^{ream},k_{dyn}^{ream},k_{fric}^{ream})=1.09\sigma(k_{dyn}^{ream},k_{fric}^{ream})$,扩孔 30in	

第4章　管道定向穿越钻柱疲劳寿命预测

4.1　管道定向穿越钻柱疲劳寿命预测模型

常用的钻柱疲劳寿命预测模型有4种，下面对4个模型进行介绍。本章应用第3章动力学分析结果结合 Forman 模型对有裂纹的钻杆在定向穿越井眼轨迹中工作时的疲劳寿命进行计算预测。

4.1.1　Paris 疲劳寿命预测公式

对于无裂纹的钻杆，根据静力学求对的应力幅并结合 $S-N$ 曲线就可以求得其使用寿命；而对与有初始裂纹的钻具，先计算出不同裂纹的几何形状因子 F_m 和应力强度因子 K_I，再由试验测定材料的断裂韧性 K_{IC}，并由无损探伤测定最大初始裂纹尺寸 a_0[50,51]。由 Paris 公式 $da/dN = c \cdot \Delta K \cdot m$，求取钻杆的疲劳寿命，变换后得：

$$N = \int_{a_s}^{a_c} \frac{da}{c_1\ (\Delta K)^m} \tag{4-1}$$

式中　N——应力循环次数；

ΔK——应力强度因子变化幅度，$\text{MPa} \cdot \sqrt{\text{m}}$；

a——裂纹扩展尺寸，m；

c_1，m——材料常数。

（1）应力强度因子。

疲劳破坏的主要原因是由于钻杆在制造及使用过程中出现裂纹，在一定的使用条件下初始裂纹产生并扩展所致。应力强度因子是描述应力场和位移场的物理量，是疲劳寿命计算的关键因素。应力强度因子的一般表达式为[52]：

$$K_I = F_m \cdot \sigma \cdot \sqrt{\pi a} \tag{4-2}$$

（2）裂纹几何形状因子。

裂纹几何形状因子与裂纹形状、位置有关。下面是几类常见裂纹，其他裂纹可查阅相关文献，如参考文献[51]和[52]等。

① 表面半椭圆裂纹。

$$F_m = [1 + 0.12(1 - b_0/a_0)]\ \sqrt{\tan(\pi\delta/2D_0)[2D_0/(\pi\delta)]}/f \tag{4-3}$$

② 表面线性裂纹。

$$F_m = 1 + 0.128(a_L/D_0) - 0.288\ (a_L/D_0)^2 + 1.525\ (a_L/D_0)^3 \tag{4-4}$$

③ 深埋椭圆形裂纹。

$$F_m = 1/\phi \tag{4-5}$$

④ 深埋圆形裂纹。

$$F_m = 2.01/\pi \tag{4-6}$$

上 4 式中 a_0, b_0——椭圆裂纹长、短半轴，m；

a_L——线性裂纹半长，m；

f——裂纹影响因子，f 的计算公式为 $\phi^2 - 0.212(\sigma/\sigma_s)$；

ϕ——第二类安全椭圆积分（模数 k^2 的计算公式为 $1 - b_0^2/a_0^2$，得到 ϕ 的计算公式为 $\int_0^{\pi/2} \sqrt{1 - k^2 \sin\theta^2} d\theta$ ）[53]；

D_0——钻柱平均直径，m；

σ_s——材料屈服极限，MPa；

δ——钻柱壁厚，m。

应力强度因子变化幅及临界裂纹尺寸：

$$\Delta K = F_m \cdot \Delta\sigma \cdot \sqrt{\pi a}, a_c = \frac{K_{IC}^2}{F_m \sigma^2 \pi} \tag{4-7}$$

式中 $\Delta\sigma$——最大应力与最小应力之差，MPa。

综合以上理论分析结果可得出计算带裂纹钻柱疲劳寿命的公式为：

$$N = (a_c^{1-\frac{m}{2}} - a_s^{1-\frac{m}{2}})/c_1 (F_m \Delta\sigma \sqrt{\pi})^m \left(1 - \frac{m}{2}\right) \tag{4-8}$$

4.1.2 Newman 疲劳寿命预测模型

Newman 给出了平板半椭圆形表面裂纹的形状因子，且已被大量试验验证，钻柱的裂纹形状以此为基础，如式(4-9)所示。

$$Q = 1.0 + 4.595(a/2c) \tag{4-9}$$

根据钻铤全尺寸疲劳试验，单个裂纹源的裂纹形状比率（裂纹深度和长度的比）如式(4-10)所示：

$$a/2c = \frac{0.4}{1 + 0.1a^{-1}} \tag{4-10}$$

疲劳裂纹扩展常数 F_0 按照式(4-11)计算：

$$F_0 = 10^3 \left[\sum_{a_0}^{a_f} \frac{\Delta a}{C\left(\frac{2D}{d_c}\sqrt{\frac{\pi a}{Q}} Y\right)^n} \right]^{\frac{1}{n}} \tag{4-11}$$

疲劳裂纹长大速率 da/dN 和应力强度波动 ΔK_I 之间的关系，用式(4-12)描述如下：

$$da/dN = C(\Delta K_{\mathrm{I}})^n \tag{4-12}$$

应力强度幅度是循环应力和裂纹深度的函数，但是也受其他变量的影响，如几何形状和裂纹形状，可用式(4－13)表述如下：

$$\Delta K_{\mathrm{I}} = \Delta\sigma\sqrt{\frac{\pi a}{Q}}Y \tag{4-13}$$

疲劳裂纹及长大速率常数 C 和 n 根据 API 钢管在典型水基泥浆中的全尺寸试验结果确定。应力强度因子根据半无限板楔形裂纹在拉伸和弯曲载荷联合作用下确定。对于接头，保证足够上紧程度，是扭矩台肩接触。

对疲劳裂纹长大速率公式进行积分，得到疲劳裂纹扩展寿命 N，用式(4－14)表示：

$$N = \sum_{a_0}^{a_f}\frac{\Delta a}{C(\Delta K_{\mathrm{I}})^n} \tag{4-14}$$

4.1.3　Walker 疲劳寿命预测模型

Walker 模型的一般表达式为[54]：

$$da/dN = c[K_{max}(1-R)^m]^n \tag{4-15}$$

其中，da/dN 为裂纹扩展速度，m/周；a 为裂纹长度，m；N 为应力循环次数；K_{max} 为最大应力强度因子，MPa · $\sqrt{\mathrm{m}}$；R 为应力比；c,n,m 为材料常数。

在用 Walker 模型计算疲劳寿命之前，需得到裂纹的几何形状因子 F_m 和应力强度因子 K_{I}。通过分析，钻具在制造及使用过程中出现裂纹一般为表面线性裂纹和深埋圆形裂纹，不同裂纹对应的几何形状因子见表 4－1，不同裂纹的应力强度因子见表 4－2。

表 4－1　两种不同裂纹的几何形状因子

裂纹类型	几何形状因子
表面线性裂纹	$F_m = [1+0.128(a_0/D_0)-0.288(a_0/D_0)^2+1.525(a_0/D_0)^3]$
深埋圆形裂纹	$F_m = 1/\varphi$

表 4－2　不同裂纹的应力强度因子

裂纹类型	应力强度因子
表面线性裂纹	$K_{\mathrm{I}} = [1+0.128(a_0/D_0)-0.288(a_0/D_0)^2+1.525(a_0/D_0)^3]\sigma_m\sqrt{\pi a}$
深埋圆形裂纹	$K_{\mathrm{I}} = \sigma_m\sqrt{\pi a}/\varphi$

表 4－1 和表 4－2 中，F_m 为裂纹形状因子；K_{I} 为应力强度因子；a_0 为线性裂纹半长，m；D_0 为钻柱平均直径，m；a 为裂纹长度，m；φ 为第二类完全积分。

钻杆初始裂纹尺寸 a_0 可由无损探伤方法测出，临界裂纹尺寸可以根据钻杆受力确定：

$$a_c = \frac{K_{1C}^2(1-2\mu)}{\pi\sigma_{max}^2(1-2\mu)+\tau_{max}^2} \tag{4-16}$$

式中 σ_{max}——裂纹处最大轴向应力,MPa;

K_{IC}——材料断裂韧性,MPa $\sqrt{m}$;

μ——材料泊松比;

a_0——初始裂纹,m;

a_c——临界裂纹,m;

τ_{max}——最大剪切应力,MPa。

计算方法如下:假定钻柱为恒幅加载,那么裂纹从初始裂纹 a_0 扩展到临界裂纹 a_c 所经历的循环周次 N,通过对模型 $N = \int_{a_0}^{a_c} \frac{da}{c[F_m\sigma_{max}\sqrt{\pi a}(1-R)^m]^n}$ 积分即可求得,即:

$$N = \frac{a_c\left(1-\frac{n}{2}\right)-a_0\left(1-\frac{n}{2}\right)}{c(F_m\sigma_{max}\sqrt{\pi})^n(1-R)^{mn}\left(1-\frac{n}{2}\right)} \tag{4-17}$$

4.1.4 Forman 疲劳寿命预测模型

首先计算出不同裂纹的几何形状因子 F_m 和应力强度因子 K_I,再由文献查出钻柱材料断裂韧性 K_{IC},并由无损探伤测定最大初始裂纹尺寸 a_0,求出临界裂纹尺寸 a_c,只要 $K_{IC} \geqslant K_I$,便由 Forman 模型求出裂纹疲劳寿命。

应力强度因子是描述应力场和位移场的物理量,是疲劳寿命计算的关键因素。应力强度因子的一般求解方法为:

(1)表面半椭圆裂纹应力强度因子如图 4-1 所示。

$$K_I = M_{F1}M_{F2}\sigma\sqrt{\pi a/Q} \tag{4-18}$$

其中,M_{F1} 为钻杆内表面影响系数,$M_{F1}=1+0.12(1-b_0/a_0)$,M_{F2} 为钻杆外表面影响系数,$M_{F2}=\sqrt{\tan(\pi\delta/2D_0)\cdot 2D_0/\pi\delta}$;$Q$ 为裂纹影响因子,$Q=\varphi^2-0.212(\sigma/\sigma_s)^2$;$\varphi$ 为第二类完全椭圆积分;D_0 钻杆平均直径;δ 为钻杆壁厚;σ_s 为材料的屈服极限。

(2)表面线形裂纹应力强度因子如图 4-2 所示。

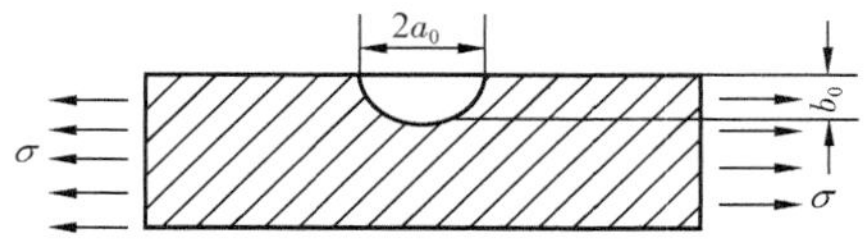

图 4-1 表面半椭圆裂纹的应力强度因子

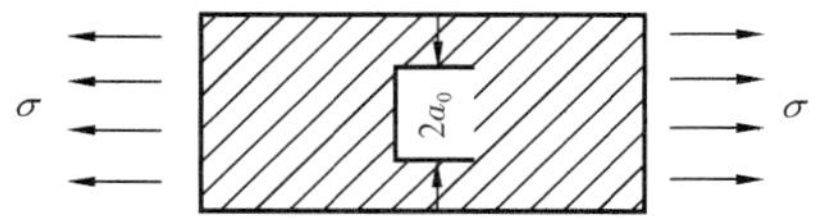

图 4-2 表面线形裂纹的应力强度因子

$$K_I = F_m\sigma\sqrt{\pi a} \tag{4-19}$$

其中,$F_m = 1+0.128\left(\frac{a_0}{D}\right)-0.288\left(\frac{a_0}{D}\right)^2+1.525\left(\frac{a_0}{D}\right)^3$

(3)深埋椭圆裂纹应力强度因子如图 4 - 3 所示。

$$K_{\mathrm{I}} = \sigma \sqrt{\pi a} / \varphi \tag{4-20}$$

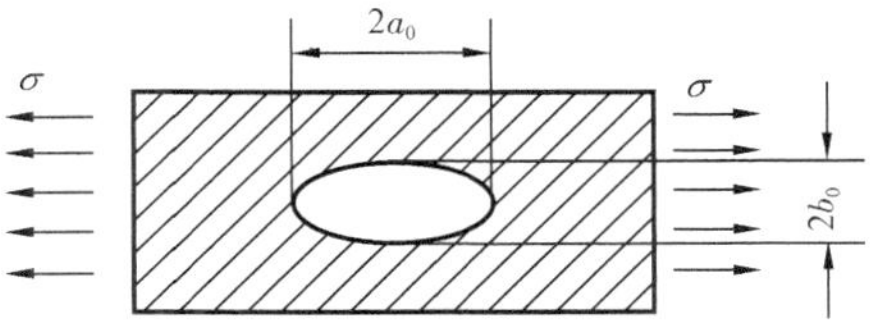

图 4 - 3　深埋椭圆裂纹的应力强度因子

采用表面线形裂纹应力强度因子,由 Forman 公式得:

$$\frac{\mathrm{d}a}{\mathrm{d}N} = \frac{C\,(\Delta K_{\mathrm{I}})^{m}}{(1-R)K_{\mathrm{IC}} - \Delta K_{\mathrm{I}}} \tag{4-21}$$

其中,$\frac{\mathrm{d}a}{\mathrm{d}N}$为裂纹扩展速度;$a$ 为裂纹长度,m;N 为应力循环次数;ΔK_{I} 为应力强度因子变化幅度,为最大应力和最小应力对应的应力强度因子之差,MPa · $\sqrt{\mathrm{m}}$;K_{IC} 为断裂韧性,MPa · $\sqrt{m}$;R 为应力比;c,m 为材料常数。

钻具疲劳寿命计算如下:

$$N = \frac{2(1-R)K_{\mathrm{IC}}}{c\,(F_{\mathrm{m}}\Delta\sigma\sqrt{\pi})^{m}(2-m)}\left(a_{\mathrm{c}}^{\frac{2-m}{2}} - a_{0}^{\frac{2-m}{2}}\right) - \frac{2}{c\,(F_{\mathrm{m}}\Delta\sigma\sqrt{\pi})^{m-1}(3-m)}\left(a_{\mathrm{c}}^{\frac{3-m}{2}} - a_{0}^{\frac{3-m}{2}}\right) \tag{4-22}$$

$\Delta\sigma = \sigma_{\mathrm{maxeq}} - \sigma_{\min}$,由动力学计算结果可以得出。

本文将采用 Forman 模型进行疲劳寿命预测。

4.2　西二线—渭河定向穿越钻具寿命预测

根据前面 3.1.2 节中渭河定向穿越工程的 48in,52in 和 56in 扩孔钻柱在施工条件下的应力变化情况,可以预测出不同孔洞位置处的钻具寿命(图 4 - 4 至图 4 - 6)。

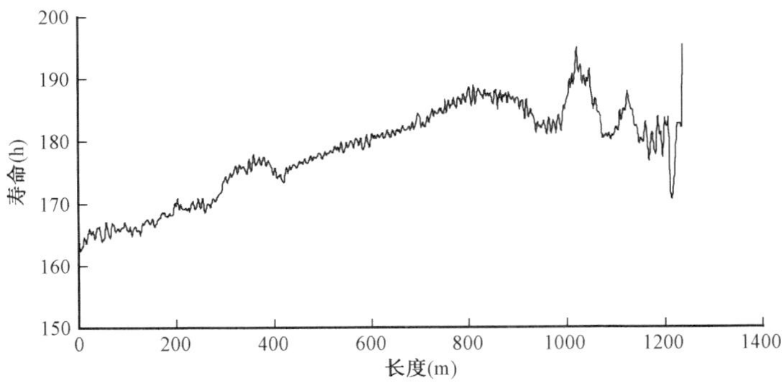

图 4 - 4　扩孔 48in 整个钻柱寿命曲线

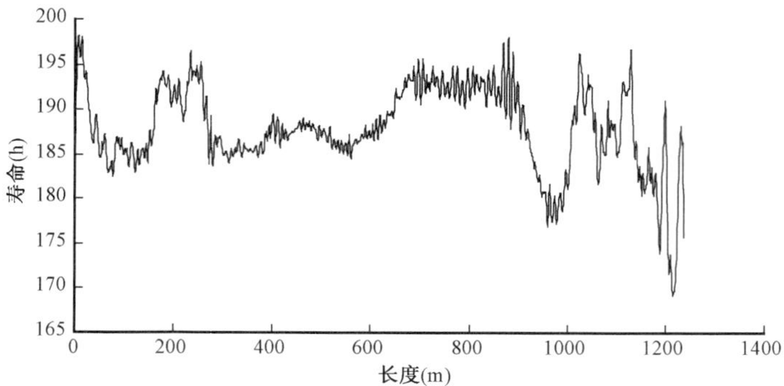

图 4－5　扩孔 52in 整个钻柱寿命曲线

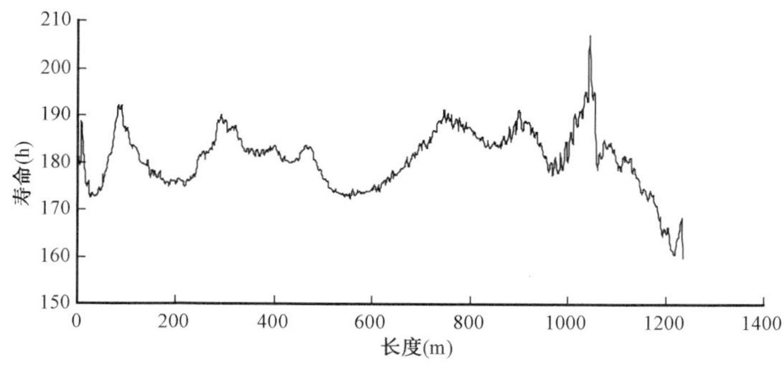

图 4－6　扩孔 56in 整个钻柱寿命曲线

4.3　兰郑长—长江定向穿越钻具寿命预测

根据 3.2.2 中长江定向穿越工程的三级扩孔钻柱在施工条件下的应力变化情况，可以预测出不同孔洞位置处的钻具寿命(图 4－7 至图 4－9)。

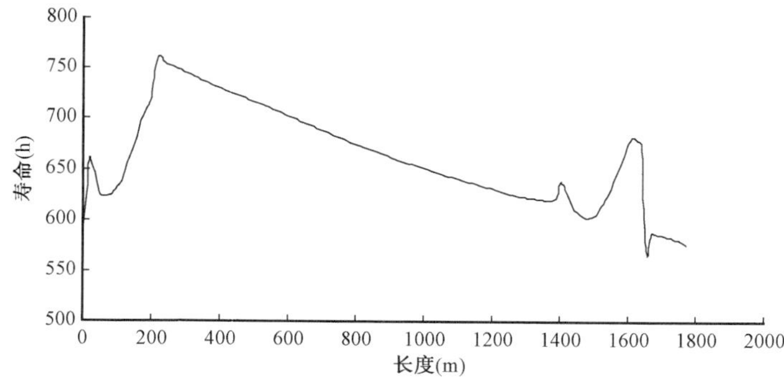

图 4－7　扩孔 20in 整个钻柱寿命曲线

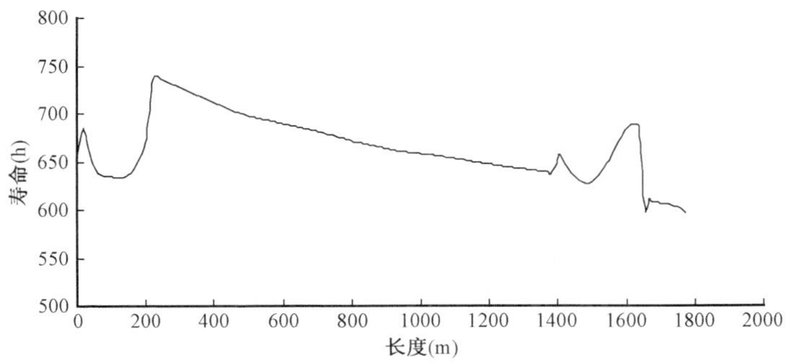

图 4－8　扩孔 30in 整个钻柱寿命曲线

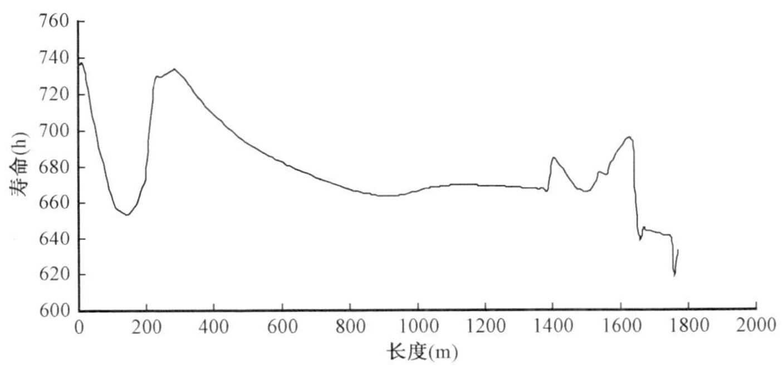

图 4－9　扩孔 38in 整个钻柱寿命曲线

4.4　惠银线—黄河定向穿越钻具寿命预测

根据 3.3.2 中黄河定向穿越工程的三级扩孔钻柱在施工条件下的应力变化情况，可以预测出不同孔洞位置处的钻具寿命（图 4－10 至图 4－12）。

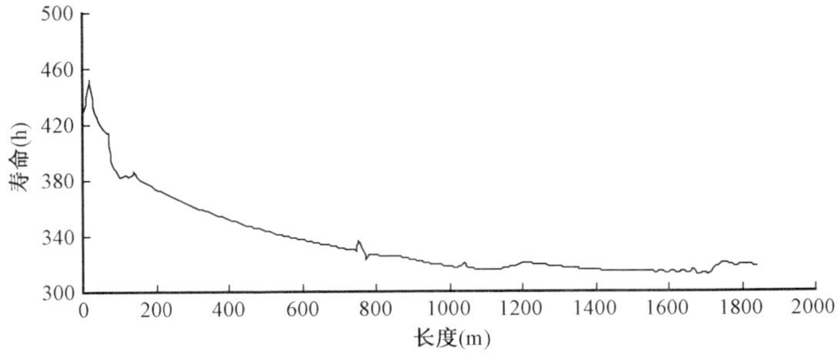

图 4－10　扩孔 18in 整个钻柱寿命曲线

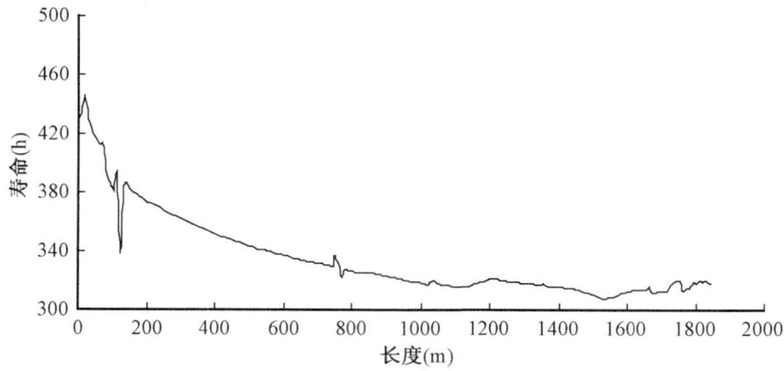

图 4－11　扩孔 24in 整个钻柱寿命曲线

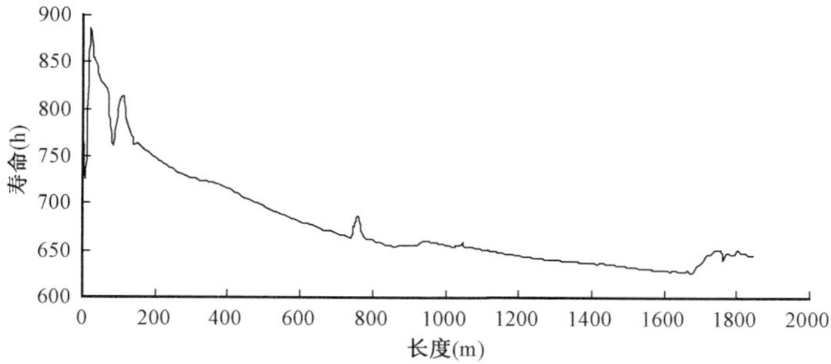

图 4－12　扩孔 30in 整个钻柱寿命曲线

第5章　管道定向穿越扩孔钻头(近钻头钻柱)振动特性及失效预防

5.1　问题描述及研究回顾

目前中国的管道里程大概是 $8\times10^4\sim10\times10^4$km，预计2020年达到 20×10^4km，而美国已经建成 30×10^4km，因此中国国内的油气管道铺设工程量巨大。定向穿越是铺设管道的一个关键技术之一，发挥着越来越重要的作用。这个关键技术还有很多待解决的技术难题，这些技术难题不解决会影响定向穿越的施工质量和效益。施工过程中越来越多要钻遇软硬夹层，而软硬夹层中钻头失效很严重，例如在西二线倒水河定向钻穿越施工过程中，穿越段软硬夹层大范围存在，扩孔器在扩孔过程中磨损严重并发生断裂现象，图5－1所示为牙轮式扩孔器齿磨损与断裂图[55]；在仪征—长岭原油管道洪湖长江定向钻穿越工程中，穿越段软硬夹层大范围存在，扩孔器在扩孔过程中磨损严重并发生断裂现象[56]；在水平定向钻穿越尼罗河工程中，在穿越软硬夹层地段时，容易发生卡钻、钻头失效等严重问题[57]；在水平定向钻穿越王宝河工程中，由于地质为破碎性中砂岩含有石英砂和长石，软硬变化大，当进行直径400mm扩孔时，扩进非常困难，主要表现为扭矩大，钻具磨损严重，扩进速度非常慢，扩孔器外围、包括牙轮的侧壁、后背磨损严重，磨掉6个牙轮[58]。失效不仅造成钻头用量增加，而且延误工期，严重时会因为工期延迟而导致井壁失稳，从而造成灾难性埋井事故。软硬夹层钻头失效问题已经成为制约定向穿越施工质量和效益的难题之一，而目前对软硬夹层中钻头失效的原因还弄不清楚，也还没有找到应对办法，相关研究文献也很少，因此对扩孔器在软硬夹层钻进过程中的失效原因进行深入研究是非常必要的。

图5－1　牙轮式扩孔器齿磨损与断裂图

但是长期以来，定向穿越技术工艺和钻具系统的研究水平仍然滞留在借鉴油气钻井和地质钻探工艺阶段，而石油钻探工程中的岩石埋深通常为几千米，定向穿越切削的岩土埋深一般是几十米，其应力状态相差甚大，施工中存在的问题随着定向穿越钻技术的推广开始日益突出。这种基本理论严重滞后于工艺需求的状况,如果长期存在,将严重制约定向穿越技术的应用和发展。

振动对下部钻具的工作安全具有较大影响。国内外学者围绕下部钻具振动开展了大量研究,C. J. Langeveld 和 Shell Research B V[59,60]针对 PDC 钻头在打硬地层时,由于井下振动造成钻头失效进行了研究,指出钻头的横向振动是导致钻头磨损以及牙齿破坏的主要原因;Ali Asghar Jafari[61]等人发现横振、纵振是造成下部钻具失效的主要原因,合理的控制钻压与转速可以有效的减小下部钻具的振动;T. M. Warren[62]等人研究了减振器对井下钻具在复杂地层钻进时对纵向和横向振动的影响,指出减振器直接安在钻头上方能对钻具起到更好的保护作用;Wassell. M. E[63,64]等研究发现不同地层下减振器的减振效果可能存在差异,阻尼适当的减振器能提高钻井效率;Li Heng[65]等研究发现在一定钻压、转速情况下,钻头的振动对钻头的提速效果具有很大的影响;M. W. Dykstra 和 D. C. – K. Chen[66]等人对钻头和钻柱的动力学特性进行实验研究,指出钻头横向振动产生的不利影响远大于轴向振动,由于钻压,转速,岩石性质不同,下部钻具的横向加速度一般会在 20g 以上,最高可以达到 200g;A. P. Christoforou[67]等发现纵振、横振、扭振相互影响导致下部钻具失效,通过调整施工参数可以减缓振动对下部钻具的不利影响;Perry[68]等指出钻头的钻进趋势不但受钻头切削剖面的影响,还受操作参数的影响,比如钻压和转速;邓彬等[69]指出在通过控制盾构掘进参数可将上软下硬地层的盾构施工的安全风险降到最低,并大大提高盾构掘进效率;周祖辉[70]根据软硬地层的可钻性不同,钻速及相应的地层对钻头的反作用力也不同的原理,分析了从软地层钻入硬地层前后,钻头上产生弯矩的原因及计算方法;陈勇[71]针对水平定向钻穿越东江工程钻遇软硬夹层地带时,指出通过不断调整方位角,以防止在软硬界面处造成导向走偏,导致扩孔失败;马驰云[72]针对水平定向钻穿越沪昆铁路工程钻遇软—硬—软地层时,导致软土层塌方、抱钻、卡钻等事故的情况,重新设计施工方案,改善泥浆性能等措施,最终完成了施工任务;杨全亮[73]等指出在盾构施工钻遇软硬不均匀地层时,必须对各项掘进参数和施工措施进行及时有效地调整,防止盾构机偏移严重造成刀口折断;冒乃兵[74]等人指出在软硬互层的地层中进行水平定向钻施工,扩孔过程中易出现扩孔台阶,导致扩孔施工中卡钻、回拖过程中拖力增大、钻杆疲劳等现象,必须制定相应的施工预案应对软硬交错地层处可能出现的扩孔台阶。

然而,专门针对水平定向穿越施工钻具失效问题、全井钻柱振动或下部钻柱振动以及扩孔器破岩诱发振动的研究几乎是空白。针对目前定向穿越扩孔钻进破岩的振动特性认识模糊不清的实际情况,特别是在软硬夹层方面几乎没有,本章基于弹塑性力学和岩石力学,采用 Drucker – Prager 准则作为岩石的本构关系,系统的研究了前软后硬地层、前硬后软地层与均质地层中扩孔器的纵向、横向和扭转振动强度,研究了扶正器对扩孔器在软硬夹层钻进时振动特性的影响,给出了扶正器的最优结构参数,并根据贝克休斯公司对井下钻具振动的分级标准推荐了夹层中最适宜的施工参数。

5.2　管道定向穿越扩孔钻头破岩的力学模型和数值计算方法

5.2.1　扩孔器—岩石接触数学模型

扩孔器破碎岩石过程的非线性主要表现为:(1)短时间内因结构的大位移与大转动所引起的几何非线性;(2)岩石单元因发生大应变直至破坏失效所表现的材料非线性;(3)由扩孔器转动与岩石单元变形、失效和移除产生的接触动态变化所引起的接触非线性。采用有限单元法设接触系统在时刻 t 占据空间域为 Ω,作用在接触系统内的体积力、边界力及柯西内应力分别为 b,q,q_c 和 σ,则接触问题可归结为[75]:

$$\int_{\Omega}\sigma\delta e\mathrm{d}\Omega - \int_{\Omega}b\delta u\mathrm{d}\Omega - \int_{\Gamma_f}q\delta e\mathrm{d}S - \int_{\Gamma_f}q_c\delta u\mathrm{d}S + \int_{\Omega}\rho a\delta u\mathrm{d}\Omega = 0 \tag{5-1}$$

其中,Γ_f 为给定边界力的边界,Γ_c 为接触边界,δu 为虚位移,δe 为虚应变,ρ 为密度,a 为加速度。

将域 Ω 用有限单元离散化并引入虚位移场,得:

$$\boldsymbol{M}\ddot{\boldsymbol{u}} = \boldsymbol{p}(t) + \boldsymbol{c}(u,a) - \boldsymbol{f}(u,\beta) \tag{5-2}$$

其中,$\boldsymbol{M}$ 为质量矩阵;$\ddot{\boldsymbol{u}}$ 为加速度矢量;t 为时间变量;$\boldsymbol{p}$ 为外力矢量;$\boldsymbol{c}$ 为接触力与摩擦力矢量;$\boldsymbol{f}$ 为内应力矢量;u 为物体位移;a 为与接触表面特性相关的变量;β 为与材料本构关系相关的变量。

5.2.2　扩孔器的工作原理

扩孔器破岩钻进模型,基孔直径为 216mm,以之为基础,回扩至 601mm 孔眼,导向杆直径为 127mm。扩孔器的工作原理如图 5-2 所示:扩孔器回拖扩孔时,由回拖机构将回拖力和旋转扭矩作用于扩孔器,使其产生前进运动和回转运动。扩孔器的前进运动需要克服土体对它的正压阻力和摩擦阻力,而扩孔器的回转运则需要克服土体对刀具的抗力扭矩和土体对扩孔器表面的摩阻力扭矩。

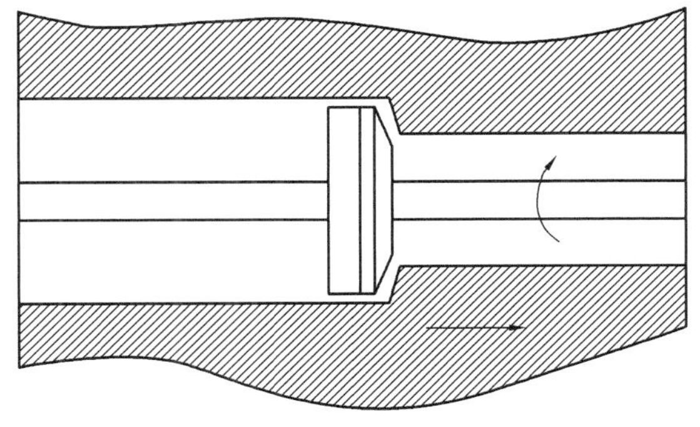

图 5-2　扩孔器的工作原理

5.2.3　Drucker - Prager 岩土强度准则

Drucker - Prager 岩土强度准则将偏应力视为材料破坏原因,同时反映了体积应力对材料强度的影响,因此在岩土切削过程的研究中应用较多。根据 Drucker - Prager 强度准则,认为中间主应力对岩土的破坏有影响,用正八面体面上的正应力 σ_{oct} 和剪应力 τ_{oct} 表示[76,77]:

$$\tau_{oct} = \tau_0 + m\sigma_{oct} \tag{5-3}$$

式(5－3)中

$$\tau_{oct} = \frac{1}{3}\sqrt{(\sigma_1 - \sigma_2)^2 + (\sigma_2 - \sigma_3)^2 + (\sigma_3 - \sigma_1)^2}$$

$$\sigma_{oct} = \frac{1}{3}(\sigma_1 + \sigma_2 + \sigma_3)$$

$$m = -\sqrt{6}\alpha, \tau_0 = \frac{\sqrt{6}}{3}k$$

其中，σ_1，σ_2 和 σ_3 分别为岩土单元在切削载荷、围压与上覆岩层压力共同作用下的最大主应力、中间主应力和最小主应力；k，α 分别为与岩土材料黏聚力 c 和内摩擦角 ζ 相关的参数。

当取 $\theta_\sigma = \frac{\pi}{6}$ 时，为压缩硬化，可得：

$$\alpha = \frac{2\sin\zeta}{\sqrt{3}(3 - \sin\zeta)}, k = \frac{6c\cos\zeta}{\sqrt{3}(3 - \sin\zeta)}$$

当取 $\theta_\sigma = -\frac{\pi}{6}$ 时，为拉伸硬化，可得：

$$\alpha = \frac{2\sin\zeta}{\sqrt{3}(3 + \sin\zeta)}, k = \frac{6c\cos\zeta}{\sqrt{3}(3 + \sin\zeta)}$$

当 $\tan\theta_\sigma = -\frac{\sin\zeta}{\sqrt{3}}$ 时，为剪切硬化，可得：

$$\alpha = \frac{\sin\zeta}{\sqrt{3}\sqrt{3 + \sin^2\zeta}}, k = \frac{\sqrt{3}c\cos\zeta}{\sqrt{3 + \sin^2\zeta}}$$

其中，θ_σ 为应力洛德角(Stress Lode Angle)。

5.2.4 基本假设

由于研究重点和难点是扩孔器在软硬夹层中钻进时的振动特性，为提高计算效率，略去次要因素，采用的基本假设有：初始条件下扩孔器轴线与井眼轴线重合；单元失效后即从岩石中删除，忽略其失效后对后续钻进的影响；由于扩孔器的硬度比岩石的硬度高得多，因此在建模时，将扩孔器看作刚体，岩石体看成是弹塑性体且符合 Drucker－Prager 强度准则，这与实际的岩石切削破碎过程是较为符合的；考虑到扩孔器切削齿与岩石之间存在的摩擦，设定各个接触面的摩擦系数为 0.455[78]；合理的材料参数是模拟扩孔破岩过程的首要条件，岩石主要物性参数见表 5－1。

表 5－1　岩石物理参数

岩石	密度(g/cm^3)	弹性模量(MPa)	泊松比	摩擦角(°)	膨胀角(°)
软岩	2.15	2400	0.24	24.47	30
硬岩	2.46	11500	0.31	36	36

5.3　管道定向穿越扩孔钻头(近钻头钻柱)振动特性及参数抑振研究

5.3.1　数值仿真模型

通过 ABAQUS 有限元软件建立由直径为 601mm 的扩孔器实体和三维岩石实体构成的动态破岩非线性动力学有限元模型,采用六面体 8 节点减缩积分单元(C3D8R)对岩石材料进行离散,划分网格为 120592 个单元。扩孔器与岩石之间采用面面接触,扩孔器的主体与牙轮之间采用 Hinge 属性连接,扩孔器的回拖力为 30t,转速为 30r/min。并且约束岩石模型与井壁的所有自由度,不约束扩孔器的自由度,有限元模型如图 5 – 3 所示。

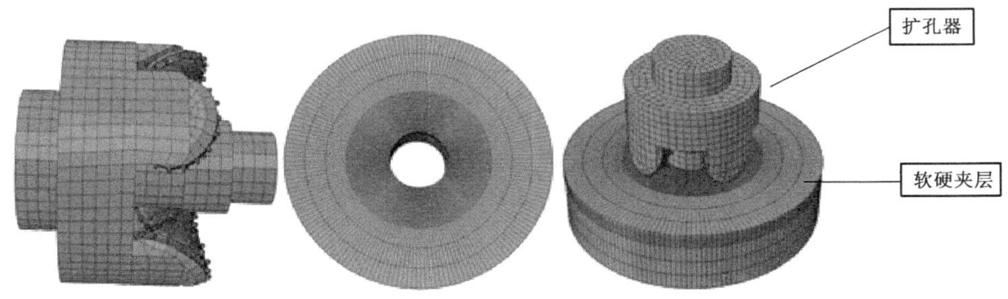

图 5 – 3　扩孔器与岩石有限元模型

5.3.2　扩孔器的横向、纵向和扭转振动特性

对前面建立数值仿真模型进行求解,仿真时长为 5s 的显式动态分析,并对数值仿真结果进行分析。图 5 – 4 表示扩孔器均质地层、前软后硬地层和前硬后软地层时(回拖力 30t,转速为 30r/min),扩孔器的横向振动特性。从图 5 – 4 中可以看出,扩孔器在正常钻进时,在均质地层的横向振动加速度峰值为 45g(g 为重力加速度,9.8m/s^2),其加速度有效值(RMS,root mean square)为 6.8g,在前软后硬地层的横向振动加速度峰值为 58g,其加速度有效值为 9.1g,在前硬后软地层的横向振动加速度峰值为 298g,其加速度有效值为 48.6g。图 5 – 5 表示扩孔器钻均质地层、前软后硬地层和前硬后软地层时(回拖力 30t,转速为 30r/min),扩孔器的纵向振动特性。从图 5 – 5 中可以看出,扩孔器在正常钻进时,在均质地层的纵向振动加速度峰值为 21g,其加速度有效值为 3.6g,在前软后硬地层的纵向振动加速度峰值为 25g,其加速度有效值约为 4.4g,在前硬后软地层的纵向振动加速度峰值为 37g,其加速度有效值为 6.5g。图 5 – 6 表示扩孔器钻均质地层、前软后硬地层和前硬后软地层时(回拖力 30t,转速为 30r/min),扩孔器的扭矩曲线。从图 5 – 6 中可以看出,扩孔器在正常钻进时,在均质地层的扭矩峰值为 11.9kN · m,其扭矩平均值为 9.9kN · m,在前软后硬地层的扭矩峰值为 22.6kN · m,其扭矩平均值为 11.9kN · m,在前硬后软地层的扭矩峰值为 27.8kN · m,其扭矩平均值为 13.6kN · m,而且很明显可以看出扩孔器在软硬夹层钻进时扭矩会增大,跳动剧烈。

结合图 5 – 4 至图 5 – 6 的分析结果可知,扩孔器在软硬夹层钻进时振动强度比在均质地

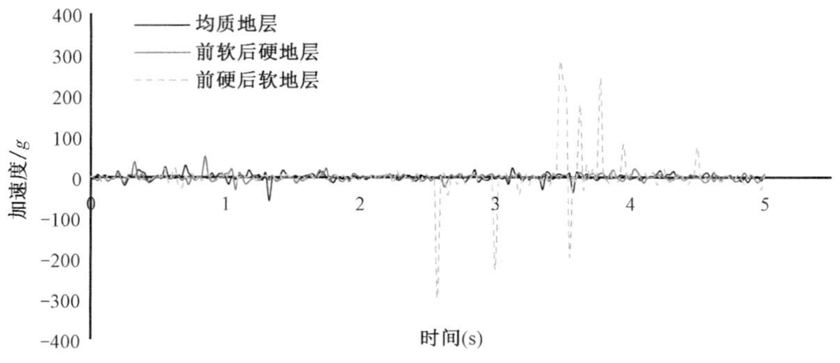

图 5-4 不同地层中扩孔器横向加速度响应曲线

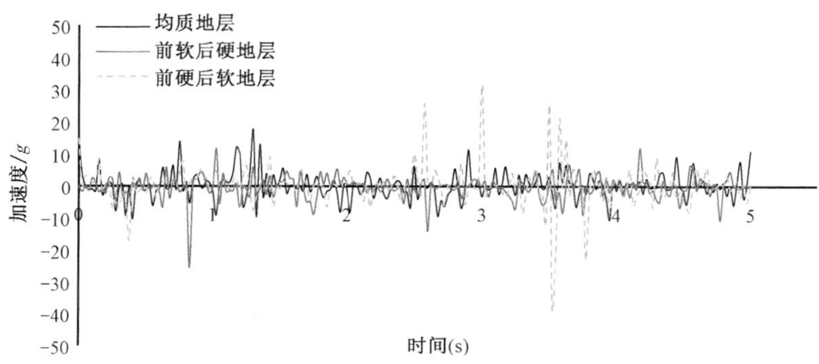

图 5-5 不同地层中扩孔器纵向加速度响应曲线

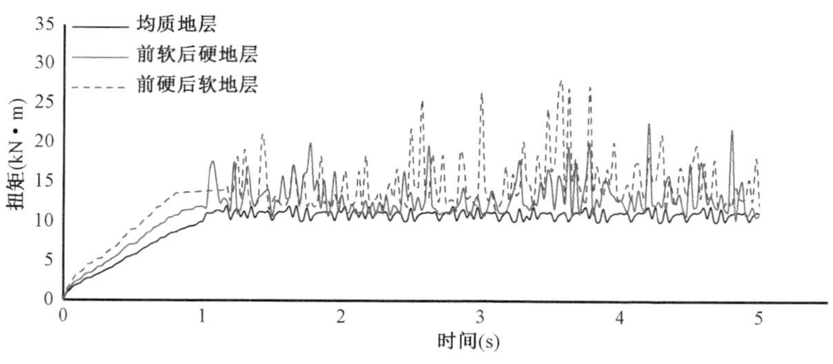

图 5-6 不同地层中扩孔器扭矩响应曲线

层的振动强度剧烈，在软硬夹层中，其横向振动幅值峰值、振动加速度峰值和加速度有效值分别达到均质地层的 4.2 倍、6.6 倍和 7.1 倍；其纵向振动加速度峰值和加速度有效值分别达到均质地层的 1.7 倍和 1.8 倍；其扭矩峰值和扭矩平均值分别达到了均质地层的 2.3 倍和 1.1 倍。从以上数据很明显可以看出，扩孔器横向振动过于剧烈是导致其过早失效的根本原因，因此后文将着重对在软硬夹层钻进时扩孔器的横向振动特性展开研究。

5.3.3 回拖力对扩孔器横向振动的影响

首先,研究了回拖力对扩孔器横向振动的影响。图 5 - 7 表示回拖力分别为 20t,30t 和 40t 时(转速为 30r/min),扩孔器在前软后硬地层钻进时,扩孔器的横向加速度响应曲线。从图 5 - 7 中可以看出,在回拖力为 20t,30t 和 40t 时,扩孔器的横向加速度有效值分别为 8. 6g,9. 1g 和 11. 8g。图 5 - 8 表示回拖力为 20t,30t 和 40t 时(转速为 30r/min),扩孔器在前硬后软地层钻进时,扩孔器的横向加速度响应曲线。从图 5 - 8 中可以看出,在回拖力为 20t,30t 和 40t 时,扩孔器的横向加速度有效值分别为 19. 2g,48. 6g 和 64. 9g。

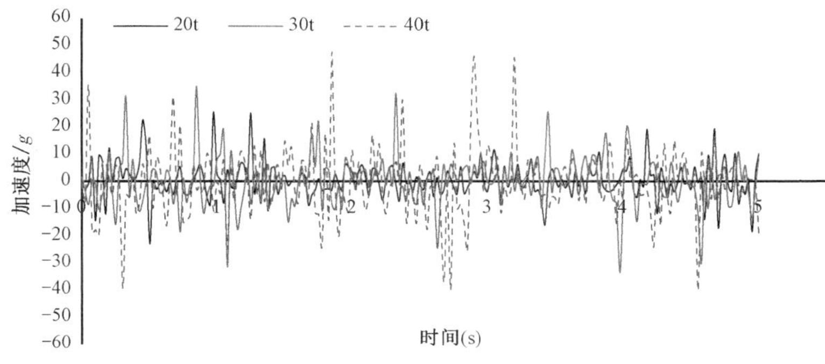

图 5 - 7　前软后硬地层扩孔器横向加速度响应曲线

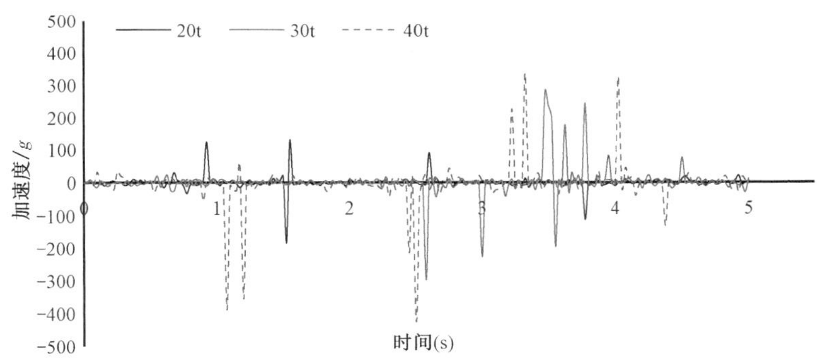

图 5 - 8　前硬后软地层扩孔器横向加速度响应曲线

结合图 5 - 7 和图 5 - 8 分析结果可知,扩孔器在软硬夹层中钻进时,横向振动强度随着回拖力的增大而增大。无论是前软后硬还是前硬后软夹层中,夹层钻进与均质地层钻进的最大区别是,夹层钻进时钻头体时常处于部分钻齿承受全部回拖力的状态,以前硬后软夹层钻进为例,扩孔器外围切削齿已经切削了硬地层并进入到软地层中,而靠近心部的切削齿还在硬地层中,软地层中切削速度快,这就导致只有靠近心部的很少一部分钻齿在承受全部的回拖载荷,此时从静力学角度看钻齿处于严重过载状态,从动力学角度看这部分钻齿承受着巨大的动载荷。在前硬后软地层中,振动加速度瞬时最大值达到了 426g,这会对切削齿造成瞬时崩断等损坏,从而导致扩孔器的先期损坏。

5.3.4 转速对扩孔器横向振动的影响

其次,研究了转速对扩孔器横向振动的影响。图 5 - 9 表示转速为 10r/min,20r/min 和 30r/min 时(回拖力为 30t),扩孔器在前软后硬地层钻进时,扩孔器的横向加速度响应曲线。从图 5 - 9 中可以看出,在转速为 10r/min,20r/min 和 30r/min 时,扩孔器的横向加速度有效值分别为 6.9*g*,7.6*g* 和 9.1*g*。图 5 - 10 表示转速为 10r/min,20r/min 和 30r/min 时(回拖力为 30t),扩孔器在前硬后软地层钻进时,扩孔器的横向加速度响应曲线。从图中可以看出,在转速为 10r/min,20r/min 和 30r/min 时,扩孔器的横向加速度有效值分别为 8.9*g*,17.8*g* 和 48.6*g*。

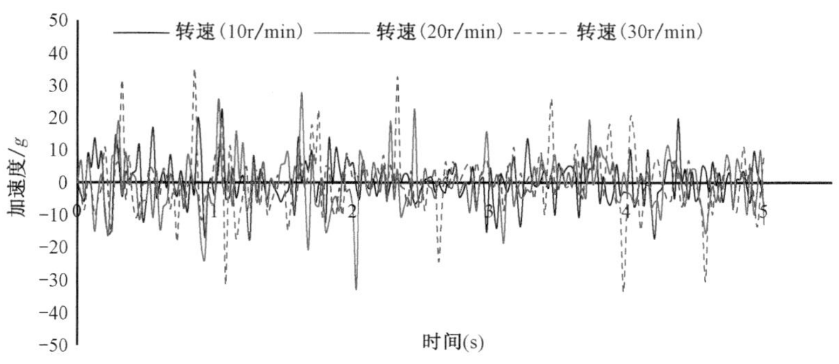

图 5 - 9 前软后硬地层扩孔器横向加速度响应曲线

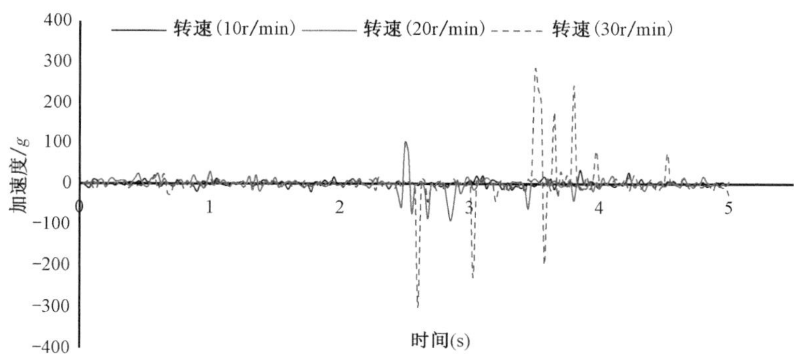

图 5 - 10 前硬后软地层扩孔器横向加速度响应曲线

结合图 5 - 9 和图 5 - 10 分析结果可知,扩孔器在软硬夹层中钻进时,横向振动强度随着转速的增大而增大。分析其原因是扩孔器在软硬夹层中钻进时,横向振动本就非常严重,从而导致扩孔器横向偏移严重,造成扩孔器偏离移纵向钻进方向。随着转速的增加,扩孔器破岩时受到的横向反作用力会增大,屈曲的下部钻具旋转产生的离心力也会增大,这时会加剧扩孔器的横向偏移,进一步加剧造成扩孔器的倾斜,且又由于横向振动具有明显的随机性和非线性,有可能产生的横向瞬时载荷使扩孔器上某一小部分钻齿承受着大部分的反作用力,而扩孔器的大部分钻齿承受着很少的反作用力,这就会造成扩孔器的横向加速度瞬时增大到重力加速度的几百倍,从而又加剧了扩孔器的横向偏移,加剧造成扩孔器更严重的倾斜,产生恶性循环,加速了扩孔器的失效。所以随着扩孔器转速的增加,扩孔器牙的横向加速度会越来越大。

5.3.5 选择合理的工程施工参数

贝克休斯公司对下部钻具横向振动分级标准见表5-2[79],表5-2中的振动水平以重力加速度g的倍数计量,是为基于实际测量结果的统计指标RMS(均方根值)。贝克休斯公司规定,横向振动水平在0~2级处于安全、良好的运行环境,3~4级处于振动较高水平,虽然可以继续钻进,但必须加强跟踪,4~5级下部钻具横向振动的累计时间不能超过3h,6~7级下部钻具必须立即采取措施消除振动后方能继续钻进。

表5-2 贝克休斯公司对钻具横向振动的分级标准

级别	0	1	2	3	4	5	6	7
振动水平	0~0.5g	0.5~1g	1~2g	2~3g	3~5g	5~8g	8~15g	15g以上

根据建立的数值仿真模型,分别计算了不同地层、不同回拖力和不同转速情况下扩孔器的横向加速度有效值,并对结果进行了分析。从图5-11可以看出,无论是前软后硬地层还是前硬后软地层,在相同的转速(工程范围内)情况下,随着回拖力的增大,扩孔器的横向加速度有效值随之增大,而且前硬后软地层的横向振动加速度有效值可达到前软后硬地层的5.5倍。从图5-12可以看出,无论是前软后硬地层还是前硬后软地层,在相同的回拖力(工程范围内)情况下,随着转速的增大,扩孔器的横向加速度有效值随之增大,而且前硬后软地层的横向振动加速度有效值可达到前软后硬地层的5倍。结合图5-11和图5-12的分析结果可知,扩孔器在软硬夹层中钻进时的横向振动强度随回拖力和转速的增大而增大,而且前硬软地层中的横向振动强度最大达到了前软后硬地层的5.5倍,这说明软硬夹层中前硬后软这种地层对扩孔器的危害性更大。

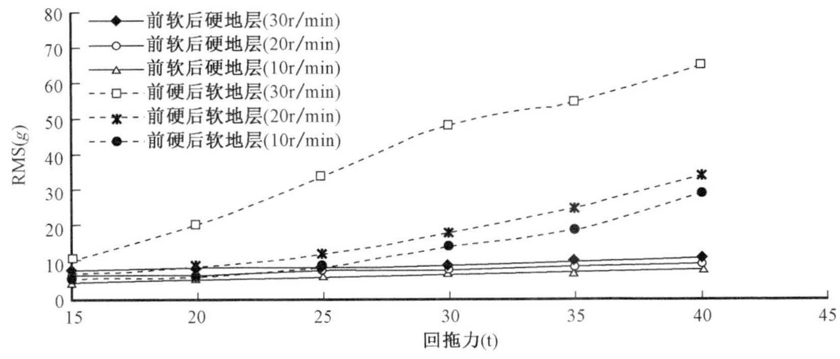

图5-11 不同地层不回拖力扩孔器横向加速度有效值

根据贝克休斯对下部钻具横向振动分级标准,并结合图5-11和图5-12的分析结果可知,扩孔器在软硬夹层中钻进时,必须在降低回拖力的同时降低转速,待扩孔器完全进入下一均匀地层后再加大回拖力和转速使扩孔器快速远离软硬夹层区域,防止造成钻进曲线偏离预定的目标。经计算所得,扩孔器在前软后硬地层钻进时,回拖力可以选择15~30t,转速可以选

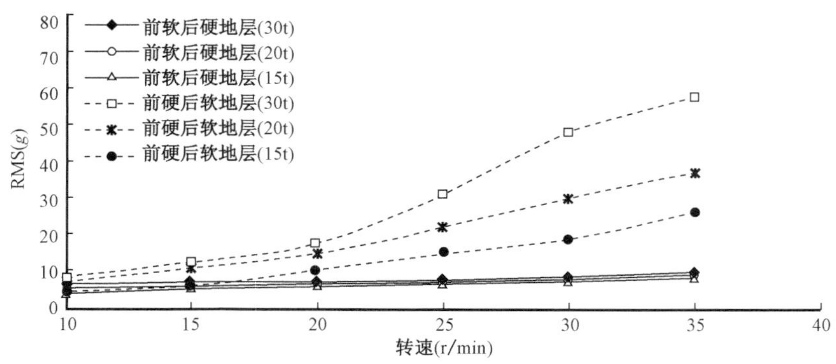

图 5-12　不同地层不同转速扩孔器横向加速度有效值

择 10~15r/min，扩孔器在前硬后软地层钻进时，回拖力最好不要大于 15t，转速可以选择 10~15r/min，此时其横向振动水平为 4~5 级，在安全施工范围内。

5.3.6　工程案例应用

西气东送管道工程支线长江某定向钻穿越工程，水平长度 1482.26m，曲线长度 1491.25m，设计入土角 11°，出土角 6°，曲率半径 1500D，最大穿越深度为地面下 13m。首次施工时，当第一级回扩孔时（施工参数回拖力为 25~47t，转速为 30~40r/min），回扩至 400m 时，发现扭矩突然增大，跳动剧烈，且无法继续前进，回拖扩孔器，发现扩孔器严重磨损。重新更换扩孔器再次回扩孔作业，在 550m 处发生同样情况，回拖扩孔器，发现扩孔器同样严重磨损，反复尝试几次，扩孔器都发生严重磨损，甚至出现牙轮掉落事故，卡在孔内无法打捞，造成无法继续扩孔施工，工程失败。

图 5-13　经过一级回扩孔后的扩孔器

根据穿越断面勘察资料和施工资料，本次事故发生段岩土软地层与硬地层相互交错且施工参数选用不太合理，软硬夹层中的剧烈振动加剧扩孔器严重磨损，导致牙轮掉落和工程最终失败。施工单位选用优质扩孔器，采用参数控制建议，再进入软硬交错底层前将回拖力降低至 10~15t，转速降低为 10~15r/min，再次进行回拖扩孔，第一级回扩孔顺利完成，扩孔器基本没有磨损，如图 5-13 所示。后面的几次回扩孔也顺利完成，最终顺利完成了定向穿越工程。

针对定向穿越段存在大范围软硬夹层的特点，提出了以下几点建议：

（1）在钻遇大范围的软硬不均匀夹层时，建议改进扩孔器质量，选用最优质的牙轮和胎体钢材，在牙轮两侧加工防掉钢套保护装置。

（2）在遇到软硬夹层时，建议首先要放慢钻进速度，减小钻进推力，调低钻机的旋转速度，待钻头完全进入下一均质地层 1~1.5m 后，再加大钻进推力，调整钻机的旋转速度，使扩孔器安全穿越软硬夹层地带。

5.4　管道定向穿越软硬夹层扩孔钻头(近钻头钻柱)的振动特性及抑振方法

通过前面的研究发现,软硬夹层中扩孔器横向振动过于剧烈是导致其过早失效的根本原因。而其剧烈的横向振动又会导致扩孔器横向偏移严重,造成扩孔器牙轮钻头偏离移纵向钻进方向,使扩孔器牙轮钻头上的受力不均匀同时造成了转动不均匀,转动不均匀反过来又加剧了横向振动,产生恶性循环。因此,如何有效抑制其横向偏移从而抑制其横向振动具有很高的研究价值。人们都知道,扶正器对于抑制钻具的横向摆动具有非常明显的效果,因此在接下来的研究中,基于前面建立的数值仿真模型,又继续研究了扶正器对扩孔器在软硬夹层钻进时振动特性的影响,给出了扶正器的最优结构参数,并根据贝克休斯公司对井下钻具振动的分级标准推荐了夹层中最适宜的施工参数。

5.4.1　数值仿真模型

基于前面建立的数值仿真模型,分别建立了无扶正器扩孔器与有扶正器扩孔器和三维岩石实体的动态破岩非线性动力学有限元模型,如图 5－14 所示。

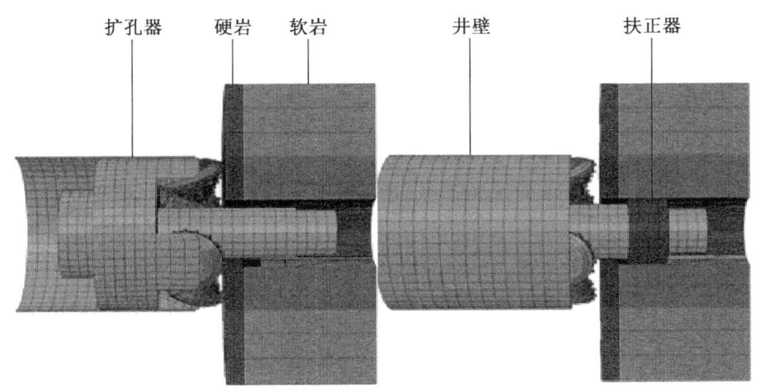

图 5－14　扩孔器与岩石的有限元模型

5.4.2　扩孔器振动特性

对前面建立数值仿真模型进行求解,仿真时长为 5s 的显式动态分析,并对数值仿真结果进行分析。图 5－15 和图 5－16 分别表示扩孔器在软硬夹层钻进时扩孔器的横向运动轨迹曲线、扩孔器进尺曲线。从图 5－15 中可以看出,无扶正器的扩孔器在软硬夹层中钻进时的横向偏移程度相当严重,分析其原因是,当扩孔器外围切削齿切削硬地层并进入到软地层中时,其靠近心部的切削齿还在硬地层中,而软地层中切削速度快,这就导致只有靠近心部的很少一部分钻齿在承受全部的回拖载荷,此时从静力学角度看钻齿处于严重过载状态,从动力学角度看这部分钻齿承受着巨大的动载荷,这不仅使扩孔器牙轮钻头上的受力不均匀同时造成了转动也不均匀,最终导致扩孔器横向摆动非常剧烈。扩孔器无扶正器时,其横向摆动非常剧烈,导致其在钻进方向进尺缓慢，但当安装上扶正器后其横向偏移程度不仅大大减小，而且其在软硬夹层中的钻速明显比无扶正器时快图 5 - 16。

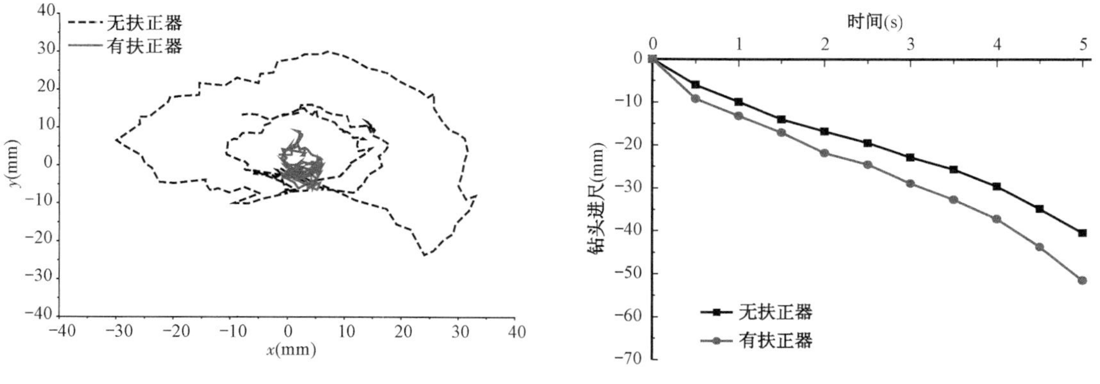

图 5 - 15　扩孔器质心的横向运动轨迹曲线

图 5 - 16　扩孔器进尺曲线

从图 5 - 17 和图 5 - 18 的结果分析可知，无扶正器时，扩孔器的横向振动最为严重，说明扩孔器横向振动过于剧烈是导致其过早失效的根本原因。同时还可以看出，加装扶正器的扩孔器在软硬夹层钻进时有非常明显的减振效果，特别是在横向振动方面更是如此。在软硬夹层中，有扶正器的扩孔器其纵向振动加速度峰值和加速度有效值分别是无扶正器扩孔钻进时的 90.7% 和 85%；其横向振动加速度峰值和加速度有效值分别缩小为无扶正器扩孔钻进时的 27% 和 40%；其扭矩峰值和扭矩有效值分别是无扶正器扩孔钻进时的 65% 和 82%。因此下文将着重研究扶正器对扩孔器在软硬夹层钻进时横振特性的影响。受采样频率的影响，加速度的最大值存在一定的偶然性，在下文的研究中以其有效值（RMS）作为对比依据。

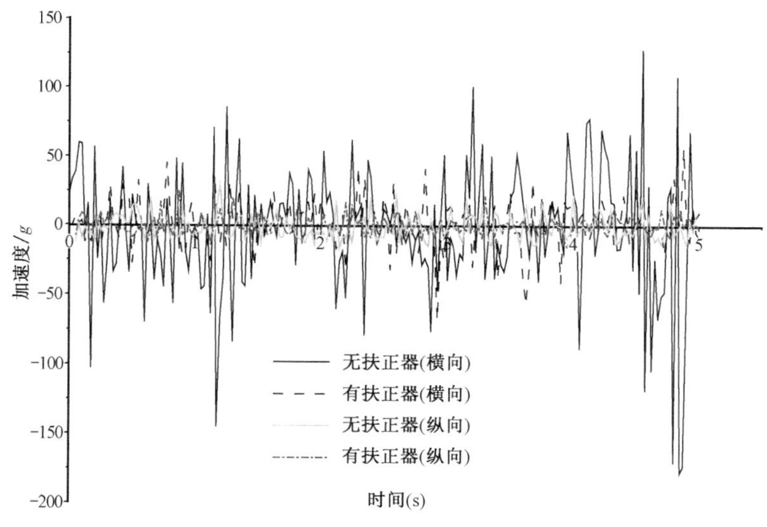

图 5 - 17　扩孔器的振动加速度曲线

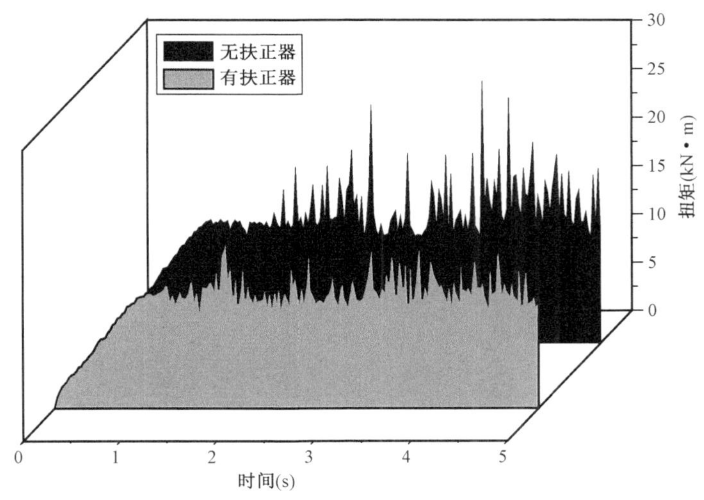

图 5－18　扩孔器的扭矩响应曲线

5.4.3　扶正器参数对扩孔器横向振动的影响

从上文研究可知，扶正器对扩孔器在软硬夹层钻进时有非常明显的减振效果，但是不同参数的扶正器其减振效果完全不同，本部分研究扶正器参数对扩孔器在软硬夹层钻进时横振特性的影响。

5.4.3.1　扶正器直径对扩孔器横向振动特性的影响

首先研究扶正器不同直径对扩孔器在软硬夹层钻进时横振特性的影响，表 5－3 为不同直径的扶正器。

表 5－3　不同直径的扶正器

扶正器	长度(mm)	直径(mm)
A	100	165
B	100	175
C	100	185
D	100	195
E	100	205

结合图 5－19 和图 5－20 的分析结果可知，A，B，C，D 和 E5 类情况下扩孔器的横向加速度有效值比无扶正器时分别减小了 55.5%，59.3%，72.2%，66.2% 和 60.8%，显然 C 扶正器最优；此外，扩孔器在软硬夹层钻进时间越短其损坏或其他事故的概率越低，C 扶正器时扩孔钻速最快，提高了 45%，故选择 C 扶正器更有利于提高扩孔器在软硬夹层钻进的安全性。分析其原因，扩孔器在软硬夹层的横向振动很剧烈，过小直径的扶正器无法起到扶正的作用，过大直径的扶正器会使扶正器与井壁频繁碰撞，从而会加剧整个下部钻具的振动，振动的加剧又会降低钻速，形成恶性循环，最终导致扩孔器快速失效。

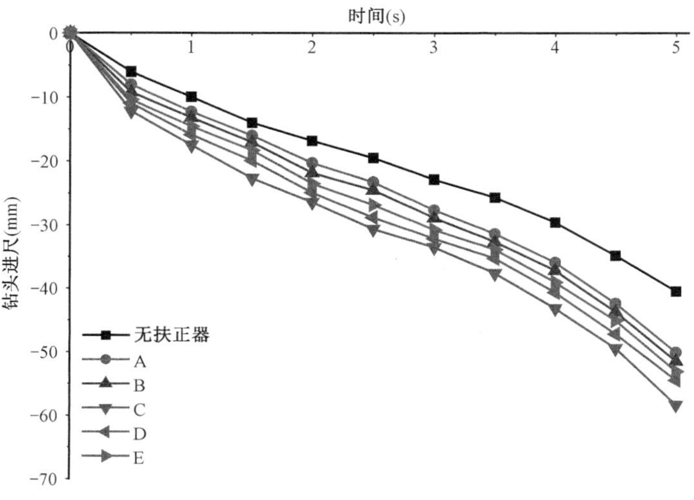

图5-19　不同直径扶正器的扩孔器的破岩速度曲线

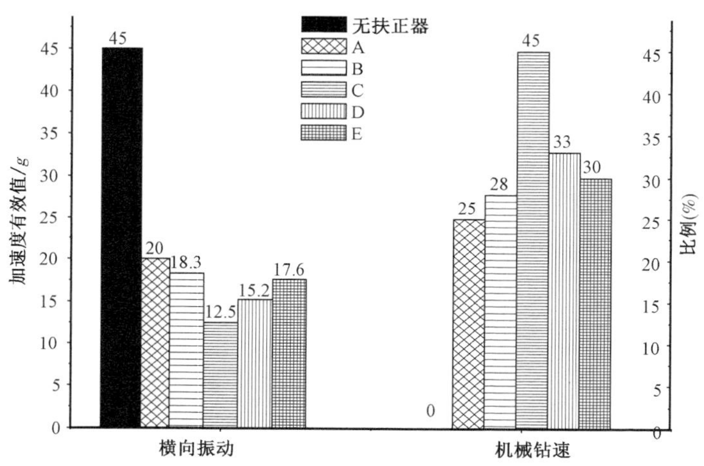

图5-20　不同直径扶正器的扩孔器的横向振动强度与提速效果图

5.4.3.2　扶正器长度对扩孔器横向振动的影响

确定选C扶正器，改变其长度研究长度参数对扩孔器软硬夹层钻进时横振特性的影响，不同长度扶正器的参数如表5-4所示。

表5-4　不同长度的扶正器

扶正器	长度(mm)	直径(mm)
C1	50	185
C2	100	185
C3	150	185
C4	200	185
C5	300	185

结合图 5－21 和图 5－22 的分析结果可知,C1,C2,C3,C4 和 C5 5 类情况下扩孔器的横向加速度有效值比无扶正器时分别减小了 52%,72.2%,77.6%,75.1% 和 68.8%。C3 扶正器减振效果最好最高,且使用 C3 扶正器时扩孔器的钻速最高,提高了 57.5%。分析其原因,扶正器过短无法起到扶正作用,过长则与井壁碰撞概率,从而加剧下部钻具的振动,降低能量利用率,降低扩孔钻速。

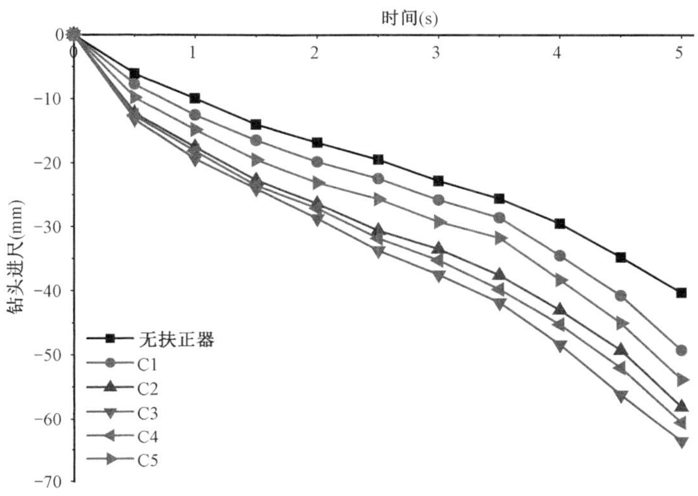

图 5－21　不同长度扶正器的扩孔器的破岩速度曲线

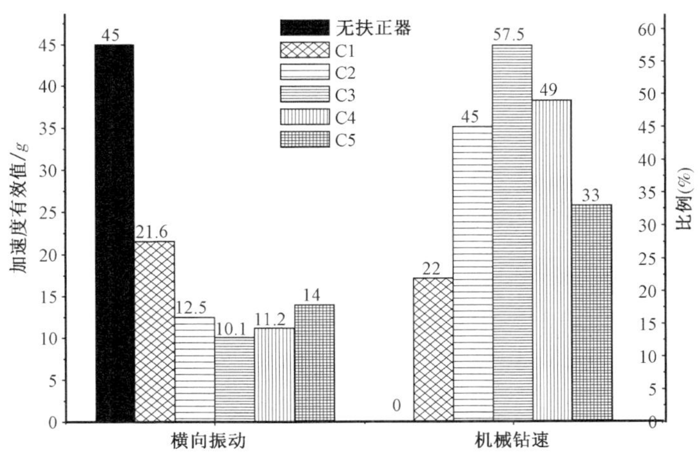

图 5－22　不同长度扶正器的扩孔器的横向振动强度与提速效果图

5.4.4　工程施工参数的优选

以 C3 扶正器为基础,以振动控制为评价指标,计算并优选最佳施工参数(回拖力、转速)。贝克休斯公司对下部钻具横向振动分级标准见表 5－5,表 5－5 中的振动水平以重力加速度 g 的倍数计量,是基于实际测量结果的统计指标 RMS(有效值)。贝克休斯公司经过多年现场探索形成了被行业广泛认可的施工指南：横向振动水平在安全区时处于良好的运行环境，在危险区时下部钻具必须立即采取措施消除振动后方能继续钻进。

表 5-5 贝克休斯公司对钻具横向振动的分级标准

级别	安全	危险
振动水平	0 ~ 8g	8g 以上

从图 5-23 可以看出，在软硬夹层中，扩孔器的横向加速度有效值会随着转速和回拖力的增大而增大，穿越工程中常用的回拖力和转速参数都可能进入“横振危险区”，这说明对扩孔器钻进软硬夹层时振动特性评估是非常有必要的。根据分级标准（表 5-5），图 5-21 给出了最优参数组合：如采用 30t 回拖力时，转速不能超过 25r/min；回拖力采用 15t 时，转速可放宽至 35r/min，按照图 5-23 可使扩孔器振动水平控制在安全范围内。

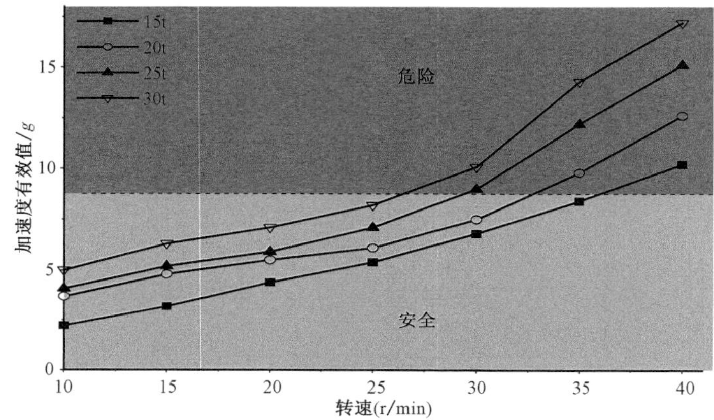

图 5-23 不同施工参数扩孔器横向加速度有效值

第 6 章　管道定向穿越钻柱接头螺纹力学特性与失效预防

定向钻穿越的钻柱是由一根根钻杆通过钻杆接头螺纹连接而成，这使得螺纹连接位置成为整个定向穿越钻柱的薄弱环节。在定向钻穿越河流施工过程中，从动端钻杆接头螺纹粘扣失效致使钻杆大量损耗，同时也严重影响了施工工期。因此研究定向钻穿越钻杆接头螺纹失效原因对于减少钻杆接头螺纹失效事故和保证施工周期具有很重要的价值，以兰郑长—长江三穿施工工况为例，研究钻杆接头螺纹粘扣失效研究[80-92]。

兰郑长—长江三穿施工，从动端钻杆接头螺纹发生批量粘扣，其失效形貌如图 6-1 所示，台肩处发生了较为严重的磨损，且外螺纹和内螺纹在第一、五啮合牙处发生了不同程度的粘扣现象。针对上述问题，通过建立三维的钻杆接头螺纹有限元力学模型，研究各施工因素对钻杆接头螺纹粘扣的影响，进而揭示了施工过程中造成粘扣失效的原因，针对失效原因提出相应的工艺改进措施。

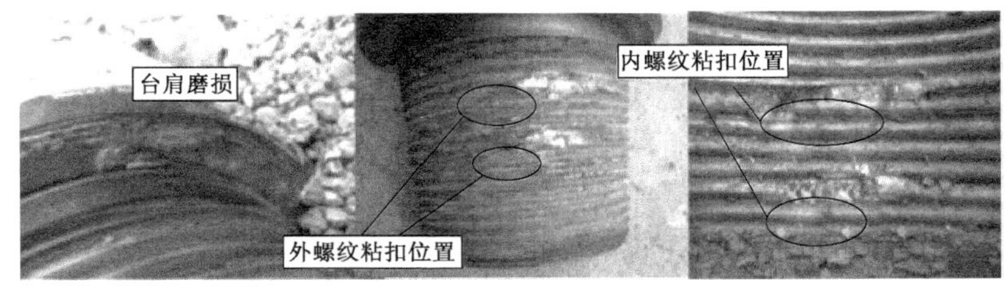

图 6-1　粘扣失效的钻杆接头螺纹

6.1　钻柱螺纹控制方程与有限元模型

6.1.1　钻柱螺纹连接控制方程

螺纹在复合载荷的作用下发生弹塑性变形，弹塑性接触的基本方程为：

$$[\boldsymbol{K}(u)]\{\boldsymbol{u}\} = \{\boldsymbol{P}\} + \{\boldsymbol{R}(u)\} \equiv \{\boldsymbol{f}(u)\} \tag{6-1}$$

式中　$[\boldsymbol{K}(u)]$——整个系统的刚度矩阵，在非线性问题中是位移向量$\{\boldsymbol{u}\}$的函数；

$\{\boldsymbol{P}\}$——整体外载向量；

$\{\boldsymbol{R}(u)\}$——待定接触力向量，是接触点对相对位移的函数；

$\{\boldsymbol{f}(u)\}$——右端项向量。

这里存在两种迭代过程，即接触状态迭代和塑性修正迭代。

由外螺纹和内螺纹组成的接触体系，将其看成两个独立的个体，按有限元的要求离散成若干单元，根据虚功原理，对外螺纹和内螺纹分别在整体坐标系下建立刚度方程：

$$\begin{array}{ll} K_a U_a = P_a + R_a & K_a U_a = P_a + R_a \\ K_b U_b = P_b + R_b & K_b U_b = P_b + R_b \end{array} \tag{6-2}$$

式中 K_a,K_b——接触体的刚度矩阵；

U_a,U_b——待求的节点位移向量；

P_a,P_b——已知的节点外力向量；

R_a,R_b——未知的接触节点接触力的向量。

式(6－2)中下标 a 代表外螺纹，b 代表内螺纹，显然方程(6－2)中未知量的个数多于方程数，方程无法求解，在实际求解时，需要先假设接触状态，然后按这些状态所对应的接触条件，补充方程后对式(6－2)求解，其结果应满足假定接触状态所对应的判定条件，否则需要修改接触状态，继续求解，直到满足相应的判定条件为止。

6.1.2 钻柱螺纹有限元模型

所使用钻杆接头螺纹材料的弹性模量 210000MPa，泊松比 0.3，屈服强度 890MPa，抗拉强度 1055MPa。

其三维有限元网格模型如图 6－2 所示。

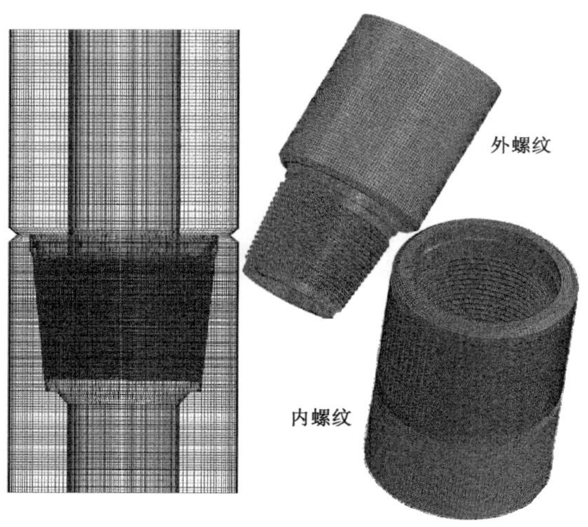

图 6－2 钻杆接头螺纹三维有限元网格模型

6.2 管道定向穿越钻柱螺纹力学特性

6.2.1 钻柱螺纹载荷工况与数值计算方案

钻杆接头螺纹粘扣失效位置发生在南岸(入土端)，主管穿越长度 1970m，深度 73m，钻杆入土角 16°。施工过程中，南岸钻杆不承受拉力，并且从动旋转，钻杆入土后，后端钻杆处于悬空状态。

现场上扣方式：采用挖掘机强制将钻杆接头螺纹压在地面，人工上扣。如图 6－3 所示。

针对现场的施工情况，对钻杆接头螺纹承载情况分析如下：

(1)上扣间距。根据现反馈信息，人工上扣时由于上扣的不对中和上扣扭矩不足，致使无法上紧，为评估未上紧状态对钻杆接头螺纹连接性能的影响，如图6-4所示。根据甲方建议取台肩间距0，0.2mm和0.5mm计算。

图6-3　现场上扣方式

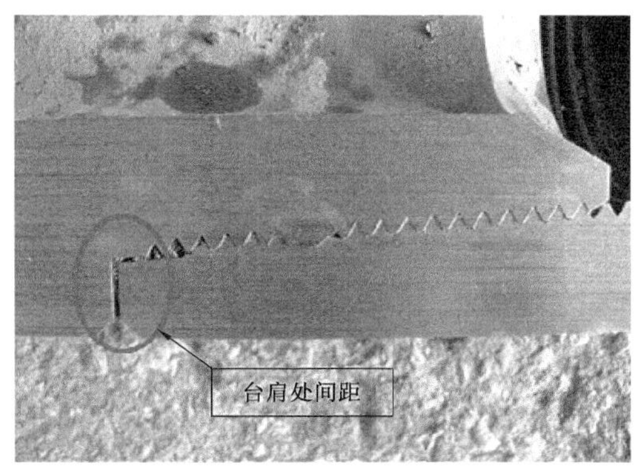

图6-4　剖开的粘扣钻杆接头螺纹

(2)上扣不对中度。上扣不对中度表述如图6-5所示，为外螺纹与内螺纹接头两端在径向的偏移量S(接头总长度450mm)。现场施工的上扣精度低，难以保证上扣过程中钻杆接头螺纹的对中性，根据甲方估计上扣不对中度约3mm，计算过程中取对中情况作为参照。

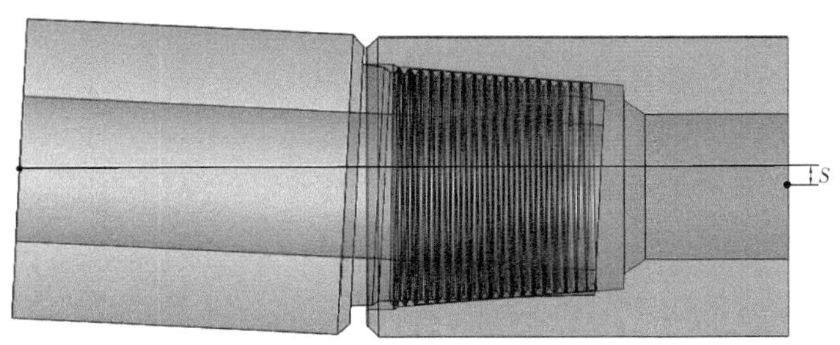

图6-5　上扣不对中度

(3)人工上扣扭矩计算。上扣过程中的结构简图如图6-6所示。

力臂长L最大长度为2m，拉力F为3000N(一人拉力约750N，约相当于4人同时拉)，此时的上扣扭矩为6000N·m，5½的FH钻杆接头螺纹API规定上扣扭矩为5×10^4N·m。因此上扣过程存在严重的上扣扭矩不足的问题。

(4)弯矩载荷。上扣后的钻杆接头螺纹承受的弯矩载荷包括：钻杆接头螺纹入土后后端悬空所形成的弯矩载荷和钻杆接头螺纹入土后由于穿越轨迹弯曲所造成的弯曲载荷，由于穿越轨迹弯曲曲率半径较大，由孔壁所形成的弯曲载荷较小，计算过程中只考虑入土后后端悬空所形成的弯矩载荷。为了精确计算出此时钻杆接头螺纹所承受的弯矩载荷，建议入土角为16°，后端钻杆悬空状态的有限元模型，其示意图如图6-7。

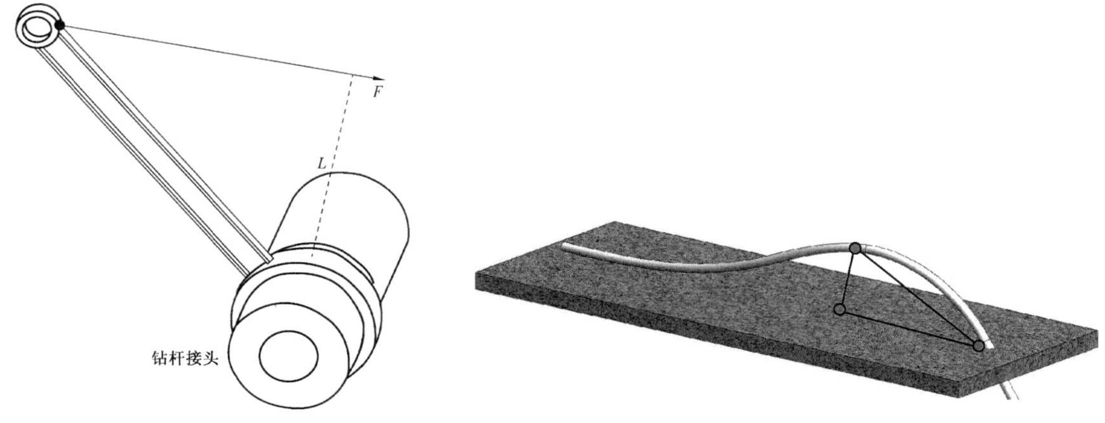

图 6－6　上扣力矩简图

图 6－7　弯矩载荷计算示意图

根据图 6－7 中所示，假设从出土点到弯曲最高点为均匀变形，建立三角几何关系，计算得曲率半径 $L = 14200\text{mm}$，对于 450mm 长的螺纹接头模型来说，相当于是一端固定，另一端施加约 7mm 的径向位移。

将各种非常规操作情况下对螺纹接头的应力应变的影响与正常上扣（预紧力）时的螺纹应力应变进行比较，指出非常规操作对钻杆接头螺纹使用性能的影响。

与钻杆的屈服强度比较，非常规操作是否引起了钻杆接头螺纹的螺纹牙、台肩的塑性变形。

所需计算的案例如表 6－1 所示：

表 6－1　计算案例列表

序号	载荷情况				备注
	上扣前台肩间距（mm）	上扣前弯曲（mm）	上扣扭矩（N·m）	上扣后弯曲（mm）	
1	0	0	50000	0	分析上扣扭矩下钻杆接头螺纹的应力和螺纹牙接触压力状态，作为参照
2	0	0	6000	0	
3	0	0	6000	7	分析后端钻杆悬空时对螺纹的影响
4			50000		
5	0	0	0	7	台肩间距对钻杆接头螺纹工作安全性的影响
6	0.2			7	
7	0.5			7	
8	0	3	6000	0	未上紧并存在弯曲和台肩间距时钻杆接头螺纹的应力、接触压力状态
9	0.2			0	
10	0.5			0	
11	0	3	6000	7	未上紧并存在弯曲和台肩间距时钻杆接头螺纹的抗弯性能
12	0.2			7	
13	0.5			7	
14	0	3	6000	5	对弯矩载荷的算例补充
15	0.2				
16	0.5				

6.2.2　钻柱螺纹数值计算结果分析

6.2.2.1　上扣扭矩的影响

扭矩 50000N·m 和 6000N·m 时，钻杆接头螺纹的应力云图和接触压力云图如图 6－8 至图 6－11 所示[37—49]。

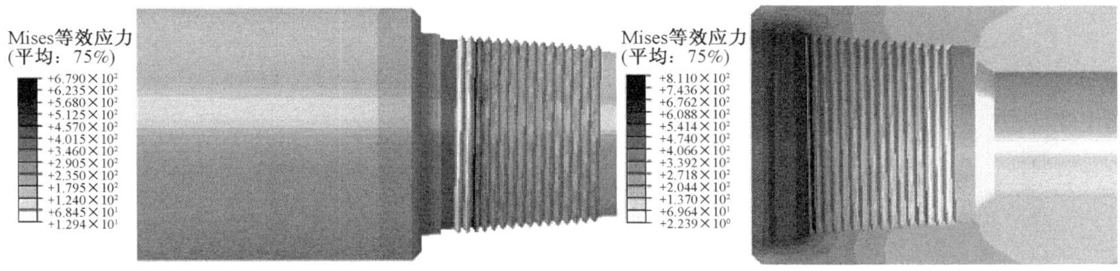

图 6－8　扭矩 50000N·m 时螺纹应力云图（软件截图）

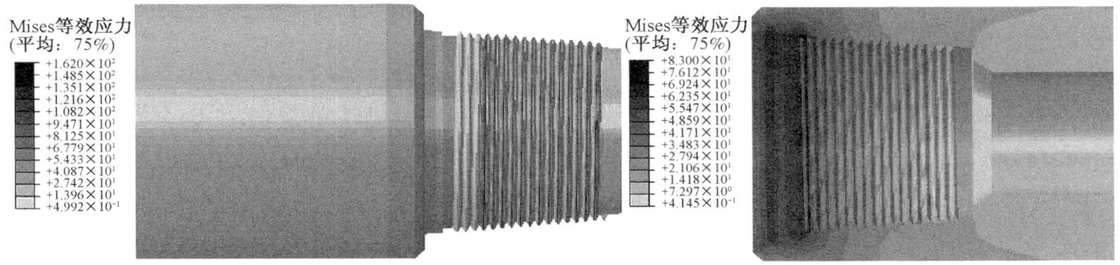

图 6－9　扭矩 6000N·m 时接头应力云图（软件截图）

对比标准上扣扭矩和上扣扭矩不足时的钻杆接头螺纹应力云图和接触压力云图可知，最大值均出现在第一啮合牙处，且应力和接触压力较大值均集中在前面几个啮合牙。

但两种上扣扭矩相比最大应力和接触压力均相差很大，对比图 6－8 至图 6－11 可知，扭矩为 50000N·m 时钻杆接头螺纹最大应力值为 811MPa，接近材料的屈服强度，符合钻杆接头螺纹预紧力的原则；扭矩为 6000N·m 时钻杆接头螺纹最大应力值仅 162MPa，而根据上扣扭矩的推荐原则，上扣扭矩应是在钻杆接头螺纹未发生屈服的前提下，扭矩越大越合理，因此本次施工过程中上扣存在严重的不足。

当扭矩为 6000N·m 时，第一啮合牙的接触压力和台肩的最小接触压力值分别为 20MPa 和 47MPa，密封可靠性很差，当存在轻微的弯曲载荷时将会出现密封失效，导致泥浆进入啮合的螺纹牙内，如图 6－12 所示；而扭矩为 50000N·m 时，钻杆接头螺纹螺纹牙的第一啮合牙接触压力最小值为 205MPa，能够满足施工过程中对钻杆的密封，钻杆接头螺纹台肩的最小接触压力为 424MPa，能够满足实际需要，如图 6－13 所示。

上扣扭矩不足时的危害：

(1) 弯曲所产生的压缩载荷由于预紧力不足而转化为冲击载荷，降低钻杆接头螺纹的使用寿命；

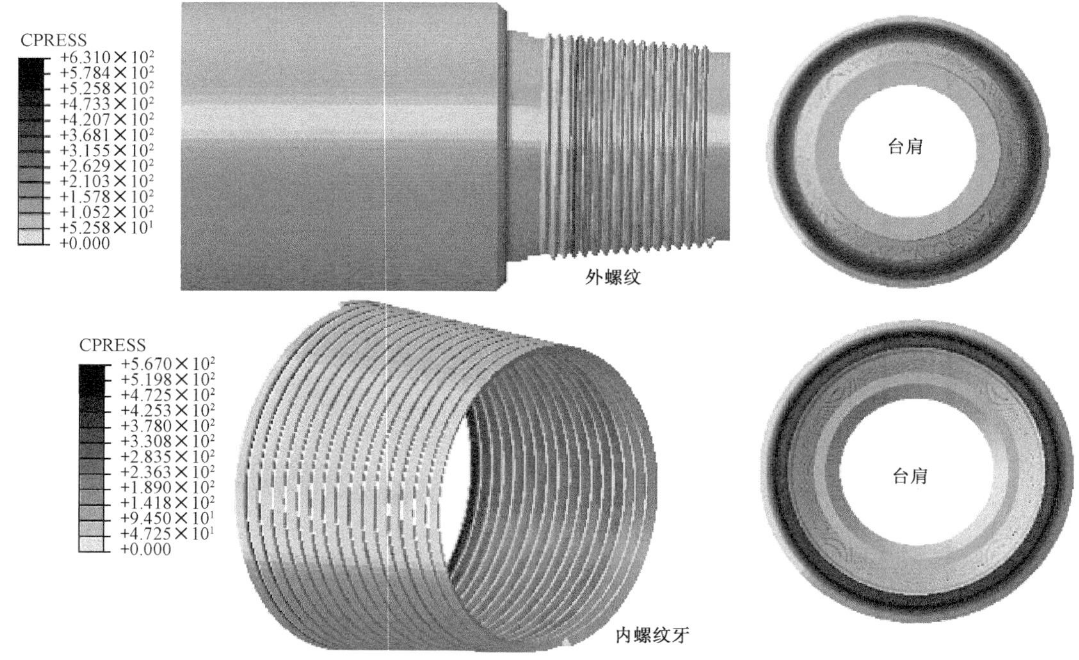

图 6－10　扭矩 50000N · m 时钻杆接头螺纹接触压力云图

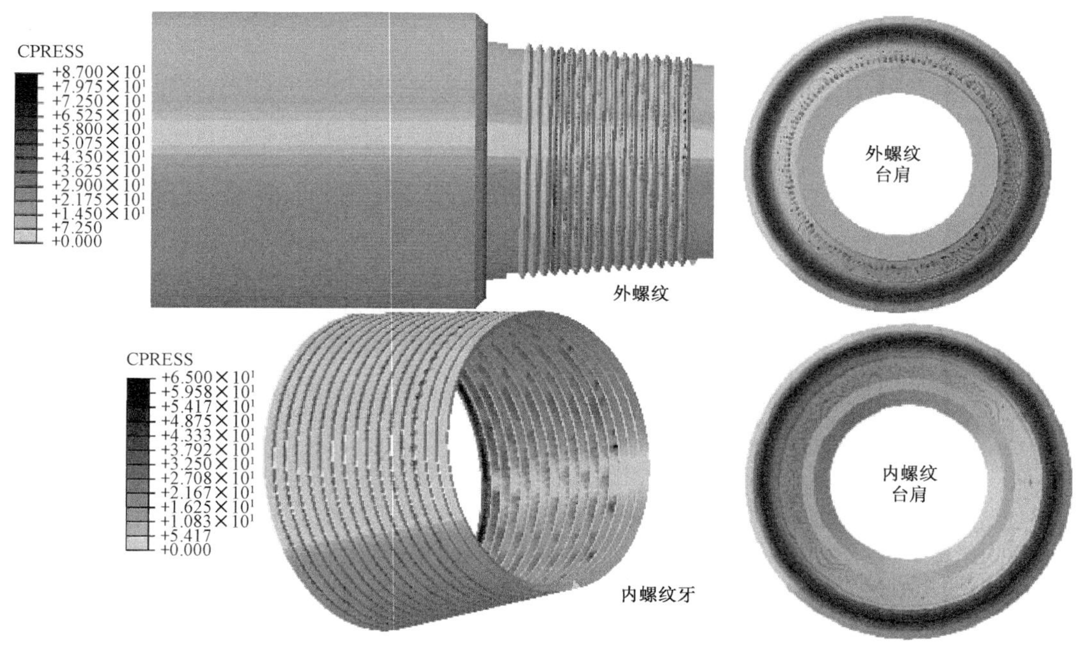

图 6－11　扭矩 6000N · m 时钻杆接头螺纹接触压力云图

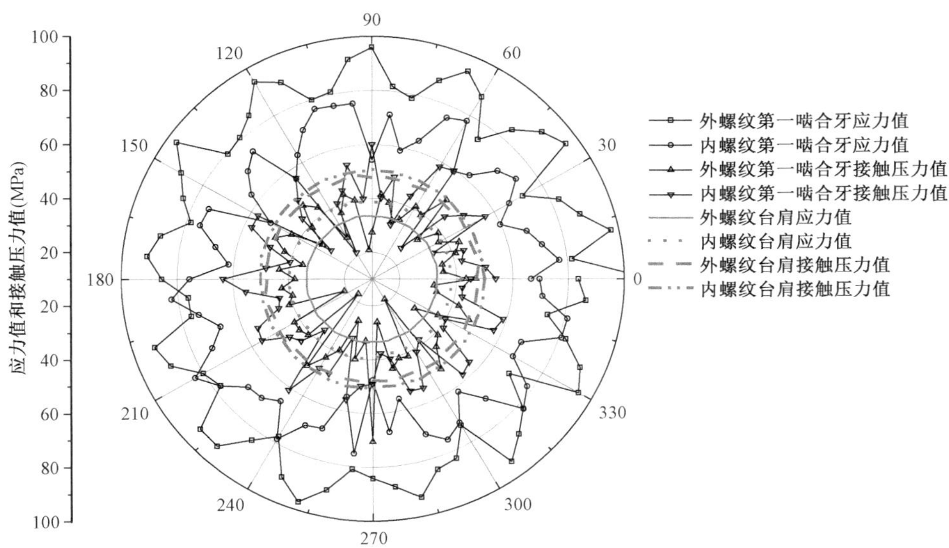

图6-12　扭矩6000N·m时钻杆接头螺纹应力值与接触压力值

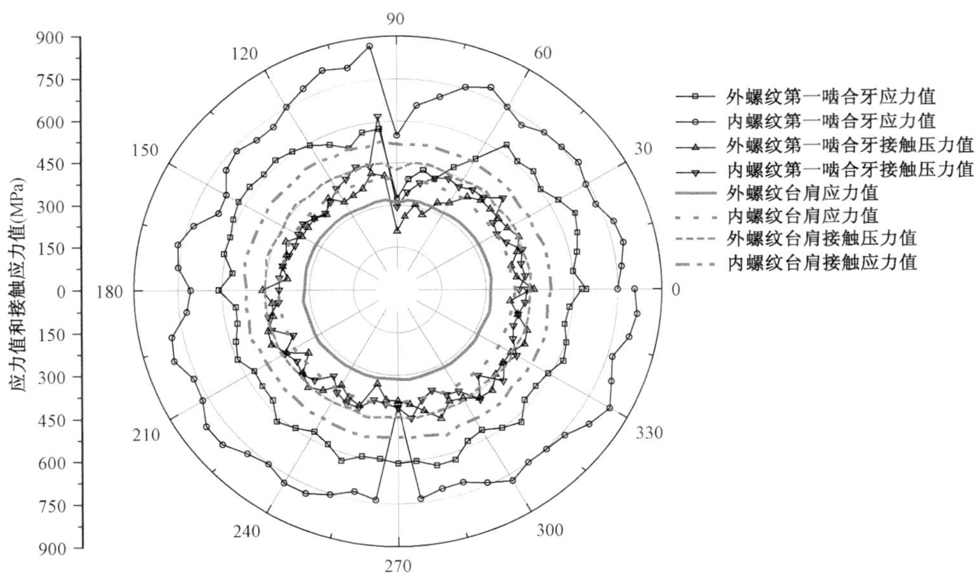

图6-13　扭矩50000N·m时钻杆接头螺纹应力值与接触压力值

(2)钻杆接头螺纹密封可靠性差,致使螺纹牙之间的摩擦力增大或进入夹杂物,引起螺纹粘扣失效。

6.2.2.2　上扣后弯曲的影响

钻杆接头螺纹上扣后弯曲相当于一端固定对另一端施加径向位移(7mm)。计算时分别对扭矩为6000N·m、50000N·m时弯曲位移7mm,将承受弯曲载荷的螺纹牙应力和接触压力相比较，其计算结果的第一啮合牙的应力和接触压力及台肩处的应力和接触压力分别如图6－14和图6－15所示。

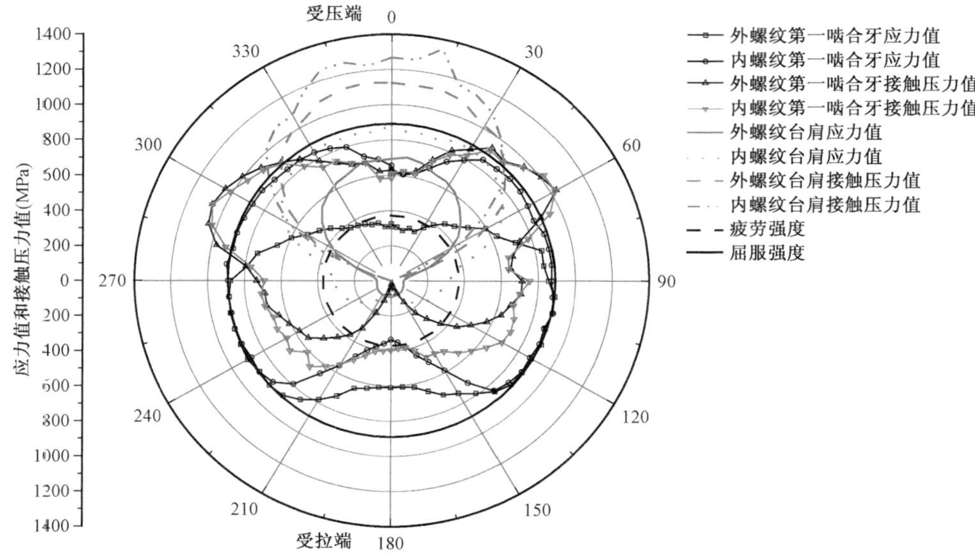

图6－14　扭矩6000N·m且弯曲位移7mm时钻杆接头螺纹应力值与接触压力值

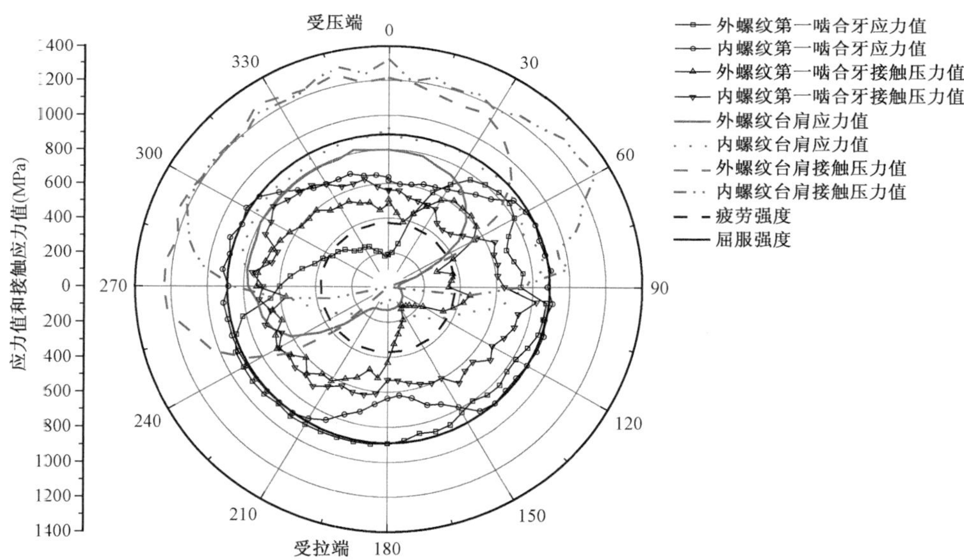

图6－15　扭矩50000N·m且弯曲位移7mm时钻杆接头螺纹应力值与接触压力值

由图6－14和图6－15对比图6－12和图6－13可知，弯矩载荷的作用大大增加了螺纹牙和台肩处的应力值与接触压力值。结合图6－16可以看出，应力较大值的区域集中在台肩处、受压端第一啮合牙和受拉端第五和第六啮合牙的牙根及钻杆接头螺纹本体。

扭矩为6000N·m且弯曲位移7mm相比扭矩为6000N·m时，在弯矩载荷作用下钻杆接

图 6－16　扭矩 6000N·m 且弯曲位移 7mm 时外螺纹半剖的应力云图

头螺纹的应力最大值由 162MPa 增至 911MPa，接触压力最大值由 87MPa 增至 1346MPa，过大的应力与接触压力将导致此处螺纹牙粘扣失效。同时弯矩载荷使得应力和接触压力沿螺纹周向分布极不均匀，在弯曲位移 7mm 的情况下，扭矩为 6000N·m 和 50000N·m 时台肩均存在 0 接触压力位置，此种情况导致泥浆进入啮合的螺纹牙，降低钻杆接头螺纹的使用寿命。该弯曲载荷作用时，扭矩 6000N·m 和 50000N·m 时钻杆接头螺纹的最大应力值分别为 911MPa 和 948.5MPa，已超出钻杆接头螺纹的屈服强度，大大超出材料的疲劳强度，此时钻杆接头螺纹在某种程度上发生了塑性变形，是导致钻杆接头螺纹粘扣失效的主要原因。因此在施工过程中应减少此处的弯矩载荷，以便钻杆接头螺纹在无损伤情况下安全下入。

过大的弯矩载荷对钻杆接头螺纹连接性能的影响：

(1)过大的弯矩载荷使得钻杆接头螺纹的应力较大值区域集中在台肩、受压端第一啮合牙和受拉端第五和第六啮合牙牙根部位，使得该三处的应力值达到或接近材料的屈服极限。

(2)弯矩载荷大大降低钻杆接头螺纹的密封性能，使得密封压力在周向分布不均匀。过大的弯矩载荷将导致接头密封失效，使得在定向钻穿越过程中泥浆进入连接的各螺纹牙之间，影响钻杆接头螺纹的使用寿命。

6.2.2.3　台肩间距的影响

计算弯曲位移 7mm 且间距 0.2mm、弯曲位移 7mm 且间距 0.5mm、弯曲位移 7mm 三种情况时钻杆接头螺纹的应力和接触压力分布情况，分析台肩之间间距对钻杆接头螺纹连接性能的影响，图 6－17 至图 6－19 所示为钻杆接头螺纹应力图，图 6－20 至图 6－22 所示为钻杆接头螺纹接触压力云图。

对比三种情况时钻杆接头螺纹的应力云图可以得出：当台肩间距较大时，钻杆接头螺纹的最大应力值逐渐增大，且外螺纹螺纹牙应力峰值增加较为明显，应力较大值区域也有所增加，而内螺纹的应力值却逐渐集中到内螺纹螺纹牙的中间位置，如图 6－19 所示。

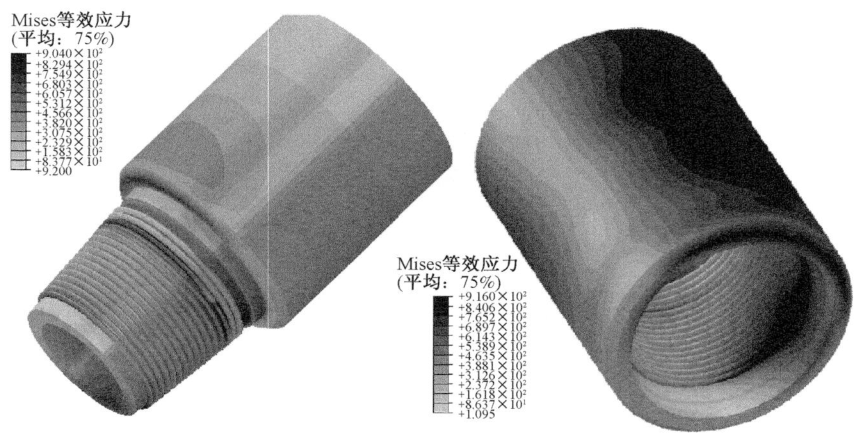

图 6－17　弯曲位移 7mm 时钻杆接头螺纹应力云图（软件截图）

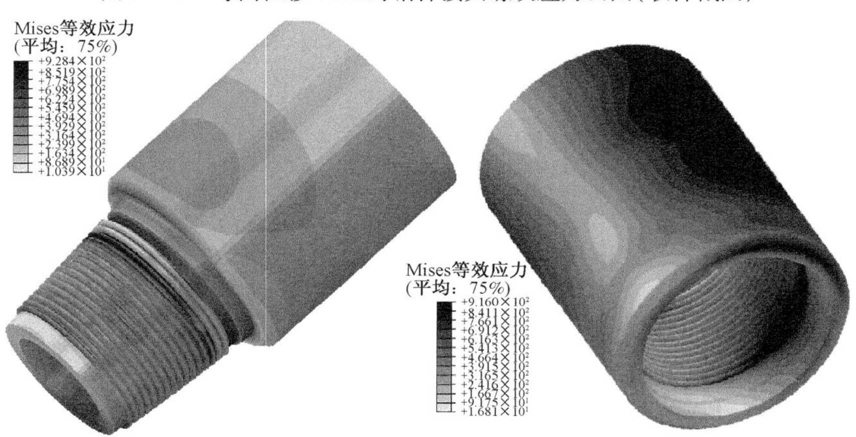

图 6－18　间距 0.2mm 且弯曲位移 7mm 时钻杆接头螺纹应力云图（软件截图）

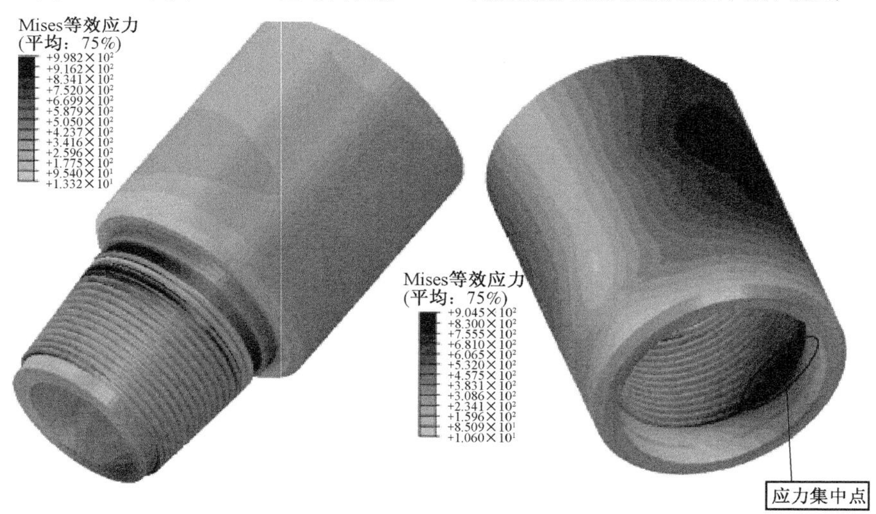

图 6－19　间距 0.5mm 且弯曲位移 7mm 时钻杆接头螺纹的应力云图

对比三种情况时钻杆接头螺纹的接触压力云图(图 6 - 20 至图 6 - 22)可以得出:当台肩无间距时,弯矩载荷作用时最大接触压力位置发生在台肩处;而当台肩存在间距时,第一啮合牙的接触压力值最大,台肩密封失效;当台肩间距达到 0.5mm 时,由于台肩间距过远,致使台肩上接触压力很小,接触压力主要集中在第一啮合牙。台肩间距对接头连接性能的影响主要在于本应作用在台肩上的载荷因为没有台肩的支撑,而作用在螺纹牙上,大大增加了螺纹牙所承受的载荷。

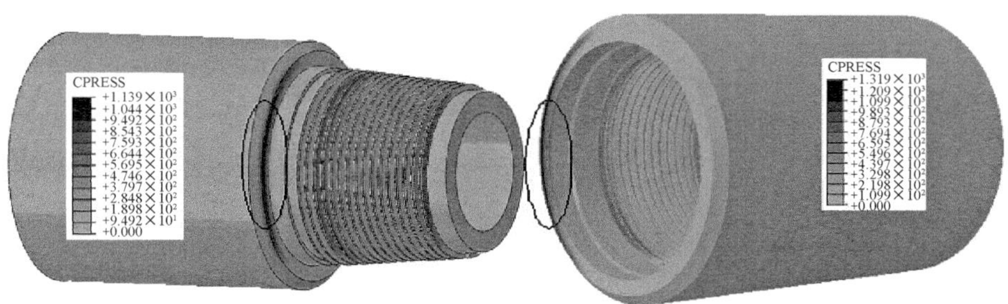

图 6 - 20　弯曲位移 7mm 时钻杆接头螺纹接触压力云图(软件截图)

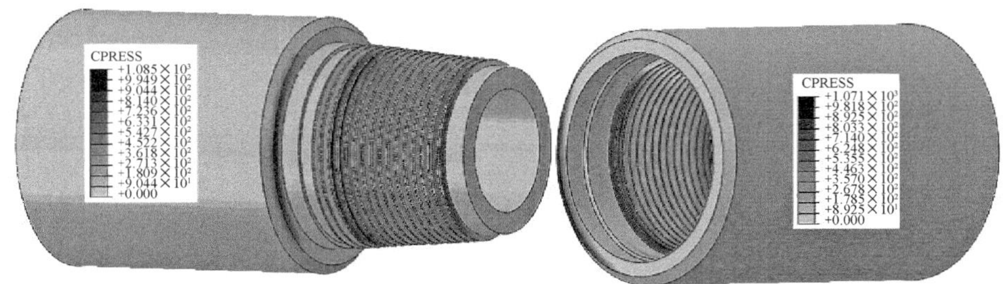

图 6 - 21　间距 0.2mm 且弯曲位移 7mm 时钻杆接头螺纹接触压力云图(软件截图)

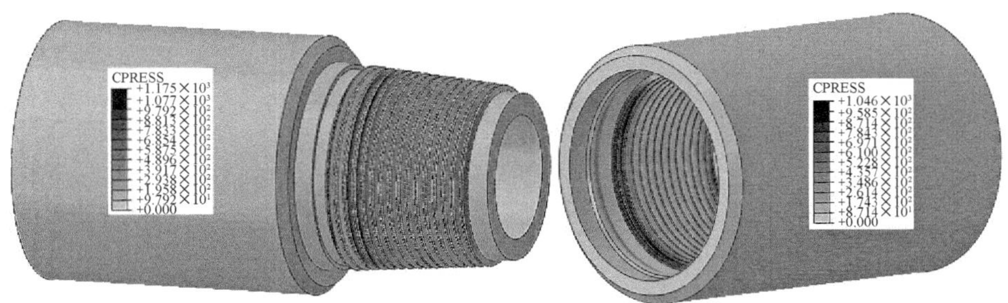

图 6 - 22　间距 0.5mm 且弯曲位移 7mm 时钻杆接头螺纹接触压力云图(软件截图)

台肩间距对螺纹连接性能的危害:

(1)只要存在台肩间距,螺纹的台肩即失去密封能力,存在因密封失效对钻杆接头螺纹的危害。

(2)台肩间距增大了钻杆接头螺纹螺纹牙处的应力值和接触压力值,且间距越大,第一啮合牙处的应力值和接触压力值越大,螺纹牙越容易发生粘扣。

6.2.2.4 上扣不对中度的影响

由于现场上扣方式难以保证上扣螺纹的对中度，根据甲方提供数据，计算时取钻杆两端不对中度3mm。计算接头在上扣不对中度3mm且扭矩6000N·m，不对中度3mm且扭矩6000N·m且弯曲位移7mm时的应力、接触压力分布，与扭矩6000N·m和扭矩6000N·m且弯曲位移7mm时相比较，分析不对中度的影响，图6-23至图6-25为钻杆接头螺纹应力云图，图6-23至图6-25为钻杆接头螺纹接触压力云图。

图6-23 不对中度3mm且扭矩6000N·m时钻杆接头螺纹应力云图(软件截图)

图6-24 扭矩6000N·m且弯曲位移7mm时钻杆接头螺纹应力云图(软件截图)

图6-25 不对中度3mm且扭矩6000N·m且弯曲位移7mm时钻杆接头螺纹应力云图(软件截图)

上扣扭矩6000N·m时，钻杆接头螺纹的最大应力值为162MPa，当上扣不对中度3mm时，钻杆接头螺纹的最大应力值达635MPa，虽未超过正常上扣时钻杆接头螺纹的峰值应力，但此时钻杆接头螺纹的应力和接触压力沿圆周方向分布已极不均匀。

图 6－26　不对中度 3mm 且扭矩 6000N・m 时钻杆接头螺纹接触压力云图

图 6－27　扭矩 6000N・m 且弯曲位移 7mm 时钻杆接头螺纹接触压力云图（软件截图）

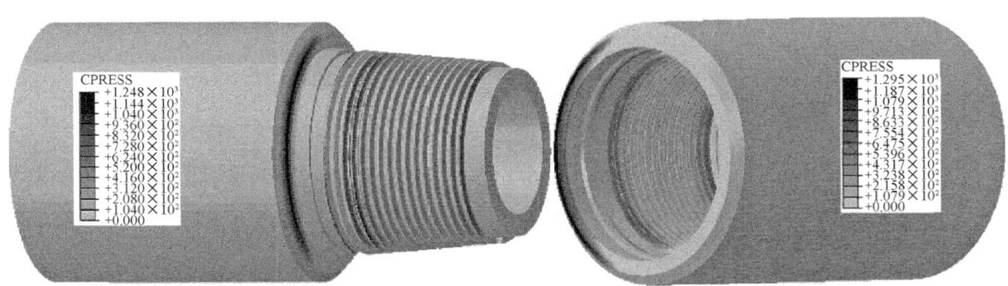

图 6－28　不对中度 3mm 且扭矩 6000N・m 且弯曲位移 7mm 钻杆接头螺纹接触压力云图（软件截图）

上扣不对中使得台肩处的应力和接触压力集中在受压端，而受拉端台肩的应力值和接触压力值均为 0。在扭矩 6000N・m 且弯曲位移 7mm 的情况下，上扣不对中的钻杆接头螺纹最大应力值和接触压力值均高于对中时，应力和接触压力较大值区域也明显增多，尤其是第一啮合牙的接触压力值增大了近一倍，如图 6－29 和图 6－30 所示。

上扣不对中度对钻杆接头螺纹连接性能的危害：

（1）上扣不对中导致钻杆接头螺纹上扣后的应力值增大，进而降低钻杆接头螺纹承载能力；

（2）上扣不对中致使钻杆接头螺纹台肩密封失效；

（3）上扣不对中使得第一啮合牙的接触压力值增大，是钻杆接头螺纹螺纹牙发生粘扣失效的诱因之一。

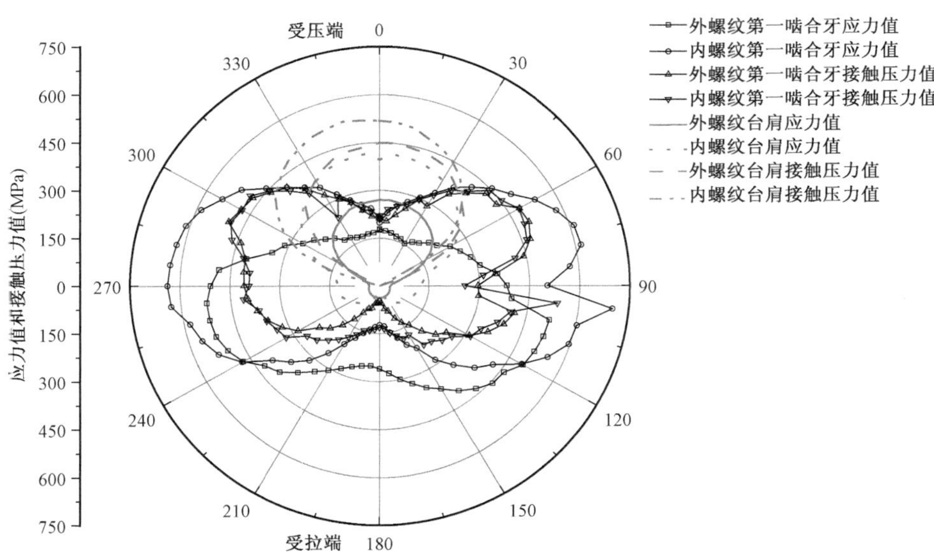

图 6－29　不对中度 3mm 且扭矩 6000N · m 时钻杆接头螺纹应力值和接触压力值

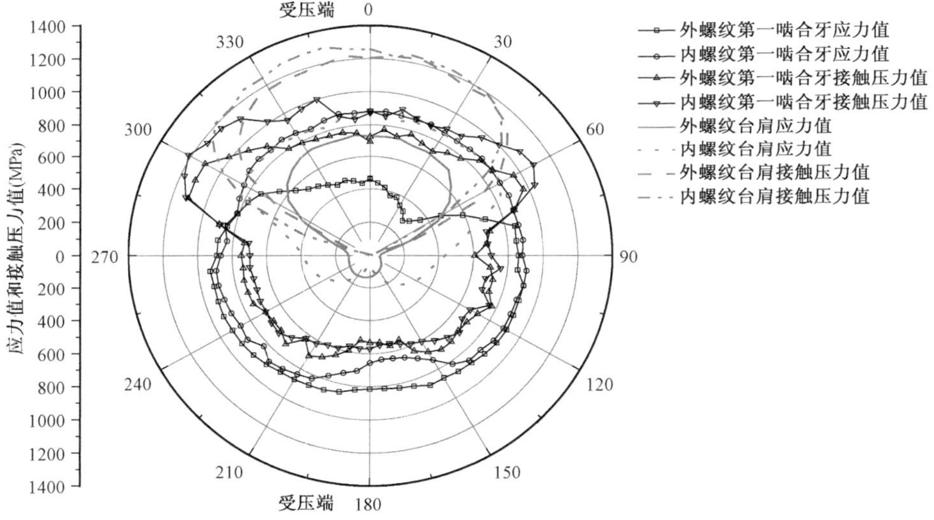

图 6－30　不对中度 3mm 且扭矩 6000N · m 且弯曲位移 7mm 时钻杆接头螺纹应力值和接触压力值

6.2.2.5　综合影响分析

为了更好地了解现场的几种施工情况对钻杆接头螺纹连接性能的综合影响，计算各种载荷综合作用在钻杆接头螺纹时的应力和接触压力分布状态，为粘扣失效的判断提供更直观的依据，由于 6.2.2.2 中所计算的弯曲位移 7mm 为理想计算状态，实际由于穿越孔径大于钻杆直径，弯由位移可能小于该数值，有限元仿真时计算了弯曲位移为 5mm 的案例作为补充，图 6－31 至图 6－34 为应力云图，图 6－35 至 6－38 为接触压力云图，图 6－39 至 6－42 为钻杆接头螺纹应力值和接触压力值。

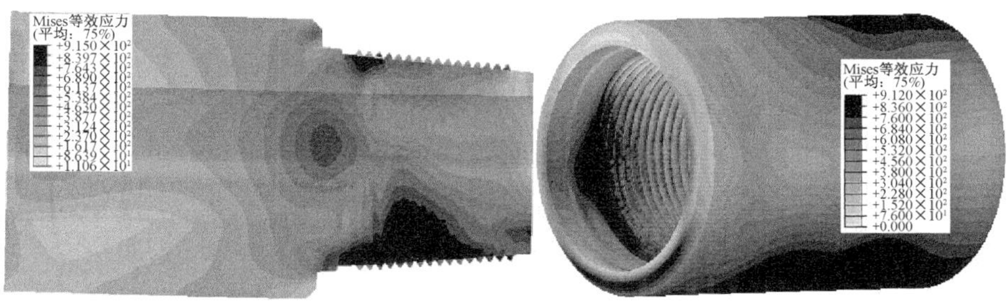

图6-31　间距0.2mm且不对中度3mm且扭矩6000N·m且弯曲位移5mm时应力云图(软件截图)

图6-32　间距0.2mm且不对中度3mm且扭矩6000N·m且弯曲位移7mm时应力云图(软件截图)

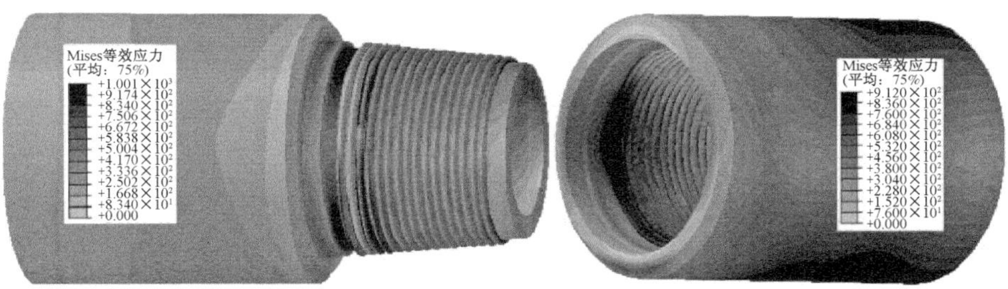

图6-33　间距0.5mm且不对中度3mm且扭矩6000N·m且弯曲位移5mm时应力云图(软件截图)

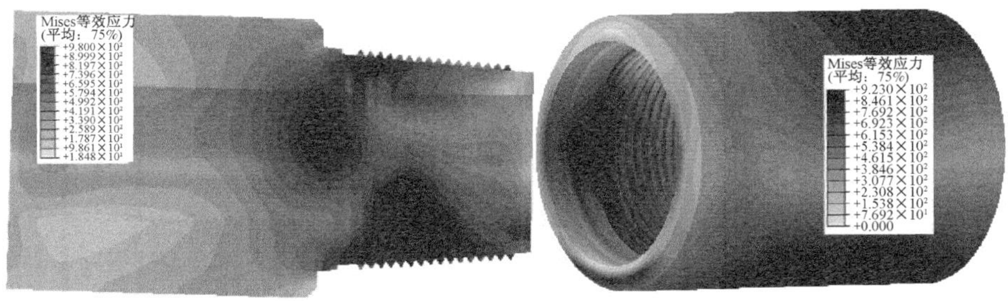

图6-34　间距0.5mm且不对中度3mm且扭矩6000N·m且弯曲位移7mm时应力云图(软件截图)

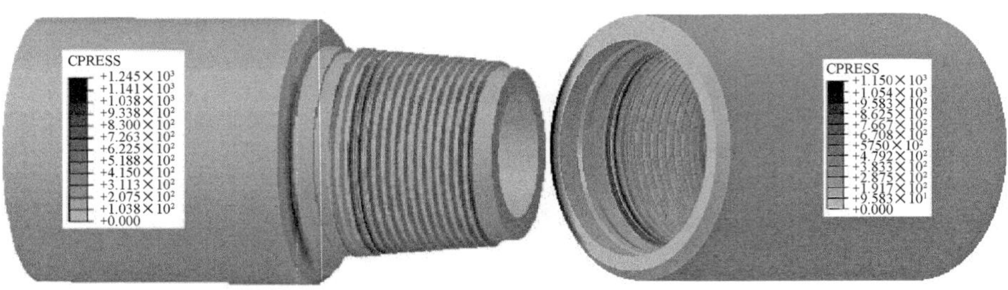

图 6 - 35　间距 0. 2mm 且不对中度 3mm 且扭矩 6000N · m 且弯曲位移 5mm 时接触压力云图(软件截图)

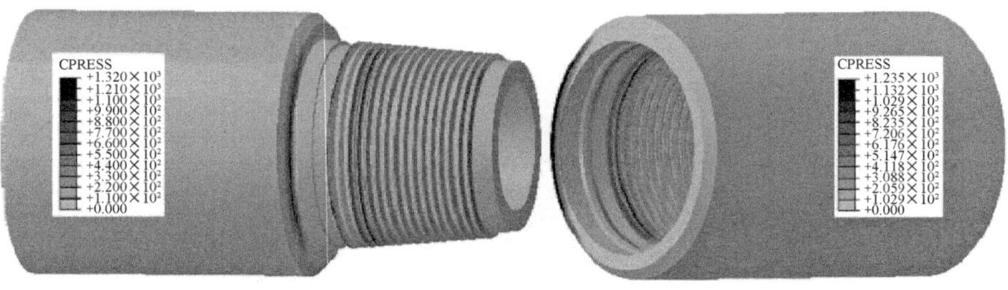

图 6 - 36　间距 0. 2mm 且不对中度 3mm 且扭矩 6000N · m 且弯曲位移 7mm 时接触压力云图(软件截图)

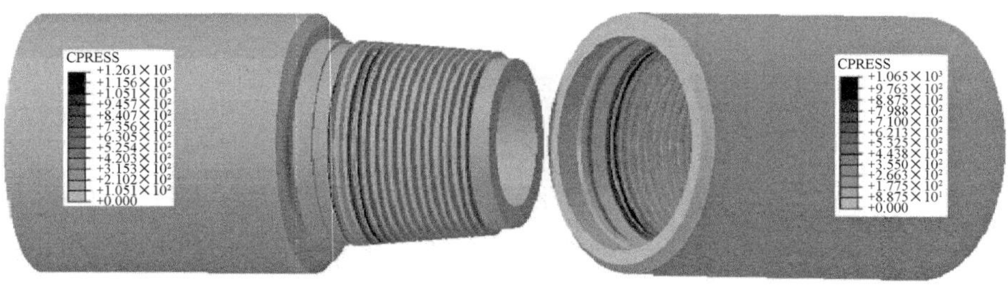

图 6 - 37　间距 0. 5mm 且不对中度 3mm 且扭矩 6000N · m 且弯曲位移 5mm 时接触压力云图(软件截图)

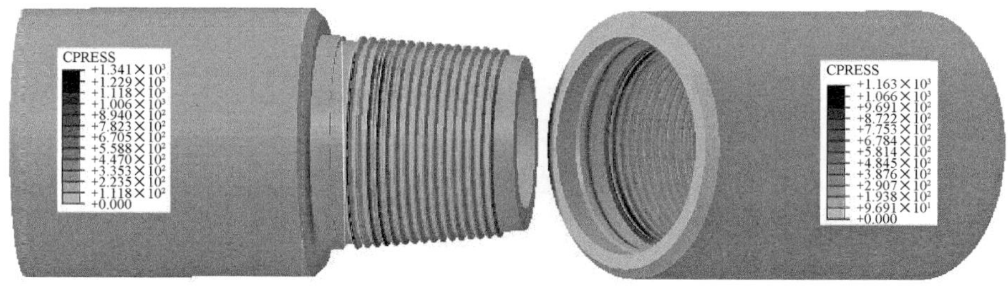

图 6 - 38　间距 0. 5mm 且不对中度 3mm 且扭矩 6000N · m 且弯曲位移 7mm 时接触压力云图(软件截图)

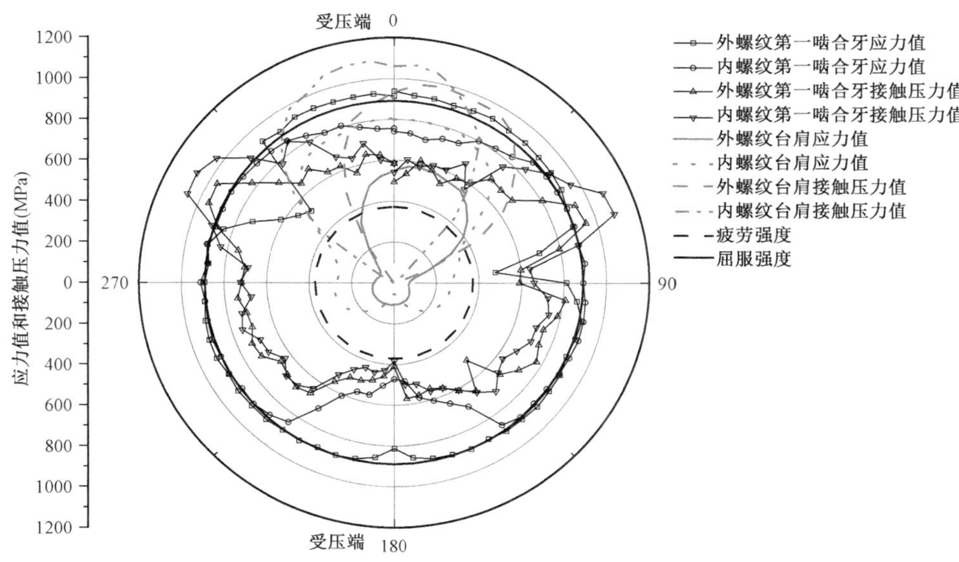

图6-39 间距0.2mm且不对中度3mm且扭矩6000N·m且弯曲位移5mm时钻杆接头螺纹应力值和接触应力值

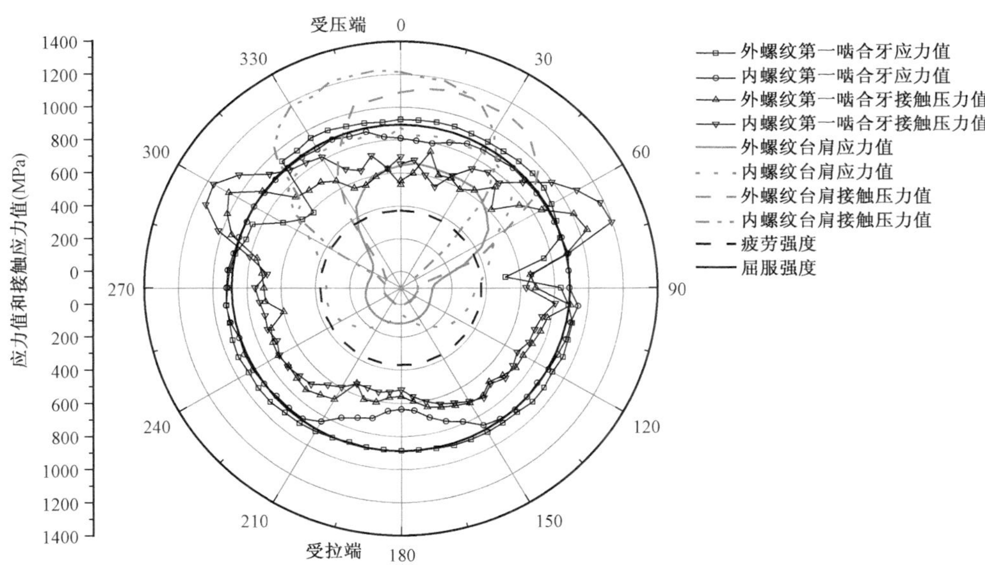

图6-40 间距0.2mm且不对中度3mm且扭矩6000N·m且弯曲位移7mm时钻杆接头螺纹应力值和接触压力值

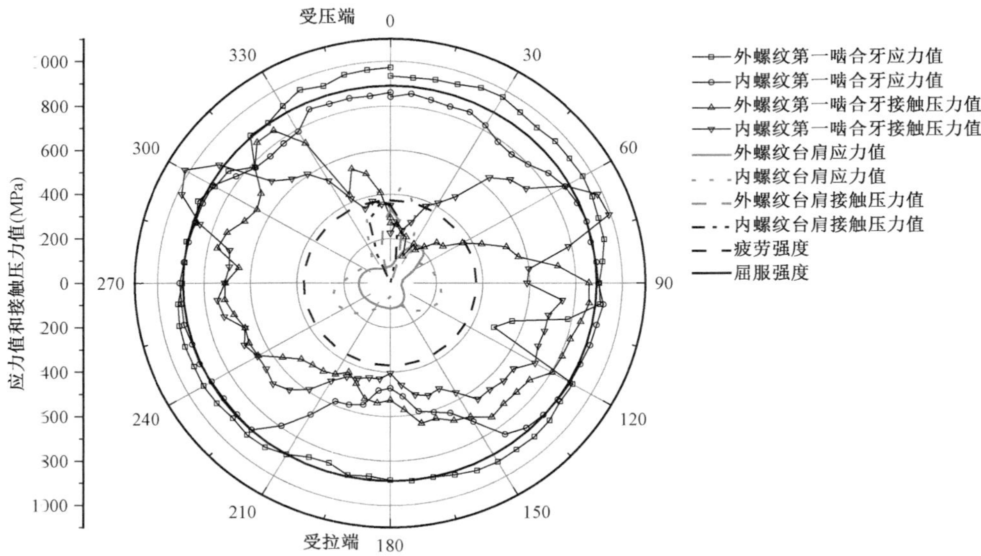

图 6-41　间距 0.5mm 且不对中度 3mm 且扭矩 6000N·m 且弯曲位移 5mm 时钻杆接头螺纹应力值和接触压力值

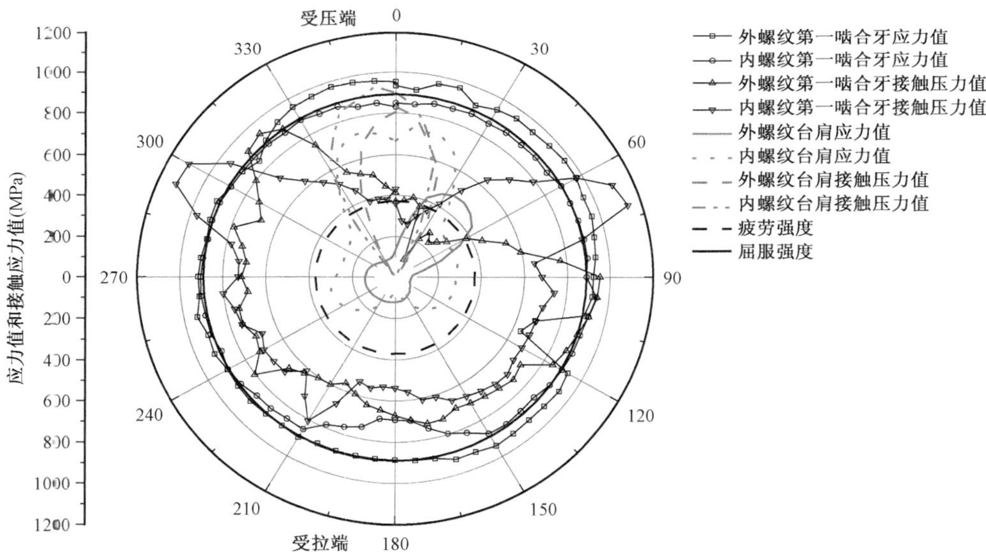

图 6-42　间距 0.5mm 且不对中度 3mm 且扭矩 6000N·m 且弯曲位移 7mm 时钻杆接头螺纹应力值和接触压力值

由图 6－31 至图 6－42 可以看出，当几种非常规操作同时施工时，钻杆接头螺纹外螺纹和内螺纹的第一啮合螺纹牙均发生了塑性变形，且此时的接触压力值也比较高，导致粘扣的可能性很大。应力最大值区域主要集中在受压端第一啮合牙和受拉端的第五和第六啮合牙牙根，接触压力最大值主要集中在第一和第二啮合牙和受压端的台肩处。

综合以上分析可知，导致定向钻穿越过程中钻杆接头螺纹粘扣失效的原因归纳如下：

（1）钻杆后端悬空所产生的弯曲载荷是造成钻杆接头螺纹第一、第五啮合牙粘扣和台肩磨损的直接原因；

（2）上扣扭矩不足使得螺纹牙之间的接触不够紧密，由弯曲所产生的静压载荷转化为冲击载荷，降低了钻杆接头螺纹的使用寿命；

（3）台肩间距增加了第一啮合牙处的应力值，是第一啮合牙粘扣失效的诱因之一；

（4）上扣不对中导致上扣后的螺纹牙应力值增大和第一啮合牙的接触压力值增大，是螺纹牙发生粘扣失效的诱因之一；

（5）存在台肩间距的钻杆接头螺纹密封失效，上扣扭矩不足、弯曲过大、上扣不对中度过大均会导致螺纹密封失效，致使工作过程中泥浆进入啮合的螺纹牙内，因螺纹牙之间摩擦力增大和存在夹杂物而发生粘扣失效。

6.3　管道定向穿越钻柱螺纹失效预防

根据前文分析的失效原因，结合现场施工工艺提出以下改进措施：

（1）在穿越轨迹设计时，应尽量降低从动端入土角的角度；

（2）对从动端后侧悬空的钻杆增加支撑，如图 6－43 所示；

图 6－43　支撑架支撑钻杆示意图

（3）图 6－44 中所示为在 white bear lake 定向钻施工过程中将要下入穿越孔中的高密度聚乙烯管，对于定向钻穿越从动端的钻杆也可以采用该方式将后端悬空的钻杆吊起，以降低其弯曲度，进而保护连接结构。

（4）利用施工现场的地形特点，通过加大从动端泥浆池后侧地形的坡度，使其尽可能接近入土角的角度，利用地面直接支撑从动端入土点后侧的钻杆。

（5）上扣过程应按照 API 规定上扣标准，保证上扣扭矩和上扣对中度。

在某次定向钻穿越施工时，采用改进措施 1 和改进措施 4，施工过程中从动端出土角角度为 8°，出土点后侧的工况如图 6－45 所示，钻杆接头螺纹采用 API 结构，施工过程中钻杆接头螺纹未发生粘扣失效事故。

图 6 - 44　高密度聚乙烯管悬空部分吊起施工图

图 6 - 45　从动端入土点后侧工况

第7章　预防钻柱失效的动力钻具前置工艺与钻具设计

7.1　预防管道定向穿越钻柱失效的动力前置工艺

7.1.1　管道定向穿越施工工艺存在的问题

水平定向钻穿越工程中的施工技术及工艺是一项运用多学科交叉知识，不同钻进设备集成使用的系统工程。在施工进行的过程中，其中的任何环节出现问题，都有可能造成整个工程的穿越失败，从而带来巨额的经济损失。水平定向钻管道穿越施工的基本工序一般分为三个阶段：钻导向孔、预扩孔和回拖管线。其中扩孔作业是水平定向钻穿越施工中最为关键的技术环节。

定向穿越扩孔长度主要受钻杆受力情况（拉、压应力，弯曲应力和扭转应力以及反复上卸、疲劳振动、摩擦、偏磨等）、控向能力、钻孔稳定性及钻孔内泥浆的返浆能力限制，理论上可钻地层穿越长度可以达到2135m，若采用对穿方式，可以达到4270m，目前定向钻工程的最长穿越距离为3658m。水平定向钻动力扩孔系统主要由适合各种地质的钻杆、钻头、钻机（动力系统）、扩孔器以及控制导向的辅助机具等组成。一般来说，对于穿越管道直径超过ϕ600mm、穿越长度超过1000m的工程，距离越大，意味着风险和费用也就越高。

大口径、长距离扩孔弯曲段摆动较大、平衡性差，容易发生堵卡钻、钻杆断脱、扩孔失败等事故，地质适应性差、多级扩孔困难、能耗高、效率低。扩孔钻进典型事故如图7-1所示。现场调研表明，由于扩孔动力不足，大口径、长距离常规扩孔主要存在以下问题[97—101]：

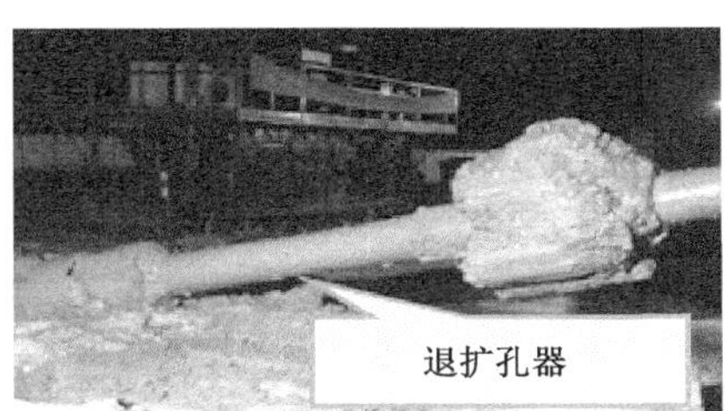

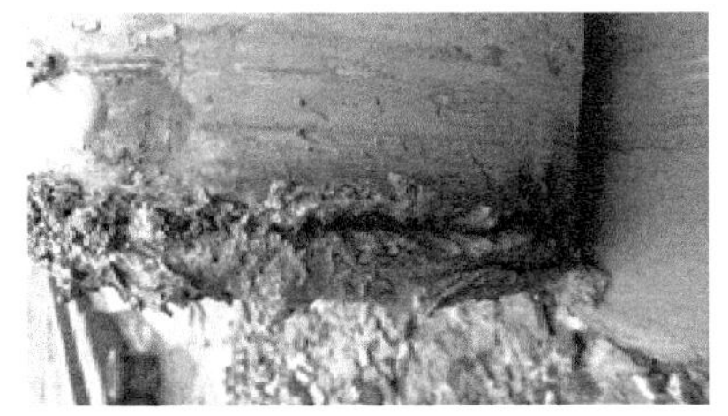

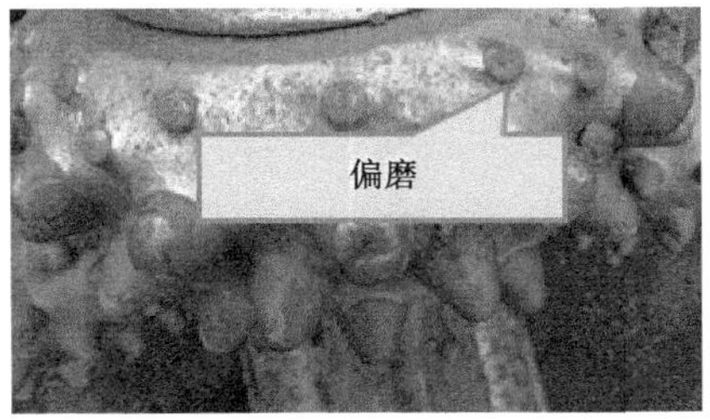

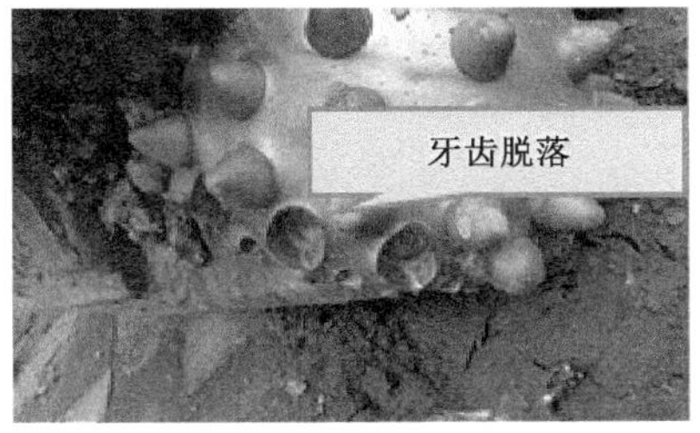

图7-1　扩孔钻进典型事故

(1)动力不足导致使用钻杆寿命降低。

渭河扩孔阶段扭矩幅值普遍在30000N·m以上,最大扭矩63000N·m(第四级48in板式扩孔第51根钻杆),此时钻杆应力水平远大于其材料疲劳强度,至56in扩孔第104根钻杆时,钻杆断裂。长江第一级20in扩孔平均扭矩为29000~34000N·m,钻杆的应力水平大于其材料疲劳强度,至第三套钻具退出45根时,钻杆断裂。

(2)扩孔时间长、效率低。

渭河扩孔一趟平均需要4~5d,单根最长用时3.3h。长江第一级20in扩孔,平均每根钻杆用时2.5h,最长4.5h。

(3)大口径穿越距离短。

塔里木河管道穿越长度达到1823m,穿越点河面宽为450m,为国内ϕ813mm油气管道定向穿越最长纪录。渭河主河槽定向钻穿越水平长度为1240m,管径为ϕ1219mm。

分析上述问题,大口径、长距离定向钻穿越施工难度较大的直接原因在于穿越直径过大、距离过长、多次扩孔负面问题多、无法进行稳孔护壁。深入分析其施工难度大的原因,主要包括以下几点:

(1)通过钻杆长距离传输动力,摩擦损失能耗高;

(2)为满足长距离扩孔动力需要,动力头需要提供较大扭矩克服损耗,导致钻杆负载增加;

(3)受轨迹偏斜等复杂应力作用,疲劳断裂失效加重,造成钻杆使用寿命直线下降;

(4)扩孔时长与穿越工程的成败直接相关,特别是进行大口径扩孔时,容易造成塌孔。

7.1.2 管道定向穿越动力扩孔方案分析

通过总结长期水平定向穿越工程实践经验,根据成孔机理、失效分析等研究,综合考虑设备性能、钻杆钻具、施工工艺、地质条件等因素,为弥补现有设备、工艺存在的不足,长距离复杂地质定向钻穿越迫切需要针对现有工艺中存在的主要问题,开发一种地质适应性强、扩孔质量好、效率高的新技术、新装备和新工艺,从而有效减少现有工艺中堵、卡、埋、包钻和钻杆断裂、疲劳失效等事故,提高一次穿越成功率[102,103]。

7.1.2.1 动力扩孔方案的提出

(1)动力扩孔工艺方式的确定。

水平定向钻技术最早起源于石油钻井,施工工艺、采用技术与之有较大相似或共同之处。石油钻井和非开挖技术的发展,已经使寻找一种新的扩孔方式成为可能。

从设备配置角度,目前大口径定向钻穿越施工设备配置与石油钻井大体相当,因而石油钻井中采用的施工机具与方法,在定向钻穿越中实现可行性较高。实践证明,由于定向钻扩孔铺管类似于浅表层大位移水平井,目前还没有成熟的旋转导向装备能够满足大直径扩孔施工需要。气动矛、夯管、顶管钻进类似于冲旋钻井,在实际工程中已有一定程度应用,但铺管距离短、直径有限、费用高。高压水力喷射容易引起地表刺穿、地下河水或地表污染,严重时还会造成孔壁坍塌、地面塌陷等问题。从经济与实用性角度,新的扩孔方式需要在现有工艺的基础上,以满足现有施工装备水平为目标,充分利用现有设备和技术条件,通过尽量少的改动提高扩孔质量和效率,从而取得推广应用。

因此,新的扩孔方式和工艺研究的重点,集中在如何提高扩孔器扩孔动力和效率这一根本问题上,实质问题即转化成为动力钻具的选择与确定问题。

(2)动力扩孔技术优势。

动力扩孔技术将动力钻具用于水平定向钻长距离扩孔,与现有扩孔工艺技术配套性强,实施难度小,简便易行。采用动力扩孔主要有以下技术优势:

① 动力前置,有效功率增加,扩孔速度、效率提高;

② 钻杆应力循环次数减少,摆动幅度减小,能耗降低,寿命提高;

③ 断钻杆事故率减少,蹩钻、卡钻风险降低;

④ 易于导向控制,轨迹相对平滑、提高成孔质量,易于回拖;

⑤ 扩孔工艺改动小,技术难度不大,能充分利用定向钻钻杆、泥浆系统,与现有工艺配套容易,改造费用小、使用成本低。

7.1.2.2 动力扩孔方案可行性

(1)定向钻扩孔动力方式。

目前预扩孔通常采用反向扩孔方式,扩孔动力主要来自钻机动力头。扩孔时,在两岸各设主机和辅机,或仅有主机。主机开动带动钻杆正向旋转,提供推拉力和扭矩;泥浆由扩孔器后钻杆注入,扩孔器钻杆随扩孔器正向旋转,扩孔器前端承受拉、扭和破岩阻力等共同作用。扩孔器后部拖曳钻杆较长,柔性大、效率低、能耗较高,破岩动力不足,易造成扩孔器蹩、跳、偏磨,甩钻或断钻杆。

大口径、长距离管道铺设,均需要进行多级扩孔、反复洗孔。根据钻机、钻杆、泥浆等能力,相邻扩孔直径差别一般为6~8in之间,后两级扩孔直径差别可以适当降低。由于扩孔直径大、距离较长,一次很难成功,为保证孔壁稳定性、成孔质量和泥浆通畅,需要进行多次逐级反复扩、洗孔、修孔。受地质条件变化与扩孔器寿命限制,扩孔钻进或遇阻、轨迹调整、更换扩孔器时,出入土两端需要同步进行钻杆上卸扣,一边上扣、一边同时卸扣。在上卸扣的同时,泥浆输送同步启停。每一级扩孔完成后再将钻杆和扩孔器运送返回至入土端。泥浆反复停歇、扩孔器停留时间过长、局部扩孔次数较多,并不利于规则成孔。目前定向钻扩孔工艺的典型工况如图7-2所示。

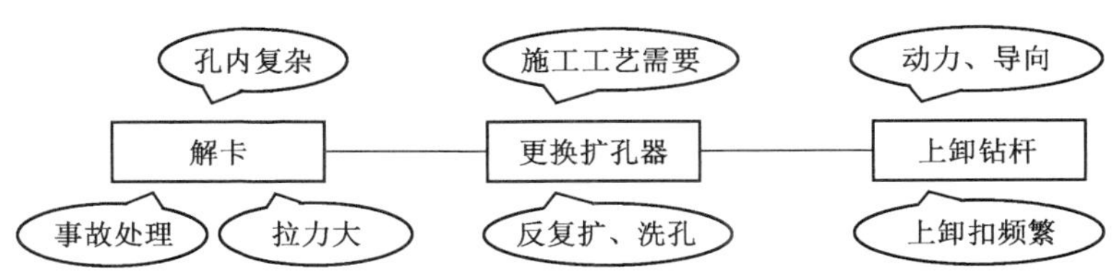

图7-2 定向钻扩孔工艺典型工况

由于扩孔工艺的固有缺陷与扩孔直径过大、距离过长以及地质条件有关,扩孔器受阻遇卡情况的出现极为正常。遇卡或阻力较大时,扩孔扭矩、钻机拉力会突然增高、扩孔钻进无进尺,需要有经验的司钻操作钻机,缓慢试压钻进或轻微减压回退尝试解卡;解卡不成功时,需要在出土角反向拉动钻杆回拖扩孔器,回退时不应反向钻动钻杆,避免造成卸扣、丢失扩孔器。目前已知工程中回拖阻力最高为260t。

(2)石油钻井与导向钻进动力方式。

石油钻井与定向钻导向钻进成孔方式主要有常规导向(同普通钻井)和动力导向(同动力钻井、复合钻井、旋转导向钻井)两种。动力导向钻井和扩孔利用井下动力钻具直接驱动钻头进行作业,动力损耗小,改善了钻头受力条件,提高了其安全性。

目前定向钻导向钻进和石油钻井中均采用螺杆钻具,在定向钻打导向孔时通常采用泥浆马达驱动钻头进行导向钻进。

在分支井、定向井、水平井、大位移石油钻井中,螺杆钻具和涡轮钻具是必不可少的井下动力钻具,它们与钻盘结合,实现造斜、增斜、稳斜以及调整井斜、扭方位等工艺。实践早已证明,利用井下动力钻具在提高机械钻速、增加单只钻头进尺、减少每米钻井成本、实现井身轨迹的定向控制以及确保井身质量和钻井安全性等方面,与传统钻井方式相比,具有极大的优越性。

显然,根据定向穿越扩孔工艺,按照石油钻井上的成熟经验和做法,将动力直接与扩孔器相连接,进行动力扩孔,将解决扩孔动力不足、长距离扩孔损耗大、事故率高等问题,同时一定程度上可以减缓钻杆荷载复杂多变的状况,减小钻杆屈曲或疲劳断裂的概率。

7.1.2.3 动力前置工艺总体方案及动力钻具选择

根据现有施工工艺,定向钻穿越可采取正扩、反扩与对扩三种工艺方案,动力扩孔同样可以采取钻具前置正扩、后置反扩以及对扩这三种方案。

相比后置反扩和对扩两种动力扩孔方案,动力前置工艺对设备要求简单、可行性强,钻机动力端仅用于提供上卸扣扭矩和夹持钻杆,动力钻具直接安装在扩孔器上,动力主要由泥浆提供;扩孔钻进时,整个钻柱不旋转,仅输送泥浆、提供一定拉力、承受动力钻具外壳反扭矩,因大部分钻杆、钻具不转动,效率提高、能耗降低。具体方案设计如图 7-3 所示。

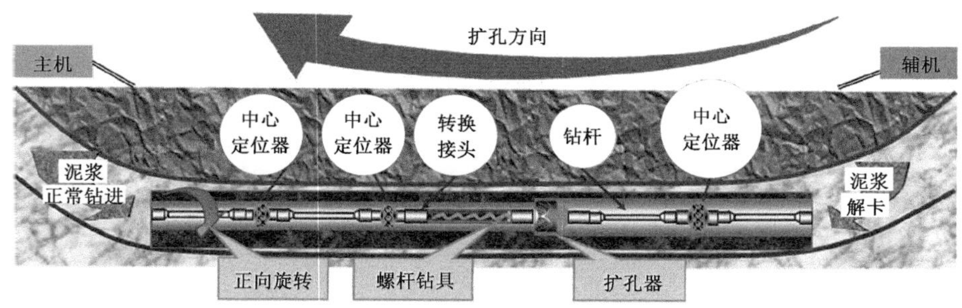

图 7-3 动力扩孔总体设计方案

选择合适的动力钻具是实现大口径、长距离动力扩孔技术的关键环节。目前常用的井下动力钻具主要有电动钻具、涡轮钻具和螺杆钻具。鉴于大功率电动钻具技术发展尚不成熟,扩孔器动力的提供优先选用涡轮钻具或螺杆钻具。

涡轮钻具和螺杆钻具均是靠钻井液驱动工作,主要差异如表 7-1 所示。

表 7－1　螺杆钻具与涡轮钻具的性能对比[104,105]

主要差异＼钻具类型	螺杆钻具	涡轮钻具
结构	结构相对简单,装配精度要求不太高	结构相对复杂,而且由于内部构造特点导致其装配要求精度较高。当工作参数相近时,涡轮钻具的长度要大大超过螺杆钻具的长度
工作原理	采用容积式机械原理。理论上,输出扭矩仅与压降有关,与钻井液排量、类型以及转速参数无关	采用透平式机械原理,其理论基础是液力传动的欧拉方程式。工作扭矩和钻井液的排量、类型以及转速参数有关
工作特性	具有硬的机械特性,过载能力强	具有软的机械特性,过载能力弱。钻压的上升会引起切削阻力的不断增大,从而导致转速骤降,容易造成钻具制动
转速	多头螺杆钻具转速一般 100 ~ 200r/min 左右。多头螺杆钻具的低速大扭矩特性,比较适合牙轮钻头。多头螺杆马达的转速调节比涡轮钻具容易实现	一般涡轮钻具的空转转速多在 2000r/min 以上,其工作转速(即空载转速的一半)也多在 1000r/min 以上。具有高速小扭矩特性,只有经过改造后才能用于钻井
压降	螺杆钻具的压降一般为 3 ~ 5MPa	涡轮钻具的压降一般在 10MPa 左右,远超螺杆钻具的压降。正因为涡轮钻具的高压降特性,导致其水力设计相对复杂
耐温性能	定子衬里主要采用耐油丁腈橡胶,过高的井温会引起橡胶脆化而导致定子的腐蚀破坏。一般工作温度不超过 160℃,可在 3500m 以内的井下工作	内部橡胶件很少,几乎不受高温的限制,这是涡轮钻具的一大优点
横向振动	由于定转子配合作平面行星运动而产生离心惯性力,引起钻具的横振	转子只作定轴转动,不产生离心惯性力,因而不会引起钻具的横振

根据水平定向钻穿越施工过程中的实际工况以及对其钻具组合的钻速、扭矩、工作压降、钻头配合等多方面要求综合考虑,选用螺杆钻具作为动力扩孔钻具相对合适。大规格螺杆钻具具有低速大扭矩的特性,作为动力钻具有效地应用于扩孔施工能提高扩孔效率和质量,降低施工成本,有助于解决许多水平定向钻穿越工程中的难题。

7.2　管道定向穿越动力前置之动力钻具设计

7.2.1　动力钻具设计

定向穿越扩孔时长与穿越工程的成败直接相关,特别是大口径扩进时,容易塌孔;而且在扩孔作业中,扭矩太大会导致钻杆寿命降低,疲劳断裂失效严重;国内扩孔器已形成规格化、系列化,寿命一般在 100 ~ 200h 之间,如采用大扭矩螺杆可以显著提高“用一套钻具组合”完成一趟扩进的成功率,然而国内外已有成熟螺杆钻具产品的性能不能满足定向穿越大口径扩孔施工要求,必须进行更大动力的新型螺杆钻具研制,以实现提供孔底动力、缓解钻杆失效、提高扩孔钻进效率及延长扩孔钻进距离的目的。

螺杆钻具的设计包括两大部分:总体设计和部件设计,后者可进一步细分为旁通阀设计、马达总成设计、万向轴总成设计和传动轴总成设计等。螺杆钻具的总体设计就是要根据钻井工艺要求,确定待设计的螺杆钻具的主要力学特性参数和主要外形结构型式及尺寸,例如:输出扭矩 M、输出转速 n、总压降 Δp;钻具公称外径 D、钻具总长 L、造斜部件类型(是否有弯角、稳定器/垫块,大小及位置)、外壳壁厚等。

7.2.1.1 设计思路

动力扩孔螺杆钻具设计思路如图 7-4 所示。

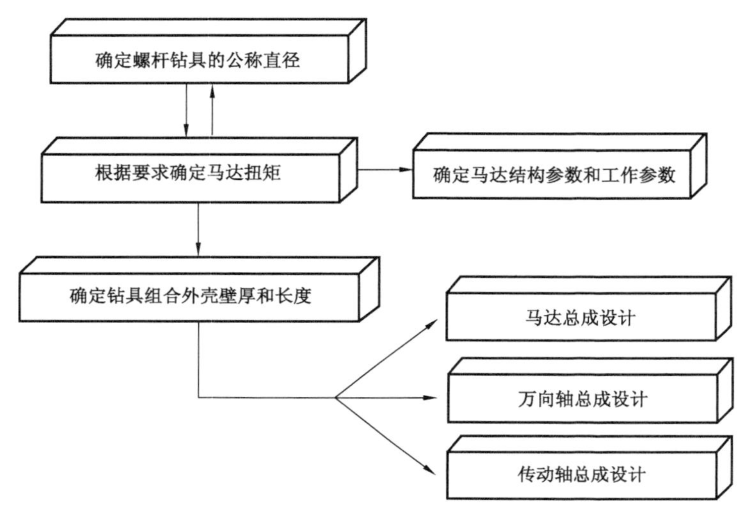

图 7-4 动力扩孔螺杆钻具设计思路

螺杆钻具的公称直径 D 一般是根据井眼(钻头)尺寸确定,在钻井中主要依据安全标准(即螺杆钻具在保证打捞作业及环空钻井液返速冲刷所允许选择的最大外径,或井壁与马达外径间所许用的安全间隙)来选定螺杆钻具的公称外径,然后根据钻具外径及破岩力矩选择马达额定力矩 M。

由于大口径水平定向钻相比常规钻井对动力扩孔钻具的公称外径的限制较小,设计过程中根据项目要求的螺杆马达额定力矩 M,通过线型设计软件推出定子衬套大径,从而确定定子壳体外径,即螺杆钻具公称直径 D,然后确定壳体连接螺纹,再确定钻具组合外壳壁厚和长度;具体设计包括传动轴总成设计、万向轴总成设计和马达总成设计(确定马达结构参数和工作参数)。

(1)螺杆钻具总长度设计。

螺杆钻具总长要受各部件结构长度的限制。在初步确定总长度后,要对各部件进行详细设计并进行适当的长度调整,最后才能确定实际总长度。

至于用于造斜、稳斜和导向钻进,用于水平井及其他特殊工艺井用的螺杆钻具的总长和具体结构类型(如是否有稳定器/垫块,是否用弯壳体,弯壳体的类型,这些结构参数的大小及结构位置等)的确定比较复杂。

(2)螺杆钻具壳体壁厚设计方法。

根据钻具外壳强度及结构要求确定各段的壳体壁厚 δ。确定螺杆马达定子壳体、万向轴总成壳体和传动轴总成壳体的厚度,其主要依据是强度原则,另一依据是结构因素。由于螺杆钻具外壳承受有弯矩、扭矩等主要载荷,而且具体的钻具组合种类与工况不同,弯矩、扭矩值也会发生变化,所以应对螺杆钻具外壳各部分的载荷及应力做出分析计算,然后按强度原则确定壁厚 δ 的最小值。再从结构、工艺方面加以考虑,从而确定各部分壳体的壁厚 δ。

(3)马达总成设计。

在工作过程中,螺杆马达的转子与定子间存在摩擦阻力和密封腔间的漏失,其他部分(如传动轴的串轴承)也存在机械损失和水力损失,因此螺杆钻具具有机械效率 η_m 和水力效率 η_v,其总效率 η(螺杆马达的总效率随头数的增加而降低)为:

$$\eta = \eta_m \cdot \eta_v \tag{7-1}$$

其实际转矩 M、钻头实际转速 n 和实际输出功率 P 为:

$$M = M_T\eta_m = \frac{1}{2\pi}\Delta pq\eta_m = \frac{1}{2\pi}\Delta p_2 \mathrm{q} C \tag{7-2}$$

$$\Delta p = \frac{2\pi M}{q\eta_m} \tag{7-3}$$

$$n = n_T\eta_v = \frac{60Q}{q}\eta_v \tag{7-4}$$

$$P = P_T\eta = \Delta pQ\eta \tag{7-5}$$

上 5 式中　M_T——马达理论转矩,N·m;

n_T——钻头理论转速,即马达自转转速,r/min;

Δp——马达进、出口压力降,MPa;

Δp_2——负荷压降,MPa;

q——马达每转排量,L/r;

Q——流经马达的流量,L/s;

P_T——理论输出功率,kW;

C——马达的转矩系数;

η_m——螺杆钻具机械效率;

η_v——螺杆钻具容积效率;

η——螺杆钻具总效率。

① 马达定子橡胶材料选型。

按工作温度要求选定马达定子橡胶材料。现有的螺杆马达分为常温型和高温型两类,其差别在于马达定子衬里橡胶材料不同。常温型橡胶(丁腈橡胶)定子的最高工作环境温度为125℃;高温型橡胶定子的最高工作环境温度则可高达 160℃以上,但材料价格比常温型可高达一个数量级。

在设计马达定子时,应先确定其温度类型和相应胶料。

② 马达线型分析。

马达线型分析的主要内容是推导满足理论密封性的马达共轭线型的骨线方程和骨面方程,确定其等距线型(为机械设计和制造提供依据);对该种线型进行参数计算,推导相应的计算公式;分析线型参数对马达和钻具特性的影响,为马达和钻具的优化设计打下基础。现用于螺杆钻具的螺杆马达都是 $i = N/(N+1)$ 型式的转子/定子共轭副。目前螺杆钻具马达线型大多采用普通内摆线等距线型。

(a)转子骨面方程和定子骨面方程。

骨面共轭副有 N 条由固定接触点组成的螺旋密封线和 1 条由流动接触点组成的密封线。转子骨面和定子骨面为分别对转子骨线和定子骨线赋以同旋向(左)、等螺距的螺旋运动所得到的螺旋曲面:

转子骨面:

$$\boldsymbol{R}_{\mathrm{k}}^{0}(\theta,z) = \mathrm{e}^{jmz}(n\mathrm{e}^{j\theta} + \mathrm{e}^{-jn\theta}) \tag{7-6}$$

定子骨面:

$$\boldsymbol{\rho}_{\mathrm{K}}^{0}(\alpha_1,z) = \mathrm{e}^{j\frac{N}{N+1}mz}(N\mathrm{e}^{j\alpha_1} + \mathrm{e}^{-jN\alpha_1}) \tag{7-7}$$

其中,$\boldsymbol{R}_{\mathrm{k}}^{0}(\theta,z)$ 为转子骨面;$m = \dfrac{2\pi}{Nh}$,N 为定子头数,h 为定子和转子的螺距;n 为转子头数,$n = N-1$;θ 为导圆滚角($0 \leqslant \theta \leqslant 2\pi$);e 为自然数的底数;$z$ 为骨线线型空间共轭副截面。

(b)普通内摆线等距线型共轭副。

普通内摆线的外侧等距线型共轭副接触状况较好,外侧等距瞳线就是以骨线上每一点为圆心作以 r 为半径的圆所得的外侧包络线(r 称为等距半径)。等距曲线的曲率半径为:

$$\boldsymbol{\rho}_{\mathrm{r}}^{0} = \boldsymbol{\rho}_{\text{骨}}^{0} + \boldsymbol{r}^{0} = -\frac{4(N+1)\left|\sin\dfrac{N\theta}{2}\right|}{N-2} + \boldsymbol{r}^{0} \tag{7-8}$$

$$r = \boldsymbol{r}^{0}\boldsymbol{R}_{2} \tag{7-9}$$

(c)等距曲线共轭副的曲线与曲面。

设 N 头单位普通内摆线的骨线矢量 $\boldsymbol{R}^{0}(\theta)$,等距曲线矢量 $\boldsymbol{R}_{\mathrm{r}}^{0}(\theta)$,附加法向矢量 $\boldsymbol{r}^{0}e^{j\alpha}$,则:

$$\boldsymbol{R}_{\mathrm{r}}^{0}(\theta) = \boldsymbol{R}^{0}(\theta) + \boldsymbol{r}^{0}\mathrm{e}^{j\alpha} \tag{7-9}$$

$$\boldsymbol{R}_{\mathrm{r}}^{0}(\theta,r^{0}) = (n\mathrm{e}^{j\theta} + \mathrm{e}^{-jn\theta}) + \boldsymbol{r}^{0}\mathrm{e}^{j\left(-\frac{T\pi}{2}-\frac{n-1}{2}\theta\right)} \tag{7-10}$$

$$\boldsymbol{R}_{\mathrm{r}}^{0}(\theta,r^{0}) = N\mathrm{e}^{j\frac{2T\pi}{N}} + \boldsymbol{r}^{0}\mathrm{e}^{j\alpha'} \tag{7-11}$$

等距曲面是对转子、定子等距曲线分别赋以同旋向(左)、等螺距的螺旋运动,所得的螺旋曲面。转子的等距曲面、定子等距曲面分别为:

$$\boldsymbol{R}_{\mathrm{k}}^{0}(\theta,z,r^{0}) = \mathrm{e}^{jmz}\cdot\boldsymbol{R}_{\mathrm{r}}^{0}(\theta,\boldsymbol{r}^{0}) \tag{7-12}$$

(d)定子线型最大外廓尺寸确定。

定子线型最大外廓尺寸即最大外廓尺寸 D_s、定子衬里的最薄厚度 δ_{min}、定子外筒壁厚 δ_s 与马达外径 D_0 之间的关系为：

$$D_0 = D_s + 2\delta_{min} + 2\delta_s \tag{7-13}$$

δ_{min}的确定要考虑在制作定子橡胶衬里时的硫化工艺要求，不可太薄。D_s 值是线型设计的基础数据，由此进一步确定线型的头数 N、类型(如普通内摆线型、短幅内摆线型、内外摆线法线型等等)、短幅系数、等距半径、滚圆半径、基圆半径等一系列参数值，它们直接影响到 A_s，A_R，A_G 及 q 等重要参数。

(e)马达级数和马达副有效工作长度确定。

根据要求工作力矩设计总压降 Δp，考虑到马达转子和定子间密封线的承压能力，为了防止密封线间泄漏以减低容积效率，一般规定每级间的承压值[Δp_k]不大于0.8MPa，由此可得总压降 Δp 所要求的级数 K、马达有效工作长度分别为：

$$K \geqslant \frac{\Delta p}{[\Delta p_k]} \tag{7-14}$$

$$L_{em} = (K-1)T_s + L_{min} \tag{7-15}$$

7.2.1.2　动力钻具设计参数确定

以定子外径 ϕ305mm、5/6 头钻具为例，9/10 头钻具理论计算分析相同。

(1)扭矩和转速。

取 $\eta_m = 0.8$，$\eta_v = 0.95$，马达总效率 η 为：

$$\eta = \eta_m \cdot \eta_v = 0.8 \times 0.95 = 0.76$$

取马达进、出口压降 $\Delta p = 4$MPa，理论扭矩 M_T 为：

$$M_T = \frac{1}{2 \times 3.14} \times 4 \times 59.12 = 37656\ \text{N}\cdot\text{m}$$

实际输出扭矩 M 为：

$$M = \frac{1}{2\pi}\Delta p q \eta = 37656 \times 0.76 = 28619\ \text{N}\cdot\text{m}$$

取马达流量范围 $Q_1 = 38.4$L/s，$Q_2 = 48$L/s，$Q_3 = 60$L/s，螺杆钻具实际输出功率为：

$$N_{01} = 4 \times 38.4 \times 0.76 = 116.74\ \text{kW}$$

$$N_{02} = 4 \times 48 \times 0.76 = 145.92\ \text{kW}$$

$$N_{03} = 4 \times 60 \times 0.76 = 182.40\ \text{kW}$$

理论转速 n_T 为：

$$n_{T_1} = \frac{60 \times 38.4}{59.12} = 38.97\ \text{r/min}$$

$$n_{T_2} = \frac{60 \times 48}{59.12} = 48.71\ \mathrm{r/min}$$

$$n_{T_3} = \frac{60 \times 64}{59.12} = 64.95\ \mathrm{r/min}$$

对应的实际转速为 $n = n_T\eta_v = \frac{60Q}{q}\eta_v$ 为：

$$n_1 = 37.02\ \mathrm{r/min}$$

$$n_2 = 46.27\ \mathrm{r/min}$$

$$n_3 = 61.70\ \mathrm{r/min}$$

(2)每转排量。

根据螺杆马达结构参数，取 $N=5$，$e=14.3\mathrm{mm}$，$r=24\mathrm{mm}$，过流面积为：

$$A_G = 2 \times (5-1) \times 3.14 \times 14.3^2 + 8 \times 14.3 \times 24 = 7882.39\ \mathrm{mm}^2$$

根据定子导程 $T_s=1500\mathrm{mm}$，每转排量 q 为：

$$q = A_G N T_s = 7882.39 \times 5 \times 1500 = 59.12\ \mathrm{L/r}$$

根据定子衬套大径尺寸及工作参数，确定螺杆钻具公称直径为305mm(12in)。其中，9/10头螺杆钻具马达额定扭矩为24696N·m，最大输出扭矩为30871N·m；5/6头螺杆钻具马达额定扭矩为24096N·m，最大输出扭矩为30120N·m。

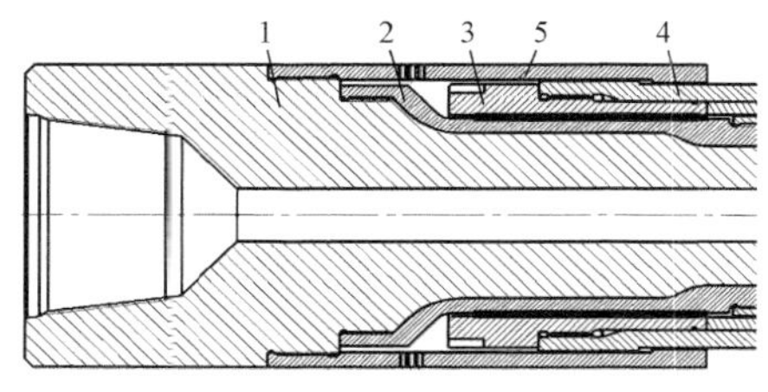

图7-5 解卡防掉装置

1—传动轴；2—下TC轴承动套；3—下TC轴承静套；4—传动轴壳体；5—防掉套筒

两种规格螺杆钻具马达功率及串轴承承受载荷基本相同，但是从马达效率方面考虑，头数越多，效率越低；而且5/6头螺杆钻具马达工作参数和目前定向穿越扩孔工程中所涉及的施工工艺参数适配性较好，因此选用5/6头螺杆钻具马达。为适应大口径管道定向穿越施工，特设计用于解卡的防掉装置，其结构如图7-5所示，动力扩孔螺杆钻具结构示意图如图7-6所示。

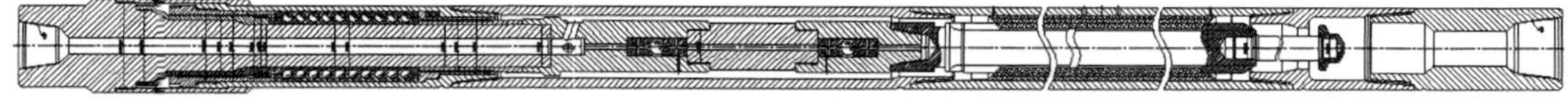

图7-6 动力扩孔螺杆钻具结构示意图

7.2.2 关键部件强度校核

7.2.2.1 安全系数选择

(1)静应力下，塑性材料以屈服极限为极限应力，取安全系数 $S=1.2\sim1.5$。

(2)变应力下,以疲劳极限作为极限应力,可取安全系数 $S = 1.3 \sim 1.7$;若材料不够均匀、计算不够精确时可以取 $S = 1.7 \sim 2.5$。

(3)对于轴承类机械零件,主要靠很小的接触面积传递载荷,失效形式为接触疲劳磨损(疲劳点蚀),由于接触应力是局部性的应力,且应力增长与载荷呈非线性关系,为递减趋势,安全系数可取等于或者稍大于1。

7.2.2.2 传动轴、万向轴及连接螺纹强度校核

图7-7至图7-12为传动轴、万向轴及连接螺纹强度校核结果。

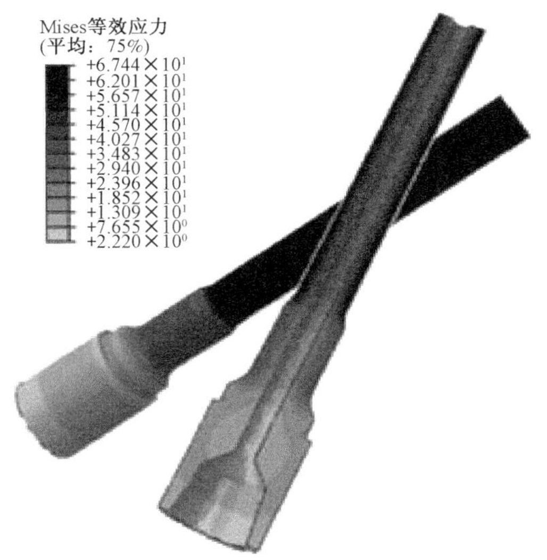

图7-7 传动轴强度校核结果
(施加扭矩30kN·m和钻压20t,软件截图)

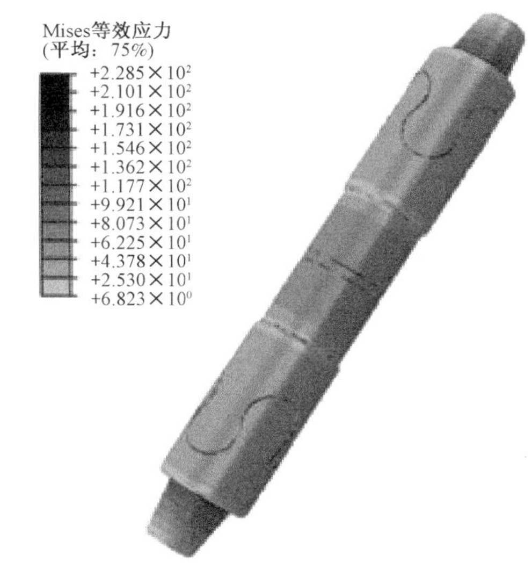

图7-8 万向轴强度校核结果
(施加扭矩30kN·m和钻压27t,软件截图)

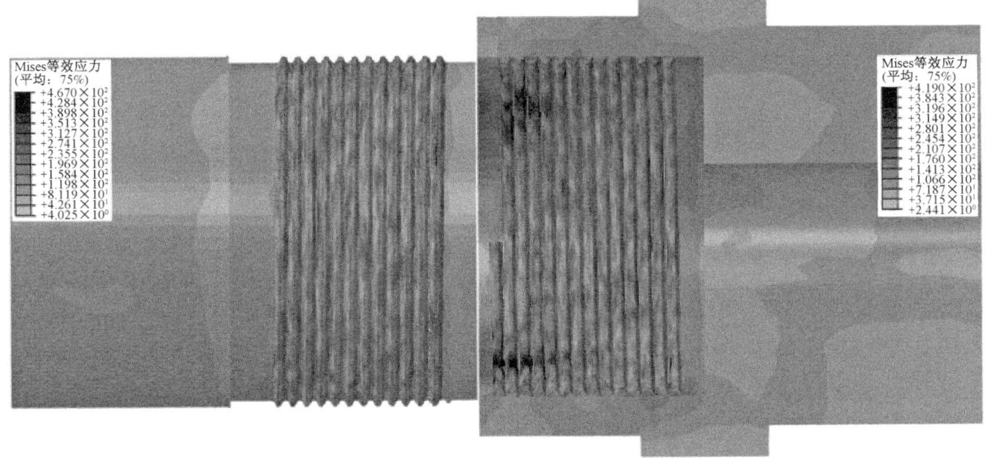

图7-9 传动轴和万向轴连接螺纹强度校核结果(施加扭矩24kN·m,拉力60t,软件截图)

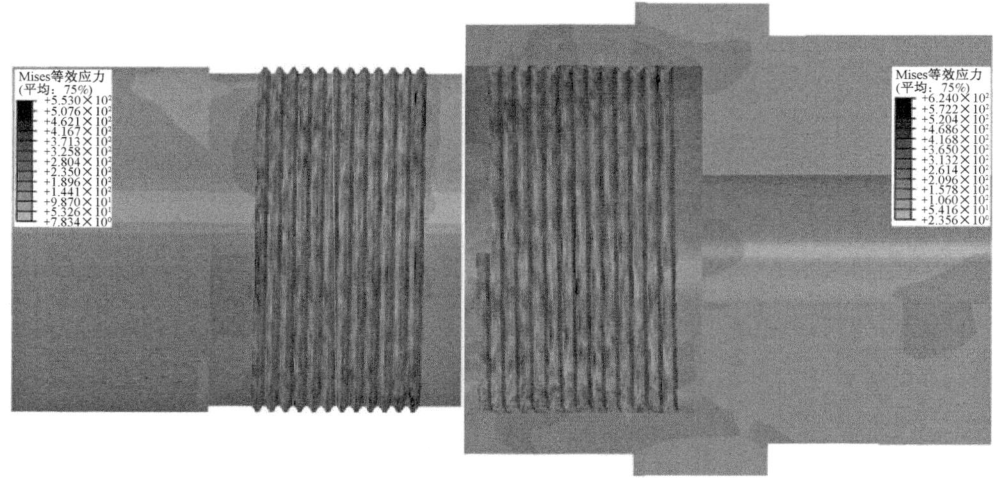

图 7-10　传动轴和万向轴连接螺纹强度校核结果(施加扭矩 30kN·m,拉力 60t,软件截图)

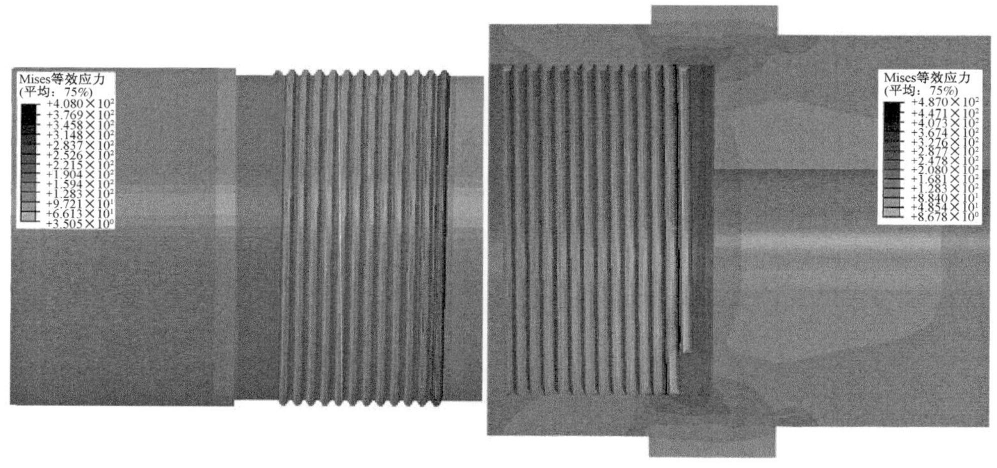

图 7-11　传动轴和万向轴连接螺纹强度校核结果(施加拉力 150t,软件截图)

传动轴和万向轴所用材料的许用应力分别为 642MPa 和 653MPa。根据分析结果可知,传动轴最大应力 67.44MPa,传动轴连接螺纹在扭矩 24000N·m、拉力 60t,扭矩 30000N·m、拉力 60t 和拉力 150t 的工况下局部最大应力分别为 467MPa,553MPa 和 408MPa;万向轴最大应力 228.5MPa,万向轴连接螺纹在扭矩 24000N·m、拉力 60t,扭矩 30000N·m、拉力 60t 和拉力 150t 的工况下局部最大应力分别为 419MPa,624MPa 和 487MPa;因此,传动轴和万向轴的强度均满足安全工作的要求。

传动轴壳体和下 TC 静套所用材料的许用应力均为 715MPa。在 150t 拉力作用下,传动轴壳体内螺纹最大应力 297.6MPa,下 TC 静套外螺纹最大应力为 302.6MPa,均低于所选材料的许用应力,可以保证安全工作。

图 7－12　下 TC 静套和传动轴壳体连接螺纹强度校核结果(施加拉力 150t,软件截图)

7.2.2.3　定子壳体及连接螺纹强度校核

图 7－13 和图 7－14 分别为定子壳体及连接螺纹强度校核结果。

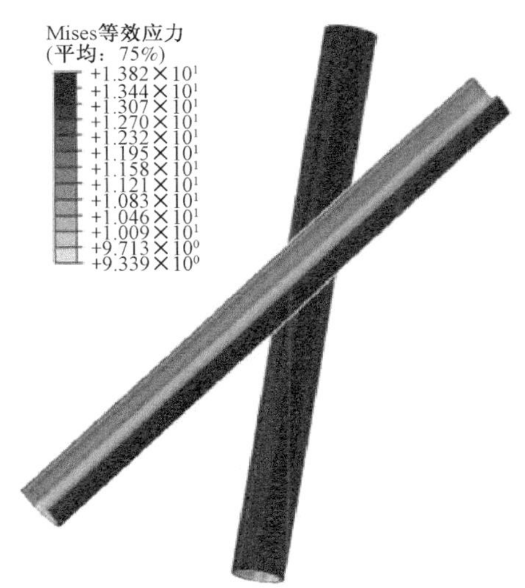

图 7－13　定子壳体强度校核结果(施加扭矩 30kN·m 和钻压 20t,软件截图)

定子壳体所用材料的许用应力为 715MPa。载荷作用下,定子壳体最大应力 13.82MPa,在 300t 拉力作用下,定子壳体连接螺纹最大应力为 174MPa,与定子壳体连接的传动轴壳体连接螺纹最大应力为 233MPa,均低于材料的许用应力。螺杆钻具在实际使用过程中,定子壳体和传动轴壳体极少损坏。

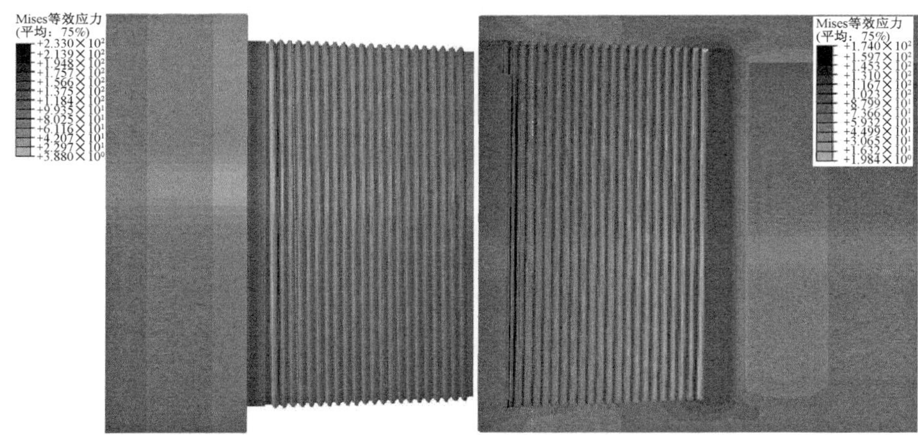

图 7-14 定子壳体连接螺纹强度校核结果(施加拉力 300t,软件截图)

7.2.2.4 串轴承强度校核

图 7-15 至图 7-18 为串轴承强度校核结果。

图 7-15 串轴承模型

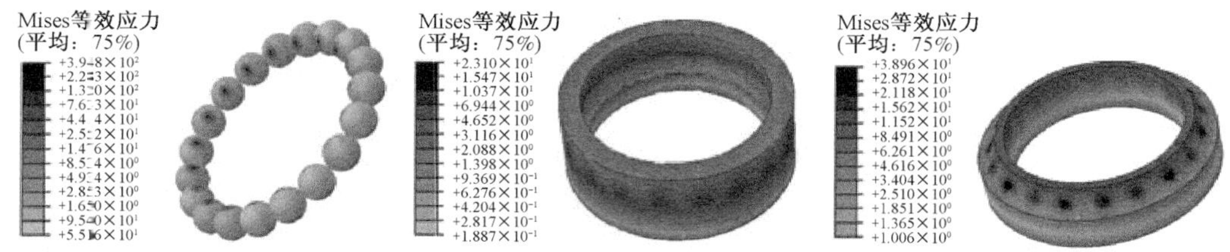

图 7-16 加载 20t 拉力(软件截图)

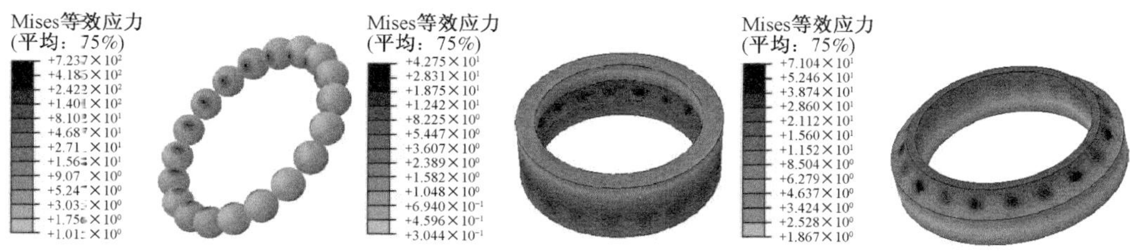

图 7-17 加载 30t 拉力(软件截图)

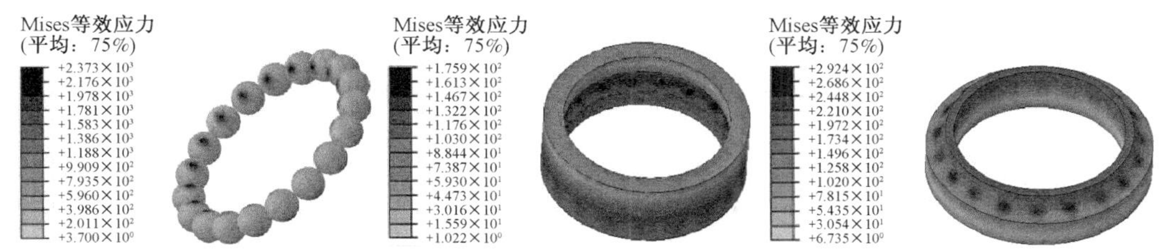

图7-18 加载150t拉力(软件截图)

串轴承所用材料的许用应力为2332.4MPa。根据分析结果可知,串轴承在20t和30t拉力作用下,最大应力低于材料许用应力,满足轴承类机械零件设计的要求,可以安全的工作;在150t极限拉力作用下,轴承内外圈应力分别为292.4MPa和175.9MPa,在弹性变形范围以内,而钢球局部最大应力2373MPa,局部位置发生塑性变形。

7.2.2.5 解卡防掉装置及连接螺纹强度校核。

为适应大口径水平定向穿越,特设计用于解卡的防掉装置,其结构如图7-19所示。

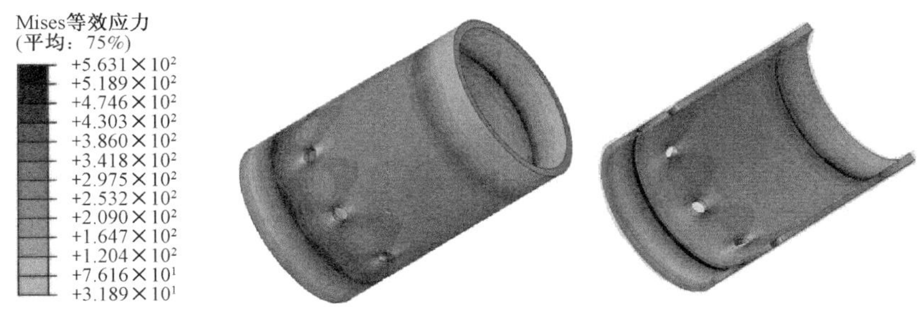

图7-19 解卡防掉装置强度校核(施加拉力300t,软件截图)

防掉套筒所用材料的许用应力为715MPa。如图7-20至图7-22所示为解卡防掉装置强度校核结果,根据分析结果可知,在300t解卡拉力下,防掉套筒最大应力为563MPa,低于材料许用应力,满足机械设计安全的要求;而在150t和300t拉力作用下,解卡防掉装置连接螺纹局部最大应力分别为271MPa和535MPa,低于其材料许用应力;与防掉套筒连接的传动轴连接螺纹局部最大应力分别为328MPa和614MPa,低于传动轴所用材料的许用应力642MPa。

7.2.3 动力钻具加工制造

管道定向穿越水平定向钻工作环境恶劣,作业方式与石油钻井存在明显不同,将螺杆钻具用做水平定向钻直接动力,是一次有益的探索和创新,因而,根据定向钻工艺特点,通过优选螺杆钻具结构参数、合理选择衬套与转子配合过盈量等具设计、制造、检测、应用测试工作,开发出满足非开挖需要的低速、大扭矩非开挖动力扩孔钻具,长寿高效、平稳运行,提高扩孔动力和效率。

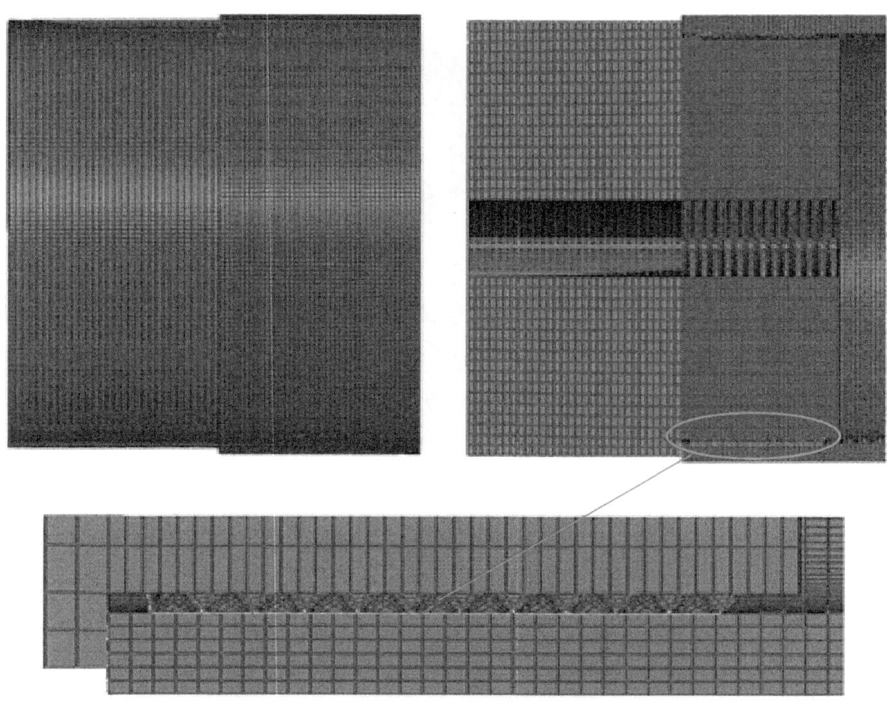

图 7－20　解卡防掉装置连接螺纹有限元模型(软件截图)

图 7－21　解卡防掉装置连接螺纹强度校核结果(施加拉力 150t,软件截图)

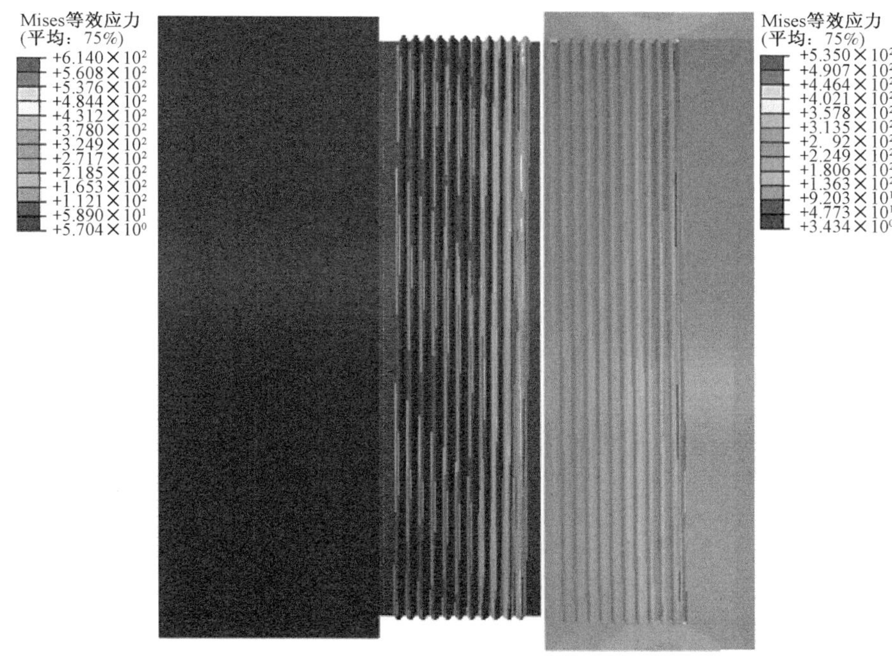

图7－22　解卡防掉装置连接螺纹强度校核结果(施加拉力300t,软件截图)

7.2.3.1　加工难点

管道定向穿越ϕ305mm动力钻具为国内结构尺寸和综合性能指标最大的螺杆钻具。该螺杆钻具由传动轴总成、万向轴总成、马达总成和过渡接头等构成,外径ϕ305mm,总长11780mm,其中传动轴总成长1943mm、万向轴总成长1826mm、马达总成长7990mm,定子壳体长7550mm。

由于所设计动力扩孔螺杆钻具均超出现有钻具使用范围,多数为非标准件,故加工制造难度较大。主要包括:

(1)ϕ305mm动力钻具加工用无缝管需单独订制,而钢管加工企业一般不单根生产,需增加进货量或从其他渠道协调;

(2)马达加工需更换大部分工装,装卡困难,为保证同轴度、加工精度,需对装卡改装、减小切削量、增加加工道次,加工余量大、周期相对较长,机时占用高,影响其他加工;

(3)万向轴、串轴承、滑动轴承、防掉总成尺寸较大,无可用互换标准件,需单独订制;

(4)为保证定子橡胶注胶精度和效果,需单独加工注胶模具;

(5)为方便装配,需要调整拆装架尺寸与工装;

(6)为测试所加工钻具性能,需对试验台进行局部改装,以增大测试能力和范围;

(7)具备加工、试验能力企业较少,加工件数较少,无市场竞争优势和主动权。

7.2.3.2　加工制造

由于目前国内乃至世界上都没有生产这种大规格的螺杆,几乎一切工装和量具等都必须重新投入，图 7-23 所示为动力扩孔钻具加工主要工装。

(a) 定子橡胶注模工装
(b) 防掉螺母工装
(c) 螺纹规
(d) 模芯锥形锥堵
(e) 定子模芯

图 7-23 ϕ305mm 动力扩孔钻具加工主要工装

7.2.3.3 加工工艺与技术创新

针对 ϕ305mm 钻具生产中遇到的加工问题，根据企业设备条件，合力进行了超长、超重、超大规格钻具加工工艺与技术创新。

（1）定转子、模芯螺旋面加工。

由于定转子、模芯长度和重量较大，挠性弯曲较大，同时若加工中切削余量较大，侧向力增加，不利于保证加工精度，加工后残余应力和变形较大。

为提高螺旋铣定位精度、改善加工件受力状况、减小残余应力，首先由原来的两点定位改为三点定位，中间加设了随动扶正装置；其次，通过反复试加工和切削参数调整，合理控制加工件残余应力与变形程度，保证了加工精度。

(2)中空马达转子孔加工。

马达转子孔为细长深孔，对刀具、定位要求较高，不利润滑与排屑，在机加工领域通常认为难度较大，利用深孔钻削与深孔镗，通过增加辅助扶正定位装置、提高冷却、润滑与排屑能力，保证加工精度。

(3)传动轴芯轴加工。

万向轴加工的困难主要是外径、重量较大，两端粗细不均，夹装困难，为提高定位精度，采用了辅助支撑和辅助装夹定位相结合等措施，保证定位准确。

(4)万向轴加工。

万向轴加工存在的主要问题是外径较大、切不透，切割后高温残余应力与变形大，切割时熔渣不易排出，导致花瓣运转不灵活或转不动，花瓣齿表面热处理困难。对加工失效后的万向轴切割后进行研究，加工时装夹、走丝、割炬均正常，切入位置合理，分析引起以上问题的原因，主要与花瓣轴直径、壁厚较大、熔渣堆积、切口难闭合有关。图 7－24 为 ϕ305mm 钻具万向轴切割。

为此，通过采取增加电源功率、合理控制进给速度、走丝速度、脉冲频率、强制排渣等综合措施，解决了 ϕ305mm 万向轴厚度较大、难切割的加工难题。

(5)定子模芯推送专用装置。

定子注胶是定子加工至为关键的重要环节，由于定子模芯较长、重量较大，垂直推送可以避免定子模芯弯曲、壳体与模芯碰伤，但受天车吊装高度和安全等因素限制无法实施。为确保安全推送、准确定位，设计加工了一种独特的 ϕ305mm 钻具定子模芯推送装置，如图 7－25 所示。该工装的原理是减少模芯的自重（模芯重量达 2t）用钢球与定子体内腔接触，靠钢球的滚动将模芯顺利地推入定子体内。在同行业内，该装置也是第一次应用。

图 7－24　ϕ305mm 钻具万向轴切割

图 7－25　ϕ305mm 钻具定子模芯推送装置

(6)定子注胶。

定子注胶的主要难度是定子模芯与壳体之间准确定位、保证橡胶均匀流动和方便起拔模芯。通过合理设置注胶孔、定位工艺孔、两端加装模芯锥堵等措施，保证了其安装定位精度和橡胶流动均匀性。

(7)定子橡胶脱模

根据286mm钻具定子注胶脱模经验，由于定子型腔厚度不均、注胶量较大，即使注胶足够均匀，但拉力过大容易将橡胶拉伤，导致定子注胶失败，如何在保证定子橡胶与定子有足够强度、不损害定子橡胶的情况下，从工艺角度解决起拔模时减小模芯与橡胶摩擦阻力、顺利脱模，是非常值得考虑的重要技术问题。通过资料收集和大家共同讨论，制造公司提出现在国内很多产品磨具的脱模都引用了一种脱模剂，效果很好，针对丁腈橡胶也有专门的脱模剂，而且对橡胶本身不会造成伤害，经硫化处理后也不会影响橡胶与定子的黏结强度和使用性能。

但截至目前，还未见国内钻具生产企业将脱模剂用于钻具定子模芯脱模的报道和先例。为此，与脱模剂生产厂家联系进行了技术咨询和交流，但由于厂家的橡胶脱模剂规格、品种太多，无法确定哪一种脱模剂适合用作钻具橡胶脱模根据厂家推荐，厂家针对305mm橡胶配方的特性，分别采用水性橡胶脱模剂和油性橡胶脱模剂两种脱模剂，对165mm和172mm等其他小型钻具定子进行了配方实验、橡胶脱模实验和橡胶性能、脱模阻力检测，优选了试剂配方。经检测，在ϕ305mm钻具橡胶脱模过程中，实际效果非常理想，减少了拉拔模芯时的阻力、避免了脱模时对定子橡胶的刮伤。该工艺的应用有助于延长钻具使用寿命、提高钻具加工制造水平。

(8)传动轴装配。

传动轴TC套过大，端面、内孔、外圆垂直度、同心度与间隙配合要求较高，要求定位准确，否则容易抱死无法装夹，必须采用专门安装设备才能保证定位与安装精度。而且串轴承的间隙与配合对钻具受力、使用寿命影响较大，间隙要求极为严格，通过反复试装测量，轴承间隙始终难以准确安装到位，若采用轴承内外圈打磨减薄调整间隙，会造成轴承薄弱环节、引起过早失效。

经反复协商讨论，首先对原有拆装架进行局部改造，在轨道上增设了两个托架和辅助定位装置，以保证TC套与传动轴同轴度、提高定位精度；其次，重新将轴承套加工成为上下两部分，在不损害轴承内外圈的情况下，仅需打磨一侧外套即可顺利实现传动轴的顺利装配。

(9)整机装配夹具。

根据设计要求，ϕ305mm钻具螺纹接头上卸扣扭矩高达10×10^4N·m，拆装时容易刮伤钻具，设计、加工了一种简单实用的ϕ305mm钻具新型拆装架上卸扣夹持装置(图7-26)和防掉螺母专用紧扣工装，避免了装夹、上卸扣时对钻具造成表面局部损伤。ϕ305mm动力扩孔钻具整机组装图如图7-27所示。

图7-26 新型拆装架上卸扣夹持装置

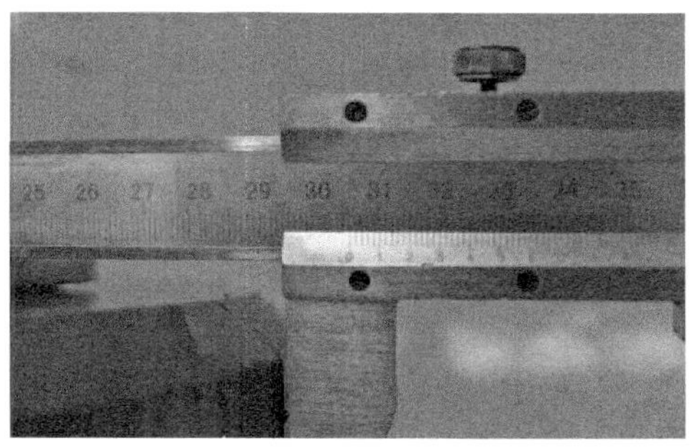

图 7－27　ϕ305mm 动力扩孔钻具组装与外观检查

7.2.3.4　动力钻具室内试验及现场应用

(1)室内试验。

因新研制的 ϕ305mm 动力扩孔钻具是目前国内综合性能指标最大的螺杆钻具，国内现有的螺杆钻具试验台架最大仅能测试 ϕ244mm 螺杆钻具。故针对 ϕ305mm 动力扩孔钻具特别建造了大扭矩动力扩孔钻具外特性测试系统，如图 7－28 所示。

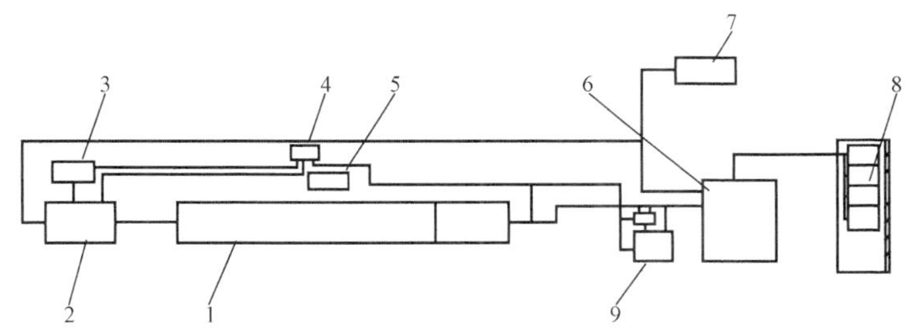

图 7－28　动力扩孔钻具外特性试验台原理图

1—固定架；2—水刹车；3—水刹车冷却系统；4—水刹车控制台；
5—拆装架控制台；6—水泵；7—水池；8—电控与配电箱；9—水路控制台

动力扩孔钻具试验台是在陆地上测试螺杆的工作性能，所测参数包括扭矩、转速、压差、温度、和流量等。该试验台是通过一台 380V，400kW，10MPa 高压柱塞泵来驱动的，所用介质可以是清水或者含有微小颗粒的泥浆。介质通过高压管汇由泵进入马达，从而驱动螺杆转动。动力扩孔钻具的负载端是一台空气驱动，水冷却刹车系统。当马达被制动时，系统会自动记录当时的扭矩，流量，压差，转速和温度等数据，待试验完成后生成该试验所记录的试验报告。

通过测试，动力钻具常温启动压力 1MPa，泥浆流量 2.2m^3/min、泵压 5MPa 时，动力钻具输出扭矩 24.1kN·m，输出转速 40r/min。动力扩孔钻具外特性曲线如图 7－29 所示。性能测试结果表明：动力扩孔钻具达到了设计要求。

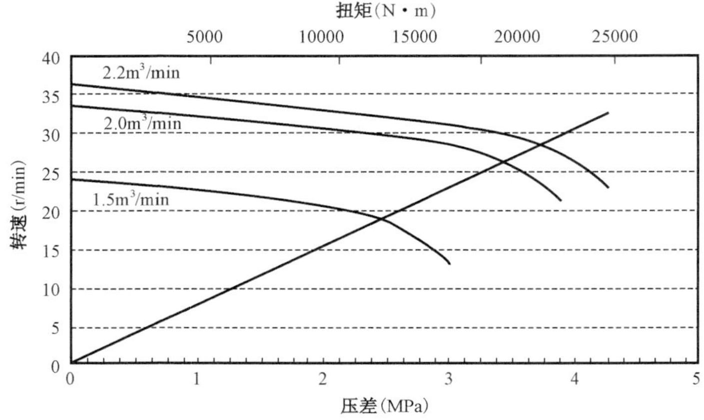

图 7－29　动力扩孔钻具外特性曲线图

（2）现场应用。

动力钻具外特性测试后进行了现场应用，如图 7－30 至图 7－32 所示。试验工程概况（2014 年 6 月河南焦作）：

① 穿越长度：205m，入土角：10°，出土角：5.1°，最大覆土深度：8m；

② 地质条件：黏土、粉质黏土；

③ 钻机：主钻机 FDP－1000（19×10^4N·m，1000t），辅助钻机（280t）；

④ 泥浆泵：3HS－280 型泥浆泵 1 台，最大工作排量 3.4m^3/min，最大工作压力：20MPa；W－446 型泥浆泵 1 台，最大工作排量 2.1m^3/min，最大工作压力：16MPa。

图 7－30　动力扩孔钻具安装

图7－31　钻具孔外试验

图7－32　动力扩孔钻具孔内扩孔试验

动力扩孔施工工艺通过主钻机从钻机方向打泥浆，泥浆流经钻杆进入动力扩孔钻具，动力扩孔钻具带动扩孔器旋转，进行扩孔作业。先钻DN305的孔，然后直接安装DN950扩孔器进行动力扩孔试验。

动力扩孔钻具组合：钻机＋5½in钻杆＋5½inFH转7⅝inREG转换接头305（12in）动力扩孔钻具＋7⅝inREG转6⅝inFH转换接头＋38in扩孔器（DN950）。

本次测试分为孔外动力钻具运转试验和动力扩孔试验两个测试项目。其中孔外动力钻具运转试验在钻机不转动和转动两种工况下测试动力扩孔钻具的运转性能和钻机与动力扩孔钻具的转速叠加情况；动力扩孔试验在钻机不转动情况下测试动力钻具的扩孔能力以及在钻机转动情况下测试二者叠加后的扩孔情况。

现场应用基本参数：钻机转速：10～30r/min；钻机扭矩：15～42kN·m；

泥浆泵排量：0.8～2.2m^3/min；压力：2～4MPa；

动力扩孔钻具转速：10～30r/min；

动力扩孔钻具扭矩：12～24kN·m。

根据现场应用可以获得如下结论：

（1）动力钻具能够实现与钻机转速的有效叠加，其带动扩孔器试验转速最大达到45r/min，可提高扩孔切削能力和扩孔效率。

（2）动力钻具能够实现为扩孔器直接提供动力，可弥补因长距离穿越造成的钻机扭矩衰减。

（3）动力扩孔一次扩孔级差达24in（常规扩孔级差8～10in），一次扩孔能力提高两倍以上，扩孔效率明显提高。

参 考 文 献

[1] 王驰,刘志锋．非开挖技术在天然气管道铺设中的应用[J]．山西建筑,2010,36(8):200－202.

[2] 续理,张国正,马卫国,等．非开挖管道定向穿越技术[J]．石油规划设计,2006,17(4):36－39.

[3] 卢纯青．非开挖定向钻穿越复杂地层铺管的施工技术浅谈[J]．福建建筑,2008,(12):66－67.

[4] 黄景芳,何国友,俞敏．非开挖铺管技术在卵砾石地层中的应用实践[J]．西部探矿工程, 2007,(6): 29－33.

[5] 李保根,范智勇．浅谈非开挖水平导向钻的应用[J]．中国煤田地质.2003,15(4):63－64.

[6] 汪建国,张帆．水平定向穿越导向技术初探[J]．上海煤气,2004(2):19－22.

[7] 续理．非开挖管道定向穿越施工指南[M]．北京：石油工业出版社, 2009.

[8] 章扬烈．钻柱运动学与动力学[M]．北京：石油工业出版社, 2001.

[9] 江文,蒋宏业,姚安林．水平定向钻穿越施工的失效可能性研究[J]．中国安全生产科学技术,2015,05: 111－116.

[10] 陈梅哲．非开挖定向钻穿越钻具组合力学分析[D]．西安:西安石油大学,2010.

[11] 郑颖人,沈珠江,龚晓南．岩土塑性力学原理[M]．北京:中国建筑工业出版社,2002.

[12] 郑颖人．岩土塑性力学的新进展——广义塑性力学[J]．岩土工程学报,2003,25(1):1－10.

[13] 郑颖人,孔亮．再谈广义塑性力学[J]．岩土工程学报,2006,28(1):118－121.

[14] 郑颖人,孔亮．塑性力学中的分量理论——广义塑性力学[J]．岩土工程学报, 2000, 22(3): 269－274.

[15] 郑颖人．广义塑性力学理论[J]．岩土力学,2000,21(2):188－192.

[16] 吕爱钟．试论我国岩石力学的研究状况及其进展[J]．岩土力学,2004,25(增):1－9.

[17] 郭少华．各向异性广义塑性力学的规范空间理论[J]．岩石力学与工程学报,2005,24(13): 2293－2297.

[18] 段建立,陈瑜瑶,郑颖人．广义塑性力学中的屈服面的研究[J]．岩石力学与工程学报,2002, 21(5): 617－620.

[19] 颜王定,廖远群,吴景浓,等．围压条件下岩石的抗拉强度[J]．华南地震,1991,11(2):1－11.

[20] Dykstra Mark W. Nonlinear Drill String Dynamics. Ph D Dissertation,The University of Tulsa,1996.

[21] Finnie I ,Bailey J J. An Experimental Study of Drill String Vibration [J]. J. of Engr. for Industry,Tran of the ASME. May 1960,82(13):117－121.

[22] 谢贻权,何福保.弹性和塑性力学中的有限元法[M].北京:机械工业出版社,1981.

[23] ABAQUS Inc. Abaqus 6.9 Documentation. Abaqus Inc. 2009.

[24] 刘绵阳,洪嘉振.多点接触碰撞的数值计算[J].上海交通大学学报,1997;31(7):45－48.

[25] 况雨春.钻头—岩石—钻柱系统动态行为仿真[D]．成都:西南石油学院,1999.

[26] 祝效华．旋转钻柱系统动力学特性研究[D]．成都:西南石油大学.2005.

[27] 谈梅兰,甘立飞．三维曲井内钻柱非线性屈曲分析平衡方程[J]．中国科学:科学技术, 2010, 40(2): 127－131.

[28] 栾希炜, 陈同彦, 王文成．外钓岛—册子—镇海海底管道穿越工程中的技术创新[J]．石油工程建设, 2002, (4): 40－42.

[29] 柳金海．不良条件管道工程设计与施工手册[M]．北京：中国物价出版社, 1992:26－28.

[30] 刘大鹏, 尤晓暐．土力学[M]．北京:北京交通大学出版社, 2005:197－204.

[31] 颜纯文, D Stein. 非开挖地下管线施工技术及其应用[M]．北京:地震出版社, 1999.

[32] Technical Note: Horizontal Directional Drilling (Guided Boring) with PLEXCO Pipe [J]. Trenchless Technoloy Bulletin, 1999(1): 19－20.

[33] 刘延强,吕英民,蔡强康．钻柱结构的动态分析及动态因素的影响[J]．石油大学学报,1991,15(2): 111－117.

[34] 贺志刚．大位移井摩阻扭矩分析与应用研究[D]．成都：西南石油大学，2001.
[35] 刘希圣．钻井工艺原理[M]．北京：石油工业出版社，1988.
[36] 代树林．非开挖导向钻进摩阻与扭矩研究[D]．吉林：吉林大学，2005.
[37] 焦永树，蔡宗熙，严宗达．扭矩和边界约束对水平井钻柱静力分岔的影响[J]．石油机械，2000；28(2)：44－47.
[38] 谢含华，殷琨，陈晶晶．非开挖钻杆的有限元分析[J]．山西建筑，2009，32(17)：322－323.
[39] 吴丽萍，吴银柱，陈跃龙，等．非开挖导向钻头力学效应模拟仿真研究[J]．长春工程学院学报(自然科学版)，2007，08(03)：7－9.
[40] H M G Kruse, H J Brink. Risks During the Pull back Operation of Horizontal Directional Drilling. Mediterranean NO DIG 2007 – XXVth International Conference & Exhibition – Roma, 10/12 Settembre 2007.
[41] Baumert M E , Allouche E N , Moore I D. Drilling Fluid Considerations in Design of Engineered Horizontal Directional Drilling Installations. International Journal of Geomechanics, 2005, 5(4): 339 – 349.
[42] Polak M A , Lasheen A . Mechanical Modeling for Pipes in Horizontal Drilling. Tunneling and Underground Space Technology, 2002, 16(16): 47 – 55.
[43] 胡郁乐，乌效鸣．非开挖技术中定向钻进效果与弯曲问题分析[J]．地质与勘探，2003，03(2)：85－87.
[44] 尹刚乾，汤学峰．钱塘江定向钻进穿越创世界最长记录[J]．非开挖技术．2002，04：15－17.
[45] 李文勇．输气管道定向钻穿越技术仿真研究[D]．青岛：中国石油大学(华东)，2009.
[46] 刘海龙．油气管道水平定向钻穿越大中型河流技术的研究[D]．北京：中国地质大学(北京)，2009.
[47] 王勖成．有限单元法[M]．北京：清华大学出版社，2004.
[48] 朱晓赞．典型河相地层条件下非开挖定(导)向钻进施工技术研究[D]．长沙：中南大学，2007.
[49] 左雷彬，李国辉，马晓成，等．定向钻穿越试回拖过程数值模拟[J]．石油工程建设，2011，37(01)：5－7.
[50] Dale B A. An Experimental Investigation of Fatigue Crack Growth in Drillstring Tubulars. SPE 15559.
[51] 徐灏．新编机械设计手册（下）[M]．北京：机械工业出版社，1995：12206－12213.
[52] 中国航空研究院．应力强度因子手册[M]．北京：科学出版社，1981：325－337.
[53] 高庆．工程断裂力学[M]．重庆：重庆大学出版社，1986：29－40.
[54] 洪超超．工程断裂力学基础[M]．上海：上海交通大学出版社，1987：159－171.
[55] 郭清泉．西二线倒水河定向钻穿越施工过程控制简析[J]．非开挖技术，2010(5)：12－15
[56] 陈雪华，张德桥，康新生，等．长江中游岩石层首次定向穿越施工技术[J]．石油工程建设，2006，32(03)：43－48.
[57] 贾伟波，吕明记，赵国泉．水平定向穿越技术在尼罗河穿越工程中应用[J]．石油工程建设，2000，2(1)：30－31.
[58] 范士东．王宝河．定向钻扩孔过程中的施工难点及处理措施[J]．中国高新企业技术，2011，15：67－69.
[59] C J langeveld. PDC Bit Dynamics. IADC/SPE, 23867.
[60] C J Langeveld. PDC Bit Dynamics(Supplement to IADC/SPE23867). IADC/SPE, 23873.
[61] Ali Asghar Jafari, Reza Kazemi, Mohammad Faraji Mahyari. The Effects of Drilling Mud and Weight Bit on Stability and Vibration of a Drill String. Journal of Vibration and Acoustics, 2012, 134: 245 – 246.
[62] Warren T M, Oster J H, Sinor L A. Shock Sub Performance Test [R]. Society of Petroleum Engineering, 1998, SPE 39323.
[63] Wassell M E, Cobern M E, Saheta V. Active Vibration Damper Improves Performance and Reduces Drilling Costs[J]. World oil, 2008: 108 – 111.
[64] Martin E, Carl A, Jason A, et al. Drilling Tests of an Active Vibration Damper[R]. Society of Petroleum Engineering, 2007, SPE 105400.

[65] Li H, Butt S, Munaswamy K, et al. Experimental Investigation of Bit Vibration on Rotary Drilling Penetration Rate[C]//44th US Rock Mechanics Symposium and 5th US – Canada Rock Mechanics Symposium, 2010.

[66] W Dykstra, D C – K Chen, T M Warren, et al. Drillstring Component Mass Imbalance: A Major Source of Downhole Vibrations, SPE Drilling & Completion. December 1996.

[67] A P Christoforou, A S Yigit. T Fully Coupled Vibrations of Actively Controlled Drillstrings. Journal of Sound and Vibration 2003(267): 1029 – 1045 .

[68] Perry C. Directional drilling with PDC Bits in the Gulf of Thailand [J]. SPE15616.

[69] 邓彬,顾小芳．上软下硬地层盾构施工技术研究[J]．现代隧道技术．2012,49(2):59－64.

[70] 周祖辉．钻软硬交错地层时钻头弯矩及转角的计算方法[J]．石油大学学报(自然科学版),1990,14(2):16－21

[71] 陈勇．长距离非开挖穿越技术在岩石层、砂层的施工实践[J]．中国煤炭地质,2008,20(08):74－76.

[72] 马驰云．定向钻穿越施工中的软—硬—软地层施工[J]．非开挖技术,2009,26(4):20－21.

[73] 杨全亮,梁青槐．软硬不均地层盾构法施工技术措施[J]．山西建筑,2007,33(29):306－307.

[74] 冒乃兵,李丰耘．水平定向钻施工中软硬交错地层的处理[J]．非开挖技术,2012,8(4):8－10.

[75] 王清峰,朱才朝,宋朝省,等. 牙轮钻头单牙轮的破岩仿真研究[J]. 振动与冲击,2010,29(10):108－112.

[76] R A Simangunsong, J J Villatoro, A K Davis. Wellbore Stability Assessment for Highly Inclined Wells Using Limited Rock – Mechanics Data. SPE 99644, 2006.

[77] 邓楚键, 何国杰, 郑颖人．基于 M－C 准则的 D－P 系列准则在岩土工程中的应用研究[J]．岩土工程学报, 2006, 28(6):735－739.

[78] Tekeste M Z, Tollner E W, Raper R L, et al, Non – linear Finite Element Analysis of Cone Penetration in Layered Sandy Loam Soil – considering Precompression Stress State[J]. J. Terramech. 2009, 46 (5):229－239.

[79] 胡以宝,狄勤丰,邹海洋,等．钻柱动力学研究及监控技术新进展[J]．石油钻探技术,2006,34(6):7－10.

[80] Syachrani S, et al. A Risk Management Approach to Safety Assessment of Trenchless Technologies for Culvert Rehabilitation[J]. Tunnelling and Underground Space Technology, 2010. 25(6): 681－688.

[81] Petroff L J, Walsh T, Dean S W, et al. Specifying Plastic Pipes for Trenchless Applications[J]. Journal of ASTM International, 2010. 7(5): 1－15.

[82] J Seys, K R J V. Failure Behaviour of Preloaded API Line Pipe Threaded Connections[J]. Sustainable Construction and Design, 2011. 2(3): 407－415.

[83] Van Wittenberghe J, et al. Evaluation of Fatigue Crack Propagation in a Threaded Pipe Connection Using an Optical Dynamic 3D Displacement Analysis Technique[J]. Engineering Failure Analysis, 2011. 18(3): 1115－1121.

[84] Duan W, S Joshi. Failure Analysis of Threaded Connections in Large – scale Steel Tie Rods[J]. Engineering Failure Analysis, 2011. 18(8): 2008－2018.

[85] Baragetti S, P Clerici, S Matteazzi. Friction and Tightening Force of Conical Threaded Connections: Experiments in Various Conditions[J]. International Journal of Materials & Product Technology, 2003. 19(5): 414－430.

[86] 陈守俊,等．油套管联接拧紧扭矩的计算方法[J]．华东理工大学学报(自然科学版), 2010(05): 737－742.

[87] Chen S, et al. Research on the Calculation Method of Tightening Torque on P – 110S Threaded Connections [J]. Journal of Pressure Vessel Technology, Transactions of the ASME, 2011. 133(5):969－997.

[88] K A MACDONALD, W F DEANS. Stress Analysis of Drill String Threaded Connections Using the Finite Element Method[J]. Engineering Failure Analysis 1995;2(1):1－30.

[89] M J Knight, F P Brennan. Fatigue Life Improvement of Drill Collars Through Control of Bore Eccentricity[J].

Engineering Failure Analysis 1999;6(5):301 - 319.

[90] Yuan Guangjie, Yao Zhenqiang, Wang Qinghua, et al. Numerical and Experimental Distribution of Temperature and Stress Fields in API Round Threaded Connection. Engineering Failure Analysis[J], 2006;13(8):1275 - 1284.

[91] YUAN Guangjie, YAO Zhenqiang, LIN Yuanhua, et al. Tribological Properties of API 10 - Round Thread Connection During Make - and - Break Process[J]. Tsinghua Science and Technology 2004;9(3):281 - 285.

[92] Yuanhua Lin, Dajiang Zhu, Dezhi Zeng, et al. Numerical and Experimental Distribution of Stress Fields for Double Shoulder Tool Joint. Engineering Failure Analysis[J], 2011;18(6):1584 - 1594.

[93] Zhu X, Dong L, Tong H. Failure Analysis and Solution Studies on Drill Pipe Thread Gluing at the Exit Side of Horizontal Directional Drilling[J]. Engineering Failure Analysis, 2013,33:251 - 264.

[94] 祝效华,董亮亮,童华 ,等,拉弯复合载荷作用下的 API 短圆套管螺纹力学行为[J]. 石油学报,2013(01):157 - 163.

[95] 祝效华,高原,贾彦杰. 弯矩载荷作用下偏梯形套管连接螺纹参量敏感性分析[J]. 工程力学,2012(10):301 - 307.

[96] 林腾蛟, 李润方, 徐铭宇. 双台阶钻柱螺纹联接弹塑性接触特性数值仿真[J]. 机械设计与研究, 2004,(01):48 - 49.

[97] 孔耀祖,马保松,金鑫,等. 中粗砂地层大型定向穿越工程施工工艺[J]. 油气储运,2013,03:313 - 316.

[98] 刘军. 非开挖水平定向钻进铺管施工技术及工程应用研究[D]. 西安:西安建筑科技大学,2004.

[99] 杜红燕. 水平定向穿越施工工艺探讨[J]. 科技情报开发与经济,2009,11:217 - 218.

[100] 解滨. 论大口径管道水平定向钻穿越施工技术[J]. 安徽建筑,2009,03:69 - 70.

[101] 覃龙. 长输管道定向钻穿越施工技术和管理探讨[J]. 石化技术,2015,08:247 - 248.

[102] 揣东明. 水平定向钻进扩孔器结构设计方法及新产品设计[D]. 成都:成都理工大学,2011.

[103] 杨汉桥,林晓辉. 水平定向钻机扩孔器最优形状的研究[J]. 机械制造与自动化,2010,01:83 - 86.

[104] 苏义脑. 螺杆钻具研究及应用[M]. 北京:石油工业出版社,2001.

[105] 泰拉斯波尔斯基. 井下液动钻具[M]. 李克向,等译. 北京:石油工业出版社,1991.